プログラミングの教科書
Standard Textbook of Programming Language

かんたん TypeScript

HIRO 著

TypeScript 5.2.2 対応版

技術評論社

●注意事項

本書に記載された内容は、情報の提供のみを目的としております。したがって、本書を用いた運用は、必ずお客様ご自身の責任と判断によって行ってください。これらの情報の運用結果について、著者および技術評論社はいかなる責任も負いません。あらかじめ、ご了承ください。

本書掲載のプログラムは下記の環境で動作環境を行っております。

OS	Windows 11
開発環境	Node.JS（18.17.0）／Visual Studio Code（1.8.2）
TypeScript	TypeScript（5.2）

なお、本書の記載内容は、2023年9月末日現在のものを掲載しておりますので、ご利用時には変更されている場合もあります。また、ソフトウェアはバージョンアップされる場合があり、本書での説明と機能内容や画面図などが異なってしまうこともありえます。本書ご購入の前に、必ずバージョンをご確認ください。

●補足情報

本書の正誤情報などの補足情報は弊社ウェブページに掲載させていただいております。ご確認いただけるようお願いします。

https://gihyo.jp/book/2023/978-4-297-13739-7

●サンプルファイル

本書の解説で使用したサンプルファイルは、以下のページよりダウンロードできます。ご使用の環境に合わせて文字コードを変更してご利用ください。

https://gihyo.jp/book/2023/978-4-297-13739-7/support

はじめに

本書は、プログラミング経験がなくても、JavaScriptの知識が皆無でも、一から始められるTypeScriptの入門書です。コンピュータサイエンスの専門知識は必要ありません。

読者の方がプログラミングの世界に足を踏み入れ、TypeScriptを学習する際の最初のステップを支援するために、この本を執筆しました。

TypeScriptは、JavaScriptをより堅牢で安全に書くためのプログラミング言語です。本書では、基本的なコンセプトからスタートし、少しずつ進んでいくことで、TypeScriptの機能を理解していただけるように案内しています。もしもJavaScriptの経験があれば、その知識を活かしながらTypeScriptの世界に飛び込むことができますし、JavaScriptの経験がない場合でも、心配ありません。本書は、ゼロから始める方にも適した内容となっています。

学習の最後には、習得したTypeScriptのスキルを活かして、Reactを使った小さなアプリケーション開発の手順をご紹介します。これにより、学んだことを実践に活かす方法を身に付けることができます。

さらに、本書の最後には、日常の開発作業で役立つように、TypeScriptの構文やポイントを簡潔にまとめたチートシートを用意しました。これにより、必要な情報を手元に置いて、効率的な開発を行えるようになることでしょう。

本書を手にTypeScriptの世界への第一歩を踏み出しましょう。プログラミングの世界は広大ですが、魅力的なものです。読者の方がその扉を開き、新たな可能性を見つけるお手伝いができれば幸いです。どうぞ、お楽しみください。

2023年9月 HIRO

目次 Standard Textbook of Programming Language

1章 TypeScriptをはじめよう

2 章 変数とデータ型

3章 配列

4章 演算子

5章　条件分岐処理

6章 繰り返し処理

7章 関数

8章 クラスの基本

9章 クラスの応用

10章　抽象クラスとインターフェース

11章 例外処理

12章 モジュール

13章 ReactによるWebアプリ開発

1章

TypeScriptをはじめよう

プログラミング初心者の方にも扱いやすい、TypeScriptの世界へようこそ。TypeScriptはJavaScriptに型定義を加えたプログラミング言語で、より安全かつ可読性の高いコードを書くことができます。また、TypeScriptを学ぶことで、より堅牢でメンテナンス性の高いアプリケーションを開発することができます。この章では、TypeScriptを始めるための基本的な知識から、実際に手を動かしてコードを書いていくための準備まで、一緒に学んでいきましょう！

TypeScriptとは

Keyword
☑ プログラミング言語
☑ TypeScript

プログラムってなんだろう？

私たちが普段使用しているパソコンやスマホといったコンピュータは、人間とは異なり、自分自身で「何か」を考えて動くことはできません。

例えば、朝だったら「おはよう」をコンピュータに表示させたいとしましょう。「朝」というのは人が決めた「基準」であり、その基準はコンピュータにはわかりませんよね。そこで、具体的に「6:00 ～ 10:00 の間は『おはよう』というメッセージを表示してね」というように命令をする必要があります。

「どのような動作をするか」は、人が命令書に記載してコンピュータに指示をする必要があります。この命令書のことをプログラムといい、プログラムを書く作業のことをプログラミングといいます（図 1-1）。

▼図 1-1　プログラムとプログラミング

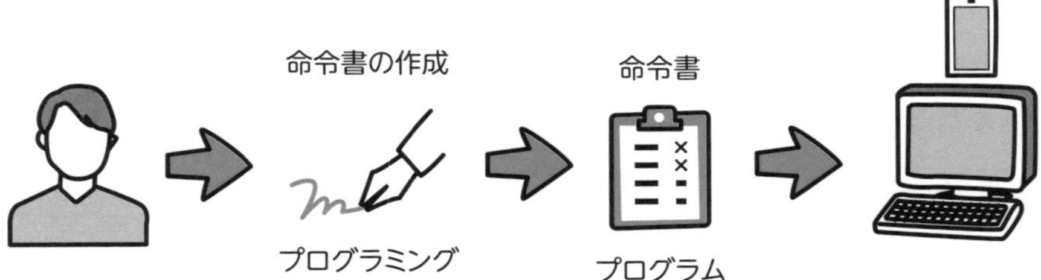

プログラミング言語ってなんだろう？

コンピュータが理解できるのは、0と1の数字で構成された機械語という言葉で作成されたプログラムだけです。機械語は人間にとっては読み書きが難しく、プログラムの開発をするのは困難です。そこで、人間の言葉に近い形でプログラミングができるように作成されたのがプログラミング言語です（図1-2）。

プログラミング言語には、C言語やJavaなど様々な種類があります。みなさんがこれから学ぶTypeScript（タイプスクリプト）もプログラミング言語の一つです。

▼図1-2　プログラミング言語と機械語のイメージ

ここで、TypeScriptのシンプルなプログラムを見てみましょう。このプログラムは「おはよう」というメッセージを表示するものです。

```
console.log("おはよう");
```

consoleやlogの意味はわからなくても、なんとなく英単語ということはわかりますね。また、メッセージの「おはよう」は日本語で書かれています。プログラミング言語を使用すると、人に寄り添った言葉で、命令（プログラム）を書くことができます。

このようにプログラミング言語で書かれた命令文の集まりを、ソースコード、または単にコードといいます。また、これまで「プログラム」と呼んできたものは、正確にはソースコードから作成された実行可能な成果物を指します。

TypeScript のソースコードはテキスト形式のファイルで作成し、拡張子を .ts として保存します。この保存したソースコードのファイルのことをソースファイルといいます。

TypeScript はどんなプログラミング言語なんだろう？

TypeScript は、Microsoft 社が JavaScript というプログラミング言語を拡張して作成した言語で Web 開発に広く使われています。JavaScript は覚えるルールが少ないので初学者が習得しやすいというメリットがある反面、バグやエラーが発生しやすいという欠点があります。TypeScript は、JavaScript のコードをそのまま実行できるとともに、型を定義してコードの品質や安全性を向上させることができます（**図 1-3**）。そのため、覚えるべきルールは多いですが、開発の効率性や信頼性を高めることができます（型については**第 2 章**で詳しく説明します）。

また、TypeScript を覚えてしまえば、JavaScript を覚える必要はありません。本書は JavaScript を知らない方でも読み進められるよう執筆をしています。

それでは TypeScript を使用するとどのようなアプリケーションを作成できるのでしょうか？

▼図 1-3 TypeScript と JavaScript の違い

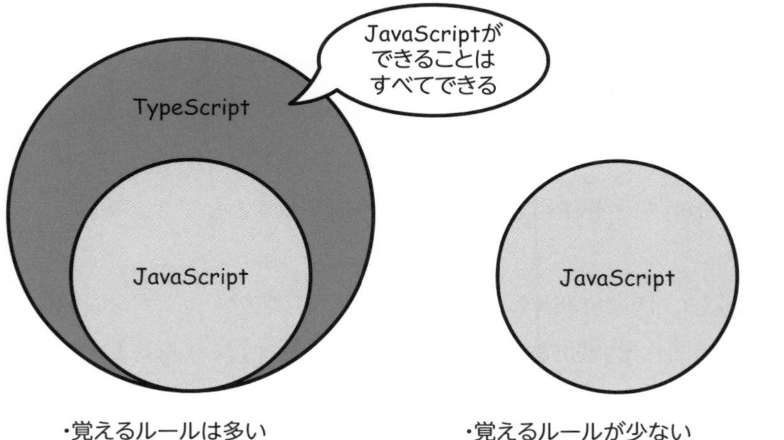

・覚えるルールは多い
・開発効率と信頼性が高い

・覚えるルールが少ない
・バグやエラーが発生しやすい

TypeScript は JavaScript と同様に Web アプリケーションを作成できることはもちろん、モバイルアプリ、デスクトップアプリ、ゲーム、ツール、ライブラリなど、様々なアプリケーションを作成することができます。

- Web アプリケーション
  Angular、React、Vue.js といった人気のフレームワークを使用して Web アプリケーションを作成することができます。

- モバイルアプリケーション
  React Native や Ionic などのフレームワークを使って、iOS や Android アプリケーションを作成することができます。

- デスクトップアプリケーション
  Electron というフレームワークを使用すると、Web 開発の技術を使って、Windows や macOS 向けのアプリケーションを作成することができます。

・ゲーム

Pixi.js や Phaser といった 2D ゲームエンジン、Three.js や Babylon.js といった 3D ゲームエンジンを使用してゲームを作成することができます。

・ツールやライブラリ

Node.js や npm などを使用してツールを作成することができます。

以上のように、TypeScript は、多くの種類のアプリケーション開発に使用することができ、その開発効率やコードの品質を向上させることができます。

トランスパイルってなんだろう？

TypeScript は、すでに説明したとおり、JavaScript を拡張した言語です。しかし、JavaScript が動作する環境だからといって、TypeScript のプログラムが動くわけではありません。TypeScript で作成したソースコードは、「トランスパイル」という処理を行って JavaScript のソースコードに変換し、JavaScrip の環境で動作できるようにします。

トランスパイルと比較される言葉として「コンパイル」があります。コンパイルとは、C 言語などのプログラムをコンピュータが理解できる機械語に変換することをいいます（**図 1-4**）。

TypeScript をトランスパイルして生成した JavaScript は、機械語にコンパイルする必要はありません。JavaScript はインタプリタというプログラムによって、ソースコードを一行ずつ読み込んで、その都度実行されます。

▼図 1-4　トランスパイルとコンパイルのイメージ

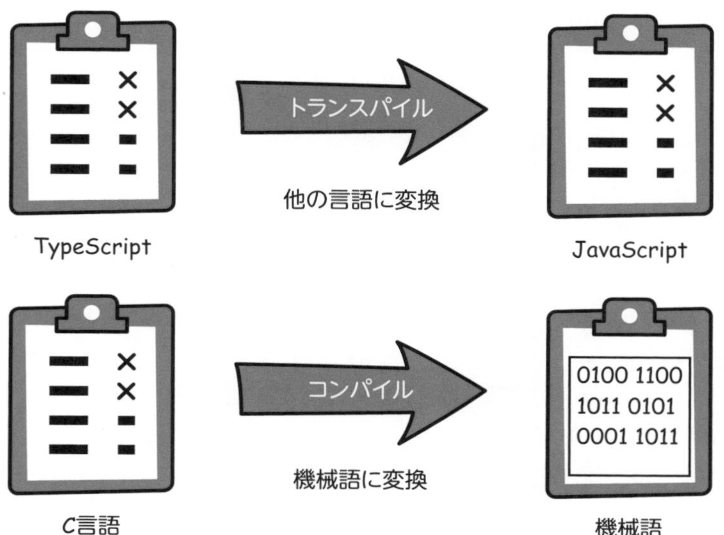

一方コンパイルは、コンピュータが理解できる機械語のプログラムを一括して読み込んで実行します。インタプリタで実行できるプログラミング言語のコードは、機械語に翻訳する必要がありません。したがって、プログラムを修正したら即実行できるという手軽さがあります。その反面、一行ずつ解釈するため、コンパイル言語と比較すると実行速度が遅い、エラーが発生した場合に原因の特定が難しいといった欠点があります。

コンパイルの場合は、機械語に変換する時点でエラーチェックが行われますので、実行する前にエラーの修正をすることができます。また、一括して読み込んでいますので、実行速度が速く、メモリ効率が高いという利点があります。

このように比較をすると、インタプリタ言語はコンパイル言語よりも劣っているように見受けられます。しかし TypeScript は、静的型付けやクラスベースのオブジェクト指向などの機能を提供することで、コードの品質や保守性を高め、バグやエラーを減らすことができます。また、トランスパイル時に型チェックやエラー検出を行いますので、実行前にバグを減らすことができます。さらに、JavaScriptと互換性があり、既存のJavaScriptライブラリやフレームワークを利用できるという利点があります。

進化し続けるTypeScript

TypeScriptは、2012年にMicrosoftが発表して以降、数ヶ月に一度というペースで新しいバージョンがリリースされています。常に進化し続けることから、アプリ開発の最中にバージョンが上がってしまうことも考えられます。しかし、常に最新のバージョンに追従する必要はありません。

TypeScriptのバージョンが上がった場合は、どのような機能が追加されたのか、どのようなバグが修正されたのかに注意をはらい、必要に応じてバージョンアップをするようにしましょう。

TypeScriptの情報は、以下のサイトで入手することができます。

```
https://www.typescriptlang.org/
```

「Release Note(リリースノート)」というキーワード情報を検索してみましょう。リリース内容を確認することができます。

本書が出版された後もTypeScriptは進化し続けていくことと思われますが、しっかりと基本を身につけておくことで、皆さん自身の力で最新のTypeScriptに追従できることでしょう。

開発環境の構築

Keyword ☑開発環境 ☑Node.js ☑Visual Studio Code

開発環境ってなんだろう？

TypeScript を使用してプログラムを作成するには、開発環境が必要です。

開発環境とは、プログラムを作成するための必要なツールや実行をする環境のことを指します。以下に TypeScript に必要な開発環境について説明します。

● Node.js

すでに説明したとおり、TypeScript は JavaScript を拡張して開発された言語です。Node.js は、サーバーサイドで JavaScript を実行するためのプラットフォームであり、TypeScript をトランスパイルして JavaScript に変換することができます。そのため、TypeScript の開発環境を構築する際には、Node.js をインストールする必要があります。

● Visual Studio Code

TypeScript のプログラムはテキストエディタでも書くことができますが、専用のエディターを使用すると、TypeScript のキーワードを自動補完したり、エラーを検出して教えてくれるため、開発効率化を上げることができます。

本書では、開発用のエディターとして Visual Studio Code を採用して説明を進めます。

サーバーサイドとは、クライアント（ユーザーが使うアプリケーション）とは対照的に、ネットワーク上でデータやサービスを提供するためのコンピュータ側の処理のことを指します。例えば、Web アプリケーションを開発する場合、Web サーバーはクライアント（ユーザーが使うブラウザなど）からのリクエスト（要求）を受け取ります。その後、データベースから情報を取得して、必要な処理を行った後、クライアントにレスポンス（結果）を返します。

Node.js をインストールしよう

それでは Node.js をダウンロードしてインストールしましょう。

公式サイトの https://nodejs.org/ja/download にアクセスします（図 1-5）。

▼図 1-5　Node.js のダウンロード

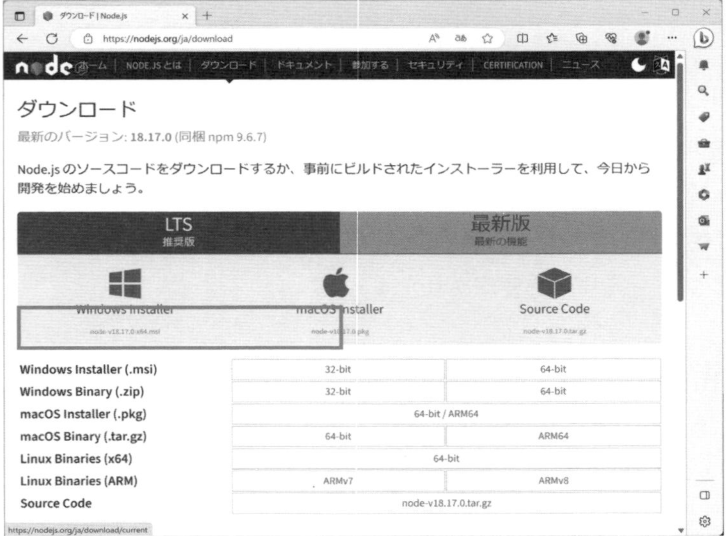

「LTS 推奨版」と「最新版 最新の機能」の２つがありますが、「LTS 推奨版」をクリックします。Windows を使用している方は「Windows Installer」をクリックし、macOS を使用している方は「macOS Installer」をクリックしてダウンロードしましょう。

ダウンロードが完了したら、インストーラーを起動して、インストールを進めます。

「Welcome to the Node.js Setup Wizard」のダイアログでは［Next］をクリックして次に進みます（**図 1-6**）。次に「End-User License Agreement（ライセンス契約）」のダイアログが表示されるので、よく読んで［I accept the terms in the License Agreement］にチェックを付けて［Next］ボタンをクリックします（**図 1-7**）。

▼図 1-6　Welcome To Then Setup Wizard

▼図 1-7　End-User License Agreement

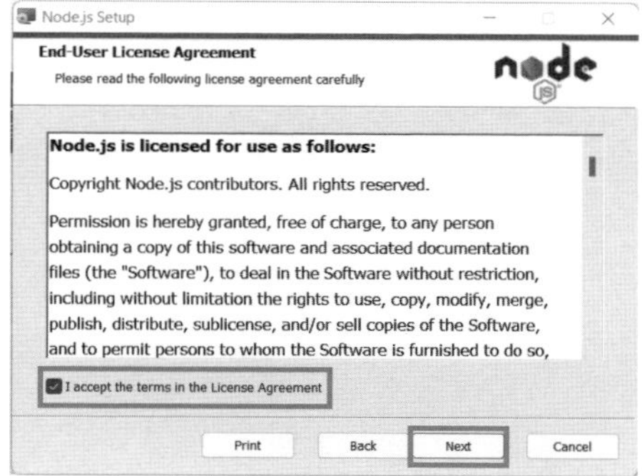

「Destination Folder」ダイアログでは、インストール先のフォルダーを選択します。特別な理由がなければ、何も変更せずに［Next］ボタンをクリックします（**図 1-8**）。

▼**図 1-8　Destination Folder**

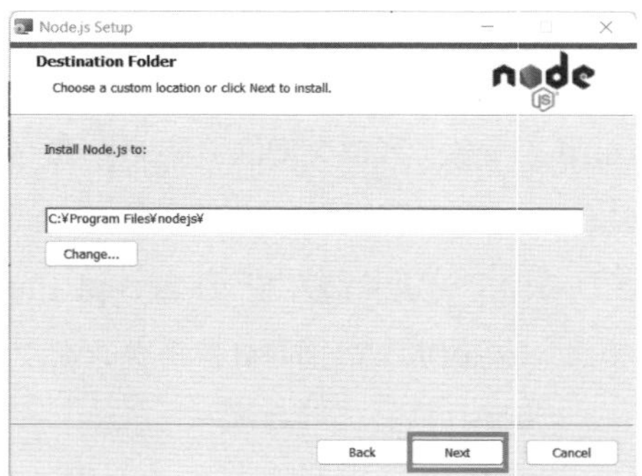

「Custom Setup」ではインストールオプションのカスタマイズ選択をします。ここでは何も変更せずに［Next］ボタンをクリックします（**図 1-9**）。

▼**図 1-9　Custom Setup**

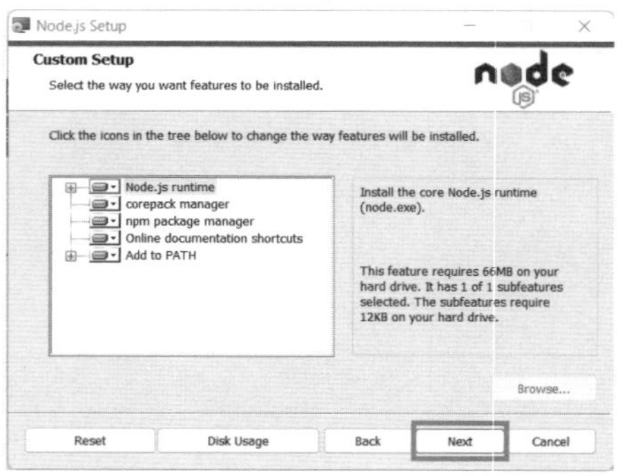

「Tools for Native Modules」のダイアログでは、何も変更せずに［Next］ボタンをクリックします（**図 1-10**）。

▼図 1-10　Tools for Native Modules

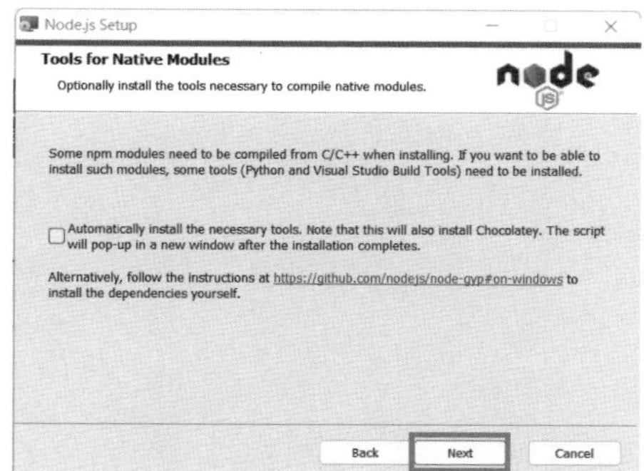

「Ready to install Node.js」のダイアログでは［Install］ボタンをクリックします（**図 1-11**）。

▼図 1-11　Ready to install Node.js

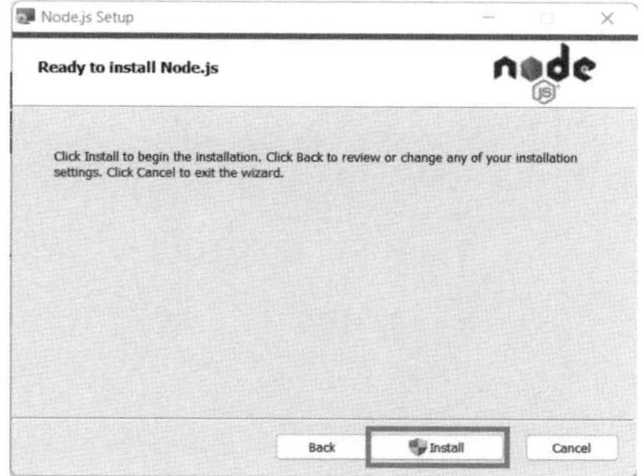

「ユーザーアカウント制御」のダイアログが表示された場合は［はい］ボタンをクリックします（**図 1-12**）。インストールが始まりますので、完了するまで待ちます。

▼図 1-12　ユーザーアカウント制御

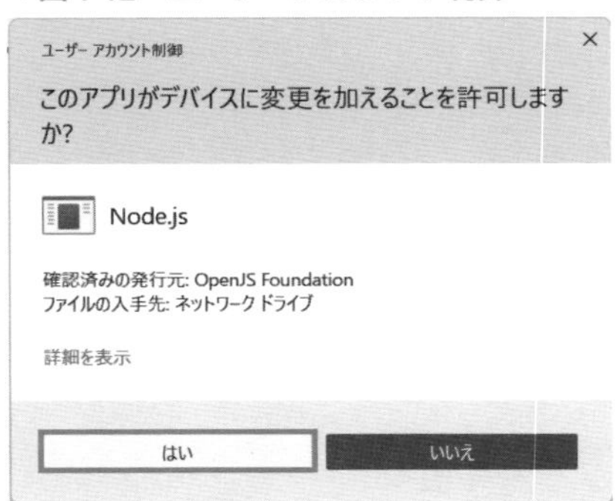

インストールが正常に完了すると「Complete the Node.js Setup Wizard」が表示されます。[Finish] ボタンをクリックして完了します（**図 1-13**）。

▼図 1-13　Completed the Node.js Setup Wizard

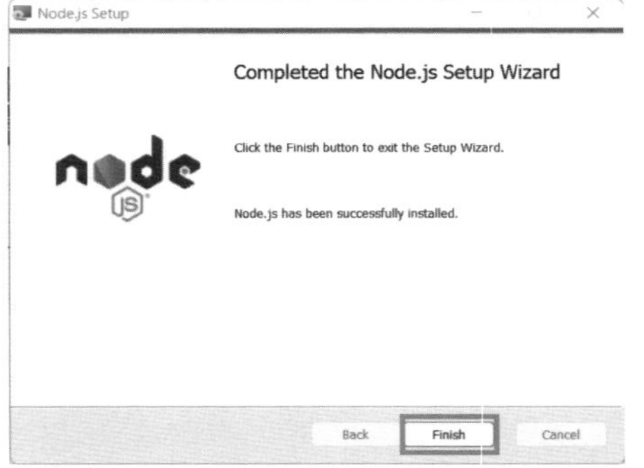

インストールが完了したら、コマンドプロンプト（Windows）またはターミナル（Mac）を開き、以下のように「node -v」とコマンドを入力して、Node.jsのバージョンを確認します。正しくインストールされている場合は、バージョン番号が表示されます。

```
C:\> node -v
v18.16.0
```

Visual Studio Codeをインストールしよう

続いてVisual Studio Codeをインストールしましょう。はじめに公式サイトにアクセスします。URLは「https://code.visualstudio.com/」です。ページ左側にある「Download for Windows Stable Build」をクリックします（**図1-14**）。

▼図1-14 Visual Studio Codeの公式サイト

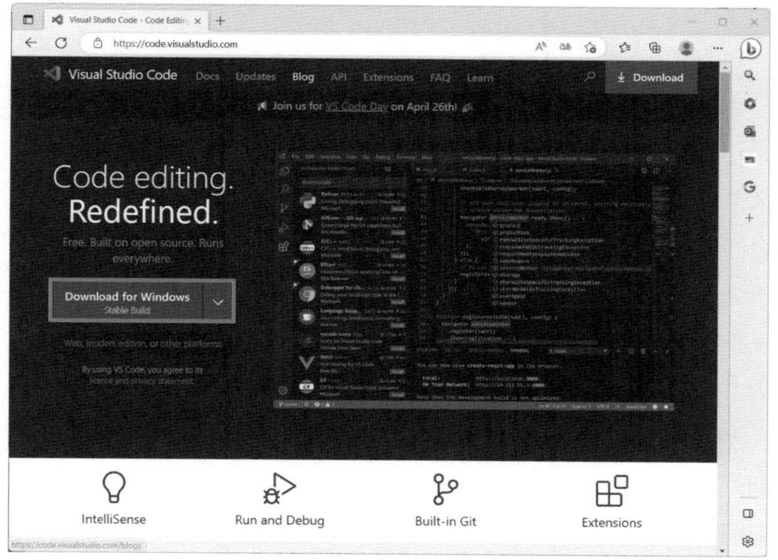

自動でインストーラーがダウンロードされます。ダウンロードが完了したら、インストーラーを起動します。

インストーラーが起動すると、「使用許諾契約書の同意」ダイアログが表示されます。内容を確認して「同意する」にチェックを入れて［次へ］ボタンをクリックします。

次に「インストール先の指定」ダイアログが表示されます。デフォルトのままで問題ない場合は何も変更せずに［次へ］ボタンをクリックします（図

1-15）。

▼図 1-15　インストール先の指定

続いてスタートフォルダーメニューを指定します。デフォルトのままで問題ない場合は何も変更せずに［次へ］ボタンをクリックします。

次にインストールオプションを指定します（**図 1-16**）。エクスプローラーからファイルを Visual Studio Code で開けるようにしたい場合は、「エクスプローラーのファイルコンテキストメニューに［Code で開く］アクションを追加する」や「エクスプローラーのディレクトリコンテキストメニューに［Code で開く］アクションを追加する」にチェックを付けます。デフォルトのままで問題ない場合は、何も変更せずに［次へ］ボタンをクリックします。

以上でインストールの準備は完了です。［インストール］ボタンをクリックしてインストールを開始します。

▼図 1-16　追加タスクの選択

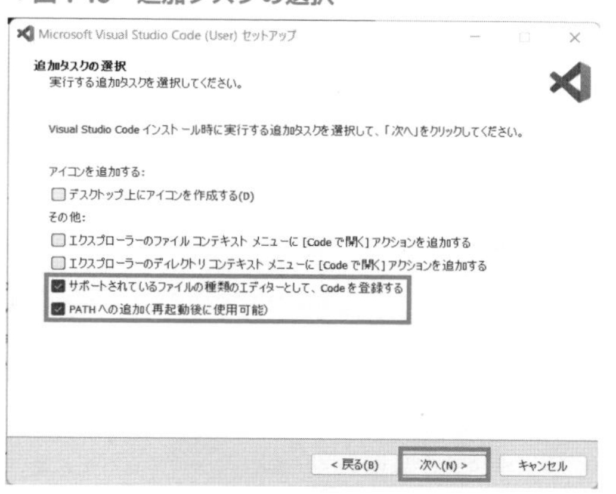

インストールが開始されますので完了するのを待ちます。最後に［完了］ボタンをクリックしてインストールを完了します（**図 1-17**）。

▼図 1-17　Visual Studio Code セットアップウィザードの完了

● 日本語化

Visual Studio Code は英語環境になっていますので、はじめに日本語環境にしましょう。

Visual Studio Code を起動したら、画面左のサイドバーにある Extensions のボタンをクリックします。次に検索窓に「Japanese」と入力して Enter

キーを押して、一覧から「Japanese Language Pack for Visual Studio Code」を探して選択し［Install］ボタンをクリックします。インストール完了後にVisual Studio Codeを再起動すると、日本語表示になります（**図1-18**）。

▼図1-18　Visual Studio Codeの日本語化

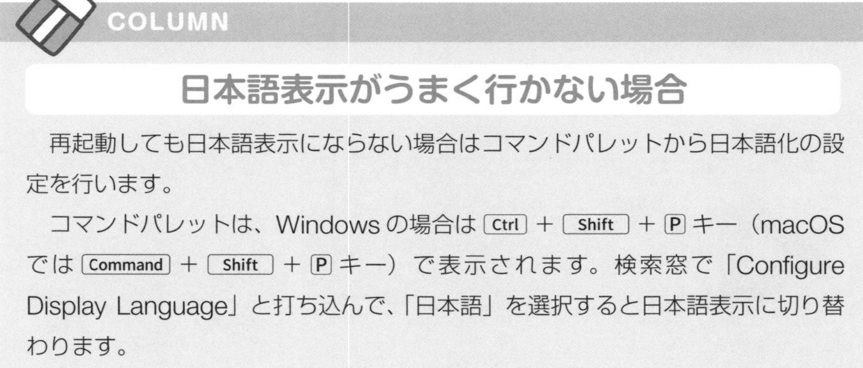

COLUMN

日本語表示がうまく行かない場合

再起動しても日本語表示にならない場合はコマンドパレットから日本語化の設定を行います。

コマンドパレットは、Windowsの場合は Ctrl ＋ Shift ＋ P キー（macOSでは Command ＋ Shift ＋ P キー）で表示されます。検索窓で「Configure Display Language」と打ち込んで、「日本語」を選択すると日本語表示に切り替わります。

Visual Studio Codeの各部の名称を覚えよう

ここでは、Visual Studio Codeの各部の名称を覚えましょう。Visual Studio Codeの画面は、**図1-19**に示すような部分に分かれています。

▼図 1-19 Visual Studio Code の構成

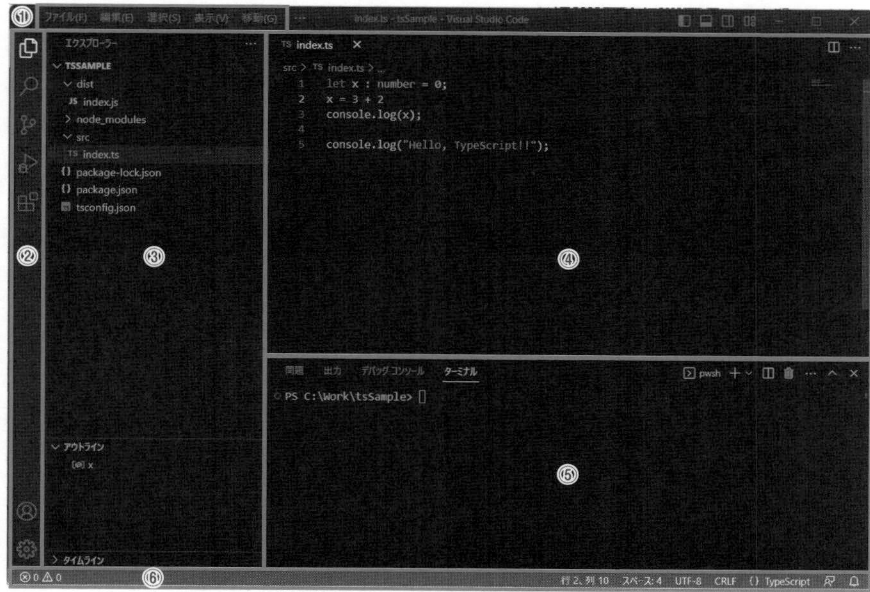

①メニューバー

Visual Studio Code 内の様々な操作を行います。

②アクティビティバー

左側にあるアイコンの列で、エクスプローラーや検索、拡張機能などを切り替えることができます。

③サイドバー

アクティビティバーで選択した機能の内容を表示するエリアです。ファイルやフォルダーの一覧や、検索結果や拡張機能の詳細などを見ることができます。

④エディター

中央にあるコードを編集する領域です。複数のファイルをタブで切り替えたり、分割したりすることができます。

⑤パネル

下部にある領域で、ターミナルやデバッグ情報、問題や出力などを表示することができます。

⑥ステータスバー

最下部エリア、ファイルの情報やエディターの設定、通知などを表示することができます。

TypeScriptの開発準備をしよう

TypeScriptを使用して開発するためには、TypeScriptファイルを格納する場所や、開発に必要なパッケージと呼ばれるファイル群を管理する場所、トランスパイルで生成されるJavaScriptファイルを格納する場所などが必要です。これらをひとまとめにした環境のことをプロジェクトと呼びます。

この節では、プロジェクトの作成方法について説明します。

Windowsの場合はスタートメニューから「Windows PowerShell」を探して起動してください。Macを使用している場合は、Spotlight検索で「ターミナル」と入力すると「ターミナル.app」が候補として表示されますのでreturnキーを押して起動しましょう。

以下はWindowsのPowerShellを使用してプロジェクトを作成する手順について説明をします。Macの場合も同様の手順でプロジェクトを作成することができますが、ディレクトのパスについては適宜読み替えて進めてください。

● プロジェクト用フォルダの作成

はじめに、任意の場所にプロジェクト用のディレクトリ（フォルダー）を作成します。

ここでは、「mkdir」というコマンドを使用して、C:\Workの下に「tsSample」ディレクトリを作成しています。次に「cd」コマンドを使用して、作成した「C:\Work\tsSample」ディレクトに移動しています。Macの場合はUsers/

ユーザー名 /Documents/ の下に「tsSample」を作成してください。

```
PS C:\Users\ユーザー名> mkdir C:\Work\tsSample
PS C:\Users\ユーザー名> cd C:\Work\tsSample
PS C:\Work\tsSample>
```

● package.json ファイルの作成

次に、package.json というファイルを作成します。このファイルは、プロジェクトに必要なパッケージ（ライブラリやモジュールなど）を管理するために使われます。パッケージとは、あらかじめ用意された他の人が作ったプログラムの部品のようなもので、それを組み合わせることで自分のプログラムを作ることができます。package.json ファイルには、どのパッケージを使うのか、どのバージョンを使うのかなどが記述されています。

package.json を作成するには、次のコマンドを実行します。

```
PS C:\Work\tsSample> npm init  -yes
```

npm init は package.json を作成するためのコマンドです。このまま実行すると、様々な質問をしてきますので、オプションの「-yes」をつけて、この質問をスキップしてファイルを作成します。

ここから先は Visual Studio Code（以降は VS Code と表記します）を使用して作業をしていきます。

まずは VS Code を起動しましょう。

続いてメニューの［ファイル］→［フォルダーを開く］を選択して、先ほど作成した「C:\Work\tsSample」を選択します。

左側で package.json をダブルクリックして「"main": "index.js",」と書かれている行の下に「type: "module",」を追記します・

```
  "main": "index.js",
  "type": "module",
```

次に、メニューの［表示］→［ターミナル］を選択します。これで、VS Code 内で PowerShell（Mac の場合はターミナル）を使用することができます。

ターミナルでカレントディレクトリが「C:\Work\tsSample」になっていることを確認し、次のコマンドを実行します（図 1-20）。

▼図 1-20　ターミナルの表示

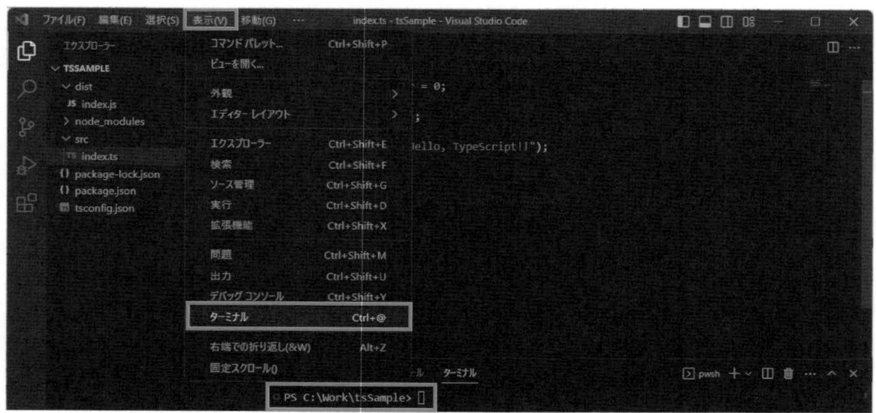


```
PS C:\Work\tsSample> npm install --save-dev typescript @types/node
```

上記のコマンドを実行すると typescript と @types/node の 2 つのパッケージをインストールします。

● tsconfig.json ファイルの作成

最後に tsconfig.json ファイルを作成します。

TypeScript は JavaScript にトランスパイルをしますが、この時どのようなオプションを指定するのかを記述するファイルが tsconfig.json です。このファイルを利用することで、トランスパイルの際に必要なパラメータを設定し、エラーチェックの精度を上げたり、JavaScript への変換のルールを設定したりすることができます。つまり、tsconfig.json ファイルは TypeScript の開発を効率的に進めるために不可欠なファイルであり、プロジェクトの設定によって開発の生産性を向上させることができます。

tsconfig.json ファイルを作成するには、次のコマンドを実行します。

```
PS C:\Work\tsSample> npx tsc --init
```

作成された tsconfig.json は約 100 行あるのですが、以下 5 つのオプションに変更を加えます。

● オプションの変更

1 つ目に「"target": "es2016",」と書かれた行を探して、以下のように、「"target": "es2020",」に変更してください。target は TypeScript が JavaScript にトランスパイルされる際に、どのバージョンの JavaScript を出力するかを指定するための設定です。バージョン番号が大きいほど、より新しい機能を使用することができます。

```
"target": "es2020",
```

2 つ目に、「"module": "commonjs",」と書かれた行を探してください。このオプションは、トランスパイルで出力される JavaScript がどのようにモジュールを読み込むかを決定するもので、作成するアプリの対象をフロントエンド（ユーザーが使用するアプリケーション）にするかバックエンド（コラムで説明したサーバーサイドのこと）にするかで異なります。

本書は初心者を対象としますので詳細は割愛しますが、バックエンドの場合は「commonjs」を、フロントエンドで使用する場合は es2020, ESNext などを指定します。

本書の開発範囲はフロントエンドを対象としますので、以下のように「ESNext」に書き換えてください。

```
"module": "ESNext",
```

3 つ目に「// "moduleResolution": "node10",」と書かれた行を探します。

先頭に「//」がある行は、オプションを無効にしていることを表しています。以下のように先頭の「//」を削除してオプションを有効にするとともに「node10」を「node」に変更してください。

moduleResolutionは、npmコマンドでインストールしたモジュールをTypeScriptが認識できるようにするオプションです。Node.jsを対象にした開発の場合は"node"を指定すれば問題ありません。

```
"moduleResolution": "node",
```

4つ目に「// "outDir": "./",」と書かれた行を探します。先頭の「//」を削除してオプションを有効にするとともに、「./」を「./js」に変更してください。

outDirはトランスパイルされたJavaScriptのファイルを出力する場所を指定するオプションです。「./js」ではなく、任意のディレクトリを指定しても構いません。

```
"outDir": "./js",
```

最後に、tsconfig.jsonファイルの最後の行にある「}」の前の行に、以下のincludeオプションを追記します。このように記述することで、srcディレクトリ配下置かれたTypeScriptのファイルがトランスパイル対象になります。ここまでの入力が完了したら Ctrl ＋ s キーを押してファイルを上書き保存します。

```
  ,"include": [
    "./src/**/*.ts"
  ]
} ← 最後の行
```

TypeScriptのプログラム作成

Keyword　☑トランスパイル

TypeScriptのファイルを作成しよう

開発環境が作成できたので、TypeScriptのファイルを作成してみましょう。

TypeScriptのファイルは拡張子が*.tsのファイルです。

はじめに、VS Codeのターミナルで以下のコマンドを実行して、TypeScriptのファイルを置くsrcディレクトリを作成します。ターミナルは、メニューの［表示］→［ターミナル］を選択して表示します（図1-21）。

▼図1-21　ターミナルの表示

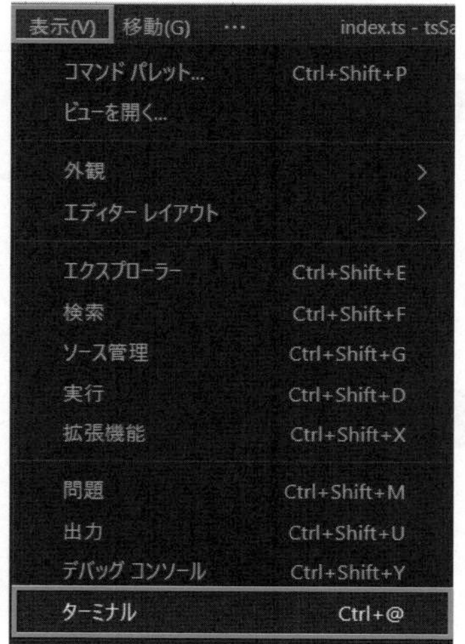

```
PS C:\Work\tsSample> mkdir src
```

次に、VS Code のエクスプローラーで、今作成した src ディレクトリを右クリックし、「新しいファイル」を選択して「index.ts」というファイルを作成します。エクスプローラーは、サイドバーにあるファイルのアイコンをクリックして表示します（図 1-22）。

▼図 1-22　エクスプローラーの表示とファイルの作成

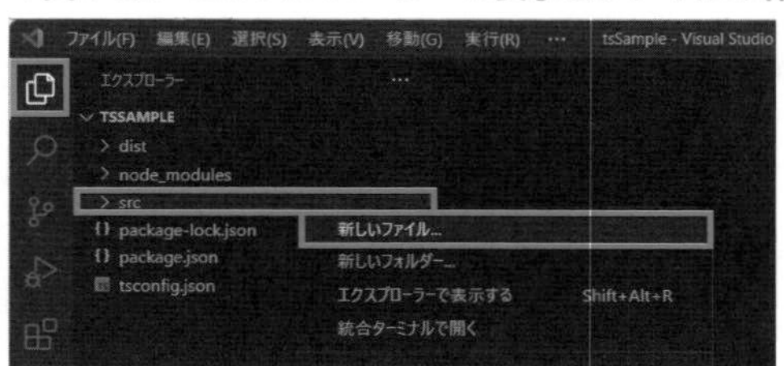

index.ts の中身には以下のように記述します。コードを記述したら Ctrl ＋ s キーを押してファイルを上書き保存します。

```
console.log("Hello, TypeScript!!");
```

トランスパイルをして実行してみよう

TypeScript のファイルを作成できたら、以下のコマンドを実行してトランスパイルをしてみましょう。

```
C:\Work\Sample> npx tsc
```

トランスパイルが成功すると、./js ディレクトリに index.js というファイルが出力されます。

以下のように、node コマンドの後ろに実行するファイル（ここでは ./js/

index.js）を指定して実行します。実行に成功すると「Hello, TypeScript!!」が表示されます。

```
PS C:\Work\Sample> node ./js/index.js
Hello, TypeScript!!
```

本書では**第2章**以降で、様々なプログラムを作成しながらTypeScriptを学んでいきます。プロジェクトの作成方法やファイルの作成方法は以降の章では説明しませんので、わからなくなった場合は、本章を読み返してください。

トランスパイルのオプション

TypeScriptファイルをトランスパイルするには、「npx tsc」というコマンドを実行します。すでにtsconfig.jsonでトランスパイルオプションを設定しているので、"npx tsc"と入力するだけで正しくトランスパイルが実行されます。さらに、JavaScriptファイルに変換する際にさまざまなオプションを指定することもできます。表1-Aはよく使用されるオプションです。

例えば「npx tsc --noEmit」のように使用します。このほかにも多くのオプションがありますので、https://www.typescriptlang.org/docs/handbook/compiler-options.htmlで確認しましょう。

▼表1-A　主なトランスパイルオプション

オプション	内容
--outFile	トランスパイルされるJavaScriptファイルの名前を指定します
--outDir	トランスパイルされたJavaScriptファイルを出力するディレクトリを指定します
--target	トランスパイルされるJavaScriptのバージョンを指定します
--noEmit	JavaScriptファイルを生成せずに、エラーの有無を確認することができます

TypeScriptの基本ルール

Keyword ☑命令文 ☑コメント

TypeScriptのコードはどこから始まってどこで終わる？

TypeScriptファイルには、コンピュータに実行してほしい命令を複数行にわたって記述をします。

例えば、**リスト1-1**は3＋2を計算して、その結果を表示するコードです。人間と同じように上から順番に、1行ずつ読み込みながら実行をします。

▼リスト1-1 TypeScriptのサンプルコード

```
let x : number = 0;
x = 3 + 2;
console.log(x);
```

命令文の書き方の基本ルールを覚えよう

TypeScriptのソースコードを書く上で、最低限覚えておきたいルールいついて説明します。

● 半角英数字を使用しよう

基本的に、ソースコードは半角英数字で記述します。スペースも全角文字は使用せず、半角のスペースを使用します（**図1-23**）。

全角文字を使用するのは、変数（後述します）に代入する文字列や、コメント（後述します）として記述する場合です。

▼図 1-23 半角英数字とスペースの例

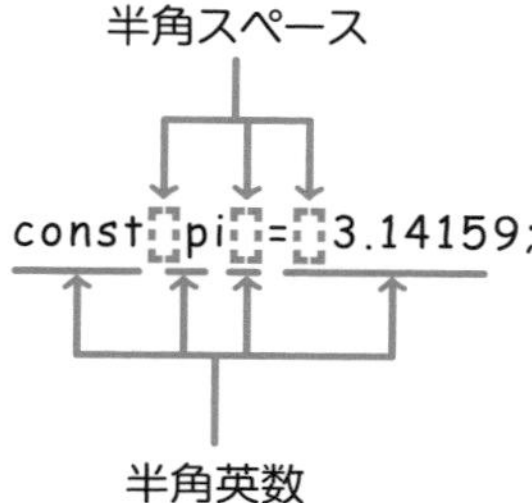

● 大文字と小文字を区別しよう

TypeScript は、大文字と小文字は別なものとして扱われます。例えば、Message と message のスペルは同じですが、先頭の 1 文字目が大文字と小文字という違いがあります。これらは、全くの別ものとして扱われるということを覚えておきましょう（図 1-24）。

▼図 1-24 大文字と小文字の例

● 文の終わりをには「;」を付けよう

TypeScript は、1 つの命令文がどこで終わるかを自動的に判断をします。命令文は複数行に渡って書くことができますので、どこまでが命令文なのかを示すために「;（セミコロン）」を記述して読みやすくすることができます。

「;」は省略しても構いませんが、本書では 1 つの命令文の終わりには「;」を記述して説明をします。

▼図1-25　文の終わりの例

文の終わり

```
console.log(message);
```

● コメントの書き方を覚えよう

コメントとは、コードに対する説明書きのことです（**図1-26**）。コメントは実行時には無視されますので、プログラムの動作に影響を与えることはありません。

コメントの書き方には次の2種類があります。

・単一行コメント
　行の先頭に「//」を記述すると、その行全体をコメントと見なします。
・複数行コメント
　行の先頭に「/*」を記述すると「*/」が現れるまでをコメントと見なします。よって「/*」から「*/」の間は何行にも渡って改行をすることができます。

▼図1-26　コメントの使用例

```
// 単一行コメント

/* ここには
   複数行コメントを
   記述できます */
```

● 文字の出力方法を覚えよう

本書の中ではconsole.logという命令を使って、コンソールに実行結果を出力する例を多く使用しています（**図1-27**）。

▼図1-27　console.logの例

```
console.log("Hello");
```

COLUMN

Playground を使ってみよう

Playground というオンラインの環境を使用すると、自分の PC に開発環境を作成することなく、TypeScript のコードを入力して実行することができます。11 章までは Playground を使用して学習できますが、12 章以降では複数ファイルを取り扱うことから、本章で説明している開発環境構築が欠かせません。必要に応じて使い分けてください。

Playground は以下にアクセスすることで利用できます。

```
https://www.typescriptlang.org/play/
```

Playground にアクセスすると、左側にコードエディター、右側に実行結果やエラーを表示するパネルがあります。コードを入力したら、コードエディター上部にある「Run」をクリックすると、そのコードの実行結果が右側のパネルに表示されます。

ローカル環境同様に様々な設定を行うこともできますので、興味がある方はカスタマイズしてみましょう（図 1-A)。

▼図 1-A　Playground

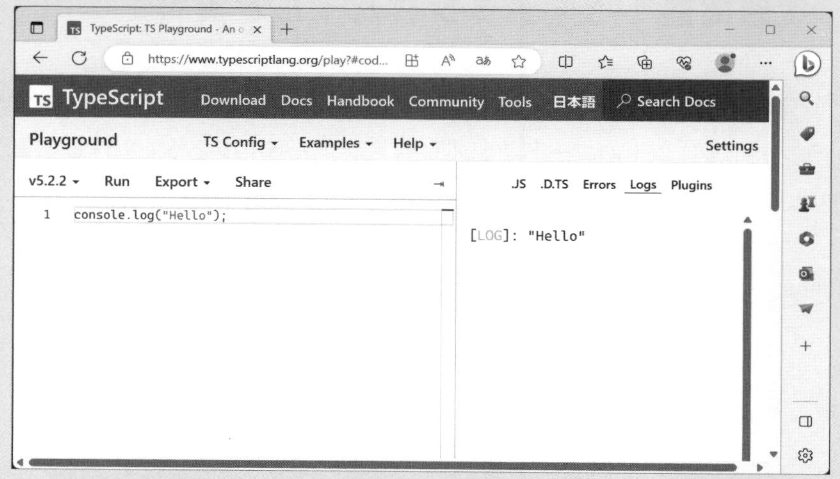

《章末復習問題》

復習問題 1-1　プロジェクトの作成

1-02 の「TypeScript の開発準備をしよう」を参考に「typeScriptSample」というフォルダーでプロジェクトを作成してください。

復習問題 1-2　TypeScript ファイルの作成

1-03 の「TypeScript のファイルを作成しよう」を参考に「index.ts」というファイルを作成してください。

復習問題 1-3　トランスパイルと実行

1-03 の「トランスパイルをして実行してみよう」を参考に「index.ts」というファイルに以下のコードを記述してトランスパイルをして実行してください。

```
console.log("Hello");
```

2章

変数とデータ型

TypeScriptを学び始める際に、最初に理解しておきたいのは「変数とデータ型」です。変数は、値を一時的に保存するための箱のようなもので、データ型は、その箱に入る値の種類を決めるものです。本章では、TypeScriptでの変数の使い方や、よく使われるデータ型についてわかりやすく説明します。変数とデータ型の基礎を理解することで、より複雑なプログラムを書く際にもスムーズに進めることができるようになります。

変数の役割を理解しよう

皆さんがこれから作成するプログラムでは、様々なデータを扱います。例えば、画面に表示するメッセージデータや、計算をするときの数字データ、ユーザーが画面から入力したデータなど、プログラムにはデータが欠かせません。このような様々なデータを、プログラムが記憶をしたり取り出したりできるようにする場所（記憶領域）のことを**変数**（へんすう）といいます。図 2-1 に示したように、変数は箱をイメージすると理解しやすいでしょう。

変数とはデータを記憶したり取り出したりする箱（記憶領域）のことです。

プログラムは 1 度だけ動かすために作るということはほとんどありません。多くの場合は、何度も実行することを前提に作成します。

例えば、「2 ＋ 3 を実行せよ」というプログラムを作成した場合は、何度実行しても「2 ＋ 3」しか実行をしません。しかし、「箱 X ＋箱 Y を計算せよ」としておいて、「箱 X」や「箱 Y」の中身を好きな数字に変えれば、何度でも、異なる計算をさせることができます（図 2-2）。

▼図 2-1　変数のイメージ

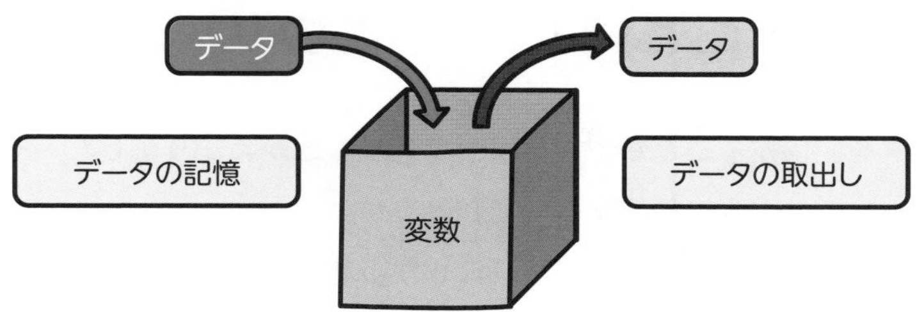

▼図 2-2　箱（変数）を使用した計算のイメージ

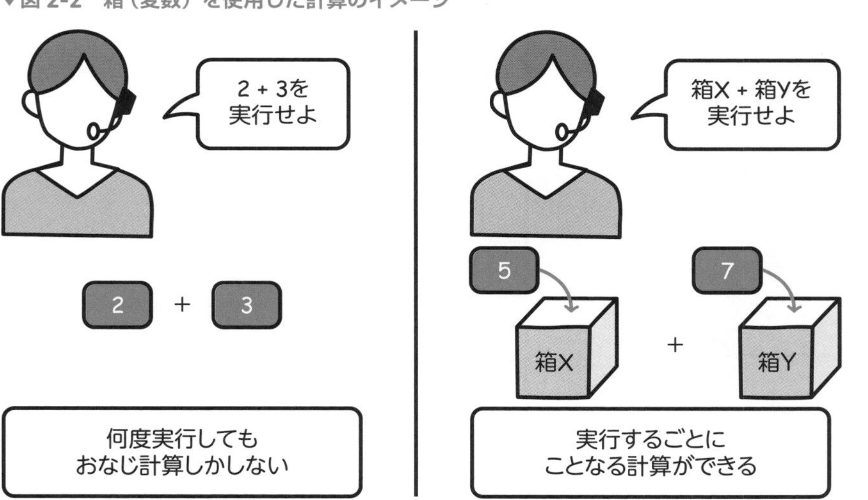

このように、「箱」は入れるものが変わるので変数と呼ばれています。変数は、プログラムの中でいくつでも使用することができ、名前をつけて区別することができます。変数につける名前のことを**変数名**（へんすうめい）といいます。

ポイント

変数を使うことで、何度でも再利用できるプログラムを作成できる。
変数は、変数名をつけて区別することで、いくつでも使用できる。

変数はどうやって使うの？

変数はデータを記憶することができる場所であることがわかりました。それでは、「変数」はどのように使用するのでしょうか？

プログラムの中で変数を使用するには、「これから変数を使用しますよ」とコンピュータに伝える必要があります。このことを、**変数の宣言**といいます（図2-3）。

変数を宣言するときは、変数名（変数につける名前）と型を決める必要があります。

▼図2-3　変数の宣言のイメージ

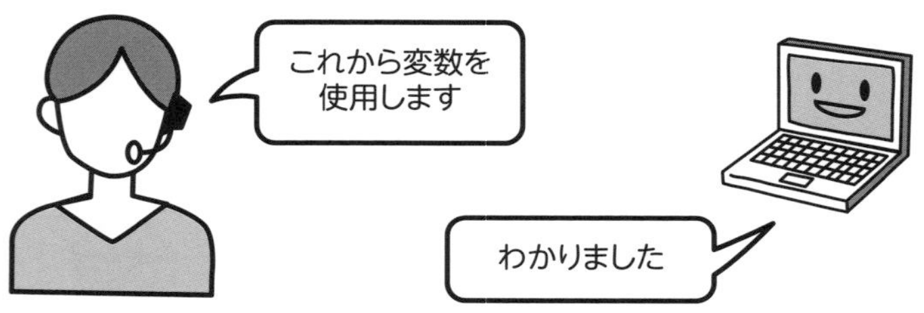

プログラムの中では、いくつもの変数を使用できるので、それぞれに変数名をつけて区別できるようにします。変数名は自由に付けることができますが、どのようなデータを記憶しているかがわかるような名前を付けるようにしましょう。

例えば、年齢を記憶しておく変数ならage、メッセージ文を記憶しておく変数ならmessageやmsgのようにします。hensu1（変数1）やhensu2（変数2）のような変数名は、どのようなデータが入っているか推測できませんので、利用しないようにしましょう。

もう1つの「型」ですが、正確には**データ型**と呼びます。データ型は、変数に記憶するデータの種類を指します。データ型には、数値型や文字列型、日付型などがあります。図2-4に変数とデータ型のイメージを示します。変数 age には「数値」というカンバンが立っていますね。これは、「age は数値のみを記憶することができる変数ですよ」ということを表しています。ですので「15」という数値は記憶することができますが、「Hello」という文字列は記憶することができません。

同様に、変数 msg の場合は文字列を記憶できる変数、birthday は日付を記憶できる変数ということがわかりますね。このように、変数はどの種類のデータを記憶できるかを決めて使用しますので、間違って他の種類のデータが記憶されることはなく、安全に利用することができます。

▼図 2-4　変数とデータ型のイメージ

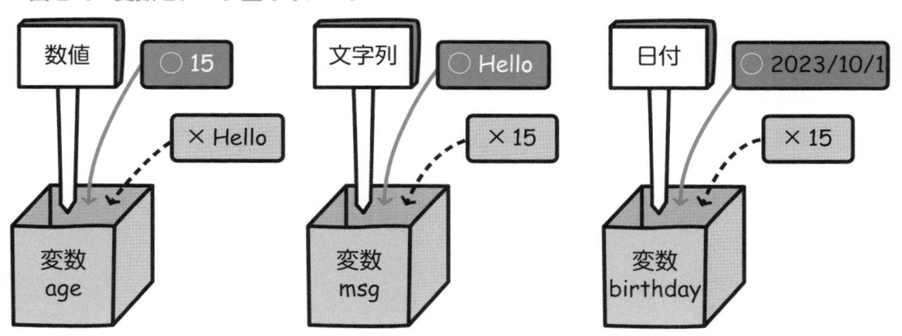

変数を宣言する時には、変数名と型を決める必要があると説明しましたが、変数の宣言と同時に初期値を記憶させることができます。

初期値とは、変数にあらかじめ設定される値のことで、誤って使用されてもエラーにはならない値を設定しておきます。

例えば、number 型の変数の初期化を考えてみましょう。これをゼロで初期化すると、足し算や引き算に影響を与えません。num という変数を 0 で初期化した場合、num ＋ 3 の計算結果は「3」であり、num － 5 の計算結果は「－ 5」となり、計算結果に影響を与えませんね。

しかし、掛け算や割り算の場合はどうでしょうか？

3 × num のような掛け算では、計算結果は常にゼロになります。割り算の場合、3 ÷ num のようにゼロで割るとエラーが発生します。したがって、初期値によっては計算結果に影響を与えることがあります。number型の初期値が必ずしもゼロがよいわけではありませんので検討の上で決定しましょう。

次に、string型の変数を考えましょう。一般的な初期値は空文字("")です。空文字は文字数がゼロの文字列を表し、出力しても影響がありません。しかし、人の名前を記憶する変数の場合、空文字を初期値に設定することは適していないかもしれません。例えば、"no name"という値で初期化をしておくと、名前がまだ設定されていないことを明示できますね

このように、初期値の設定によって、プログラムエラーを減らすことができる場合があるため、吟味して設定をしましょう。

02 変数の宣言と値の代入

Keyword　変数　定数　宣言　let　const　初期値　初期化　代入

変数を宣言してみよう

本節では、簡単なコードを書きながら、変数の使用方法について学びましょう。

変数を使用する時は「これから変数を使用しますよ」とコンピュータに教えてあげる必要があります。このことを変数の宣言と呼びます。変数の宣言方法は 2 種類あり、1 つは let（レット）というキーワードを使用する方法、もう 1 つは const（コンスト）というキーワードを使用する方法があります。

let は、変数に記憶したデータを後から書き換えることができるのに対し、const は一度変数に記憶したデータは後から書き換えることができない、という点で異なります。

はじめに**構文 2-1** の let キーワードによる変数の宣言について見ていきましょう。

構　文　2-1　let キーワードによる変数の宣言

```
let 変数名 : 型 = 初期値 ;
```

1 つ例をみてみましょう。変数名が age で、型が number、初期値を 0 で宣言するには**リスト 2-1** のようにします（型とは記憶するデータの種類のことです。number は「数値」を入れられる変数にしますという意味です。詳細は後述します)。

▼リスト 2-1　let による変数の宣言例

```
// 変数 age の宣言
let age:number = 0;
```

リスト 2-1 をイメージにすると**図 2-5** のようになります。「データ型が number で、初期値に 0 を入れた age という変数を使いますよ」と宣言をしていますね。このように宣言をすると、名前が age という箱（変数）が作成されて、データは「数値しか入れられませんよ」というカンバンが立てられ、最初の値として「0」が記憶されます。

▼図 2-5　変数宣言のイメージ

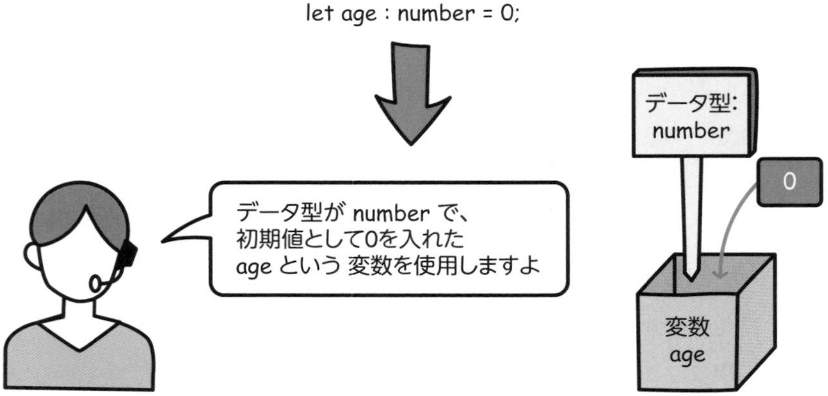

続いて、**構文 2-2** の const による変数の宣言方法を見ていきましょう。

2-2　const キーワードによる変数の宣言

```
const 定数名 : データ型 = 初期値 ;
```

let キーワードが const キーワードが変更になっただけですので、覚えるのは簡単ですね。

ここで、const キーワードによる変数の宣言例をみてみましょう。変数名が pai で、データ型が number、初期値に円周率を表す 3.14 を入れて宣言するには以下のようにします（**リスト 2-2、図 2-6**）。

▼リスト 2-2　const による変数の宣言例

```
// 変数 pai の宣言と初期化
const pai:number = 3.14;
```

▼図 2-6　const による変数宣言のイメージ

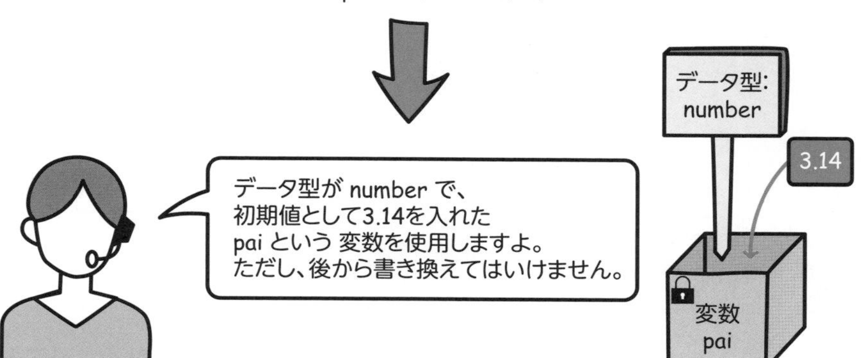

「データ型が number で、初期値に 3.14 を入れた pai という変数を使いますよ」と宣言をしていますね。ここまでは、let キーワードを使用した変数の宣言と変わりませんが、const キーワードを使用した変数の宣言は「後から書き換えられない」という点で異なります。また初期値を省略できませんので覚えておきましょう。

変数はどこで宣言するのだろう？

変数は、使用する前に宣言する必要があります。宣言をせずに変数を使用すると、「そんな変数は知らないよ！」と怒られてしまいます（**図 2-7**）。

▼**図 2-7 宣言をしていない変数の使用**

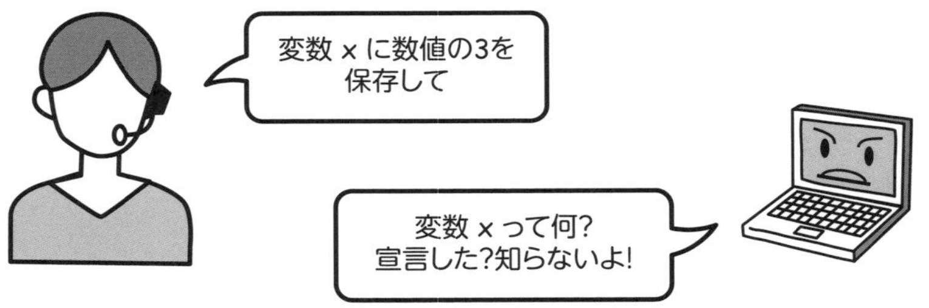

例を見てみましょう。**リスト 2-3** は変数 x が宣言される前に、console.log で x を使用していますね。このように変数を宣言する前に使用すると「Cannot access 'x' before initialization」のようなエラーが発生します。日本語に訳すと「初期化前に x を使用することはできません」となります。

▼**リスト 2-3 変数宣言位置を間違えた例**

```
01: console.log(x);
02: const x:number = 3;
```

リスト 2-3 を正しく書き換えるには、1 行目と 2 行目を入れ替えて**リスト 2-4** のように書きます。1 行目で、「これから 3 で初期化した変数 x を使用します」とコンピュータに伝えたあと、2 行目で「変数 x の中身を表示してね」と命令をしていますので、正しく処理が行われるというわけです。

▼**リスト 2-4 変数宣言の正しい位置の例**

```
01: const x:number = 3;
02: console.log(x);
```

値の代入

前節では、変数の宣言について学びました。変数の宣言とは「これから変数を使用しますよ」とコンピュータに教えてあげることで、データを記憶する場所を確保することでしたね。

今度は、必要に応じて、変数の値を書き換える方法について学習しましょう。変数を新たな値で書き換えることを代入といい、**構文 2-3** のように、「=」の左辺に変数を、右辺に代入する値を書きます。

構文 2-3 値の代入

```
変数 = 値;
```

例えば、年齢を管理する変数 age を宣言して、後から 35 を代入するときのイメージを見てみましょう（**図 2-8**）。変数 age は number 型で宣言しており、0 で初期化をしていますね。続いて「age = 35;」と書くことで、初期値として記憶されていた 0 を上書きして 35 が記憶されます。

▼図 2-8 代入のイメージ

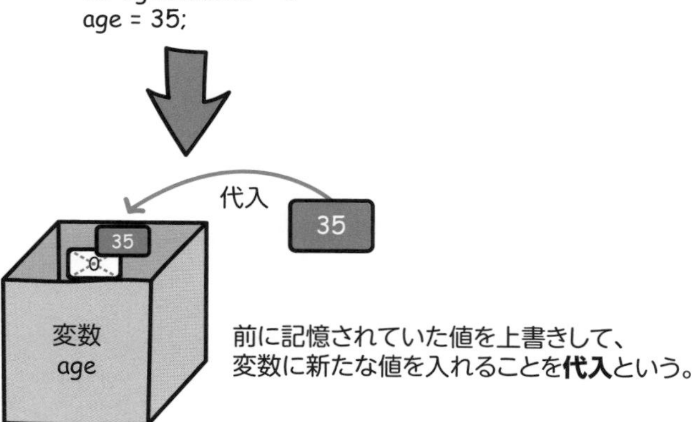

代入のイメージができたら、実際にコードを入力して値の代入について確認をしましょう（**リスト 2-5**）。

▼リスト 2-5　値の代入例

```
let age:number = 0; // 変数 age を number 型で宣言し 0
                       で初期化
age = 35;           // 変数 age に 35 を代入
console.log(age);   // 35が出力される
```

次に const キーワードを使用して、変数 age を宣言し、値が代入できるかを確認してみましょう。const キーワードによる代入のイメージを**図 2-9** に示します。

const キーワードで変数を宣言すると、初期値を入れた時点で箱（変数）にフタがされてロックをされてしまいます。ですので、後から値を書き換えることができません。

▼図 2-9　const キーワードによる代入のイメージ

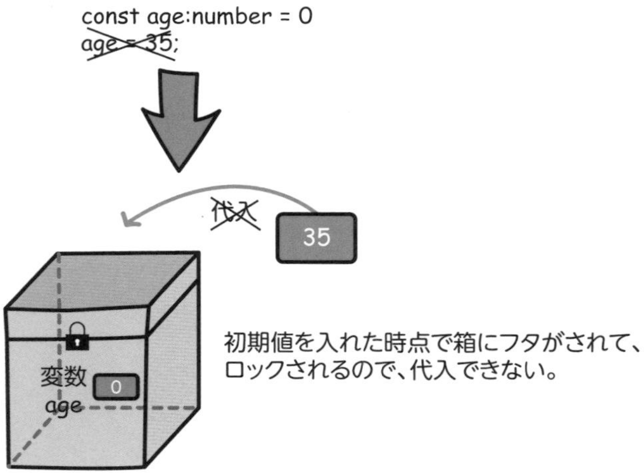

図 2-9 をコードにすると**リスト 2-6** のようになります。1 行目の const で宣言した変数 age は、2 行目のように値を代入しようとすると「Cannot assign to 'age' because it is a constant.」というエラーが発生します。日本語に訳すと「定数であるため age に代入することはできません」という意味になります。const キーワードの「const」は、「Constant」の略で、「一定の」

や「不変の」という意味です。このことからconstで宣言した変数は**定数**とも呼ばれ、後から値を代入することはできませんので覚えておきましょう。

▼リスト 2-6　const キーワードによる値の代入例

```
01: const age:number = 0; // 変数ageを number 型で宣言し 0 で初期化
02: age = 35;             // 変数ageに 35 を代入できないのでエラーになる
03: console.log(age);     // 2行目でエラーになるので実行できない
```

COLUMN

let と const のどっちを使えばいいの？

プログラム中で、変数の値を変更しない場合はconst、変更する場合はletを使用することが推奨されています。

それでは、どのような場合に「変数を変更する」、「変数を変更しない」というように考えるべきなのでしょうか？

すでに説明をしたように、プログラムに何度も異なる計算をさせるには、箱（変数）の中身を書き換える必要があります。ですのでletで変数を宣言すれば、後から値を書き換えることができますので、目的を果たすことができますね。

次にconstで宣言した変数ですが、後から書き換えることができないことはすでに学習したとおりです。例えば、円周率の3.14や、税込金額を求めるときの1.1（倍）などは、後から書き換えられると正しい計算ができなくなりますのでconstを使って宣言をします。

プログラム作成時点で、変数が後から変更されるかどうかがわからないような場合においては、あらかじめconstを使用して宣言することをおすすめします。また、はじめから変数をconstで宣言をしておいて、「値の変更が必要だ」とわかった時点でletキーワードに置き換えてもよいでしょう。

以降、本書ではconstによる変数の宣言を基本とし、必要に応じてletによる宣言で説明をしていきます。

変数の命名ルールを覚えよう

変数名は任意の名前を付けることができますが、どのような名前でも付けられるわけではありません。ここでは変数名の付け方について学習しましょう。

● 使用可能な記号

変数名に使用できる記号には「$（ダラー）」と「_（アンダースコア）」があります。「$」「_」は、変数名の先頭、途中、末尾のどこにでも置くこともできます。

リスト 2-7 は tax の先頭に $ を付けた「$tax」と、msg の先頭に _ を付けた「_msg」という変数名の例です。

▼リスト 2-7　記号を使用した変数名の例

```
const $tax:number = 3;
const _msg:string = "Hello";
```

● 先頭数字は NG

0 から 9 の数字は変数名として利用することができますが、先頭に置くことはできません。ただし、変数名の途中や末尾に置くことはできます（**リスト 2-8**）。

▼リスト 2-8　数字を使用した変数名の例

```
const test1: number = 2;  // 末尾に数字はOK
const te2st: number = 1;  // 途中に数字はOK
const 3test: number = 0;  // 先頭に数字はNG
```

● 大文字と小文字は区別される

アルファベットの大文字と小文字は区別されます。ですので、message と Message と MESSAGE のスペルは同じですが、全て異なる変数とみなされます（**リスト 2-9**）。

▼リスト 2-9　同じスペルの変数名

```
const message: string = "Hello";
const Message: string = "Hello";
const MESSAGE: string = "Hello";
```

● 予約語は使用できない

予約語とは、そのプログラミング言語において役割が決まっている単語のことです。例えば、変数の宣言時に使用する「let」やデータ型として使用する「number」などは、すでに役割が決まっている単語のため、変数名として使用するとエラーになってしまいます。

リスト 2-10 は予約後「let」と「number」を変数名にした例です。どちらも変数名としては使用できず、エラーになります。

▼リスト 2-10　予約後を変数名にした例

```
const let:number = 1;         // 「let」を変数名にした例
const number:number = 2;  // 「number」を変数名にした例
```

データ型ってなんだろう？

すでに説明したように、変数に記憶するデータの種類のことをデータ型といいます。データ型を「数値」や「文字」のように、あらかじめ決めておくと、間違って他のデータ型の値が記憶されるようなことはありません。例えば、データ型が数値の変数 age には、「Hello」という文字を代入することはできません（図 2-10）。

▼図 2-10　データ型のイメージ

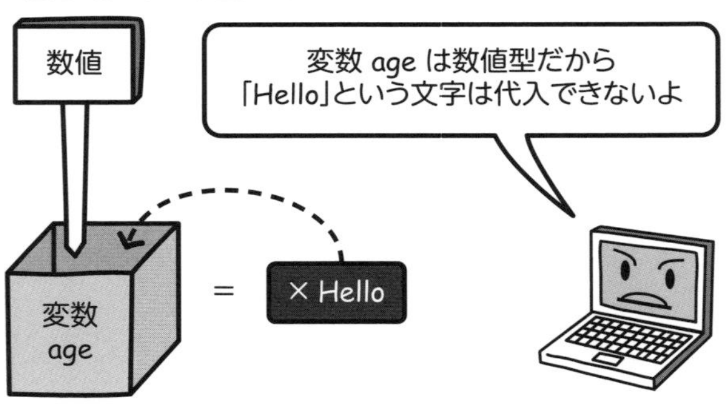

変数を宣言する時にデータ型を指定することを「型注釈」といいます。また、型注釈は「型アノテーション」とも呼ばれます。

プリミティブ型

最も基本的なデータ型のことをプリミティブ型といいます。プリミティブ型には number、bigint、string、boolean、undefined、null、symbol があります。プリミティブ型を適用した変数は、**図 2-11** に示すように 1 つの値だけを記憶します。

▼図 2-11　プリミティブ型のイメージ

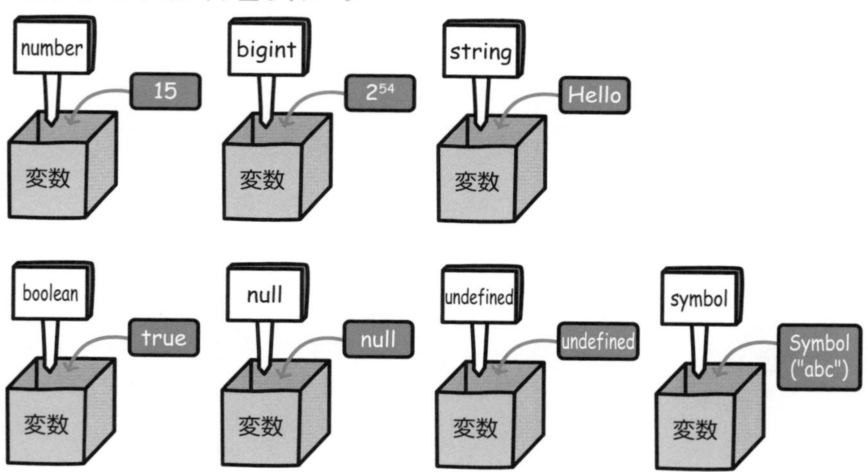

2
変数とデータ型

number 型

number（ナンバー）型は、「1」や「−1」のような整数と、「0.1」や「3.14」といった小数を扱うことができるデータ型です。C 言語や Java といったプログラミング言語は、整数と小数は別々のデータ型が準備されているのですが、TypeScript は number 型のみで整数と小数のデータを扱います。

number 型の変数に記憶できる数値の範囲は $-(2^{53}-1)$ から $2^{53}-1$ までです。数字で表すと −9007199254740991（マイナス 9007 兆 1992 億 5474 万

991）～9007199254740991（9007兆1992億5474万991）の間です。

それでは、number型の基本的な使用方法をみてみましょう。**リスト2-11**は変数x1を整数の3で初期化し、変数x2を小数の0.14で初期化した後、x1とx2の足し算結果を表示しています（+記号の使い方は「演算子」の章で説明します）。

▼リスト2-11　number型の使用例

```
const x1: number = 3;
const x2: number = 0.14;
console.log(x1+x2);  // 3.14 が出力される
```

COLUMN

小数の計算で誤差が生じる場合

TypeScriptの小数の計算は誤差が生じる場合があります。例えば小数の0.1という値は有限なのですが、2進数で表すと0.00011001100…と小数以下が無限に続く循環小数となってしまいます。コンピュータは無限に桁が続く数字を扱うことはできません。扱える桁数には上限があるので、どこかの桁で切り捨てる必要があり、これが誤差となります。

例えば、0.1+0.7は0.8になるはずですが、計算結果は0.7999999999999999となります。以上のことから、小数を扱う場合は誤差が出る可能性があります。小数計算の誤差を回避する方法としては、10倍して計算して最後に10で割る方法（例えば0.1x10 ÷ 10）や、専用のライブラリを導入するという方法がありますが、本書の範囲を超えますので説明は割愛します。

● N進数の値の利用

number型は普段私たちが使用している10進数以外にも、2進数や8進数、16進数の値を代入することもできます。

リスト2-12は10進数の「10」をそれぞれ2進数（先頭0b＋2進数の値）、

8 進数（先頭 0o ＋ 8 進数の値）、10 進数、16 進数（先頭 0x ＋ 16 進数の値）で表した値で初期化した後、console.log で変数の中身を確認しています。console.log を使用すると 10 進数の値に変換されて表示されます。

▼リスト 2-12　N 進数の値を代入する例

```
const binX: number = 0b1010;   // 2進数の10
const octX: number = 0o012;    // 8進数の10
const decX: number = 10;       // 10進数の10
const hexX: number = 0x0a;     // 16進数の10

console.log(binX);  // 10
console.log(octX);  // 10
console.log(decX);  // 10
console.log(hexX);  // 10
```


● 桁区切り記号の利用

桁数が多い数値は、「_」（アンダースコア）記号を桁区切りの文字として使用して、可読性を上げることができます。**リスト 2-13** は 10000000（1 千万）という値を、桁区切り記号ありとなしで初期化をする例です。

▼リスト 2-13　桁区切り記号の利用

```
const x1: number = 10000000;       // 1千万
const x2: number = 10_000_000;     // 1千万

console.log(x1);  // 10000000 を出力
console.log(x2);  // 10000000 を出力
```

bigint 型

bigint（ビッグイント）型は、number 型では扱いきれない、より大きな整数を扱えるデータ型です。小数は扱えませんので注意が必要です。

リスト 2-14 に bigint 型の使用例を示します。

▼リスト 2-14　bigint 型の使用例

```
const bignum1 : bigint = 10n;
const bignum2 : bigint = 9007199254740992n;

console.log(bignum1);    // 10 を出力
console.log(bignum2);    // 9007199254740992n を出力
```

bigint 型の変数を初期化する場合や値を代入する場合は、その数値の後ろに「n」を付けます。「n」をつけることで bigint 型の値ということを示します。「n」を付けなかった場合は number 型の数値とみなされるため「Type 'number' is not assignable to type 'bigint'.」というエラーが発生します。このエラーを訳すと「型 'number' は型 'bigint' に割り当てられません。」という意味になります。

例えば「10」と「10n」は同じ整数の「10」なのですが、「10」は number 型、「10n」は bigint 型ですので、TypeScript 上では異なるデータとみなされます。

実行時に Type 'number' is not assignable to type 'bigint'. のエラーや BigInt literals are not available when targeting lower than ES2020. のエラーが出る場合は、TS Config の Target を「2020」以上に設定してください。

string 型

string（ストリング）型は文字列を扱えるデータ型です。

リスト 2-15 は、「"」「'」「`」の記号を使用して「Hello」という文字列を作成し、変数を初期化する例です。console.log で出力をしてみますと、全て「"Hello"」と出力されることを確認できます。

▼リスト 2-15　string 型の使用例

```
const msg1: string = "Hello";
const msg2: string = 'Hello';
const msg3: string = `Hello`;

console.log(msg1);  // "Hello" を出力
console.log(msg2);  // "Hello" を出力
console.log(msg3);  // "Hello" を出力
```

COLUMN

TypeScript での文字列表記

TypeScript で文字列を表すには、「"（ダブルクォーテーション）」、「'（シングルクォーテーション）」、「`（バッククォーテーション）」のいずれかで文字列を括る必要があります。これらの記号は、日本語では引用符（いんようふ）といいます。ダブルクォーテーションは Shift +2、シングルクォーテーションは Shift +7、バッククォーテーションは Shift +@ で入力できます。いずれの記号を使用して文字列を作成しても、まったく同じ string 型になります。

次に、文字列に引用符を含めたい場合を考えてみましょう。

例えば、「Hello "HIRO" さん」のように、文字列の中に引用符を含める場合、**リスト 2-16** のように書くとエラーになってしまいます。文字列は引用符で括るということはすでに説明したとおりですが、文字列中に同一の引用符が複数ある場合は、次に現れた引用符が文字列の最後を表す引用符と認識され、それ以降は正しい文字列と認識してくれません（**図 2-12**）。

▼リスト 2-16　文字列に引用符を含める例（エラーになる）

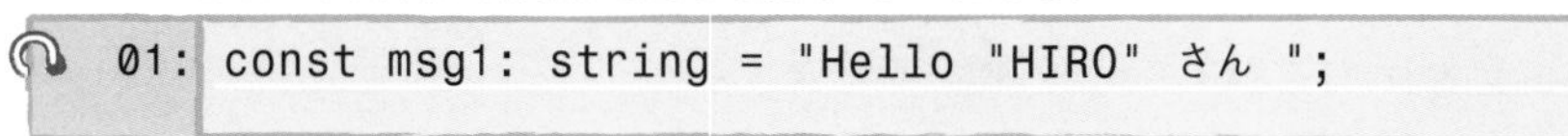

```
const msg1: string = "Hello "HIRO" さん ";
```

▼図 2-12　複数引用符使用時の文字列認識イメージ

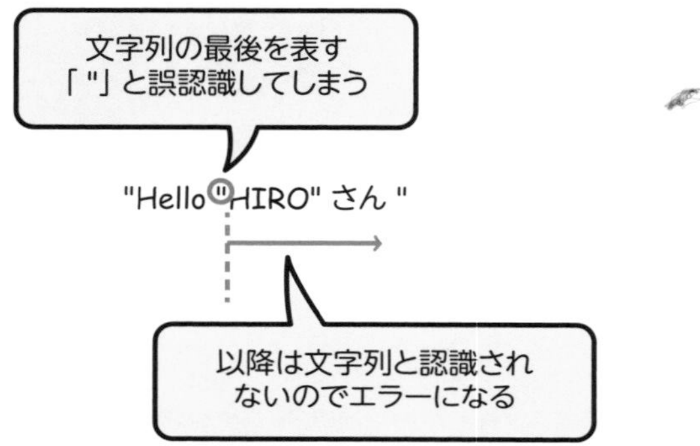

文字列の中に「"」を含めたい場合は、**リスト 2-17** のように文字列全体を「'」で括ります。このようにすることで、途中に現れる「"」は文字列の一部と認識させることができます（**図 2-13**）。同様に、文字列中に「'」を含めたい場合は、文字列全体を「"」で括ることで解決できます。

▼リスト 2-17　文字列に引用符を含める例

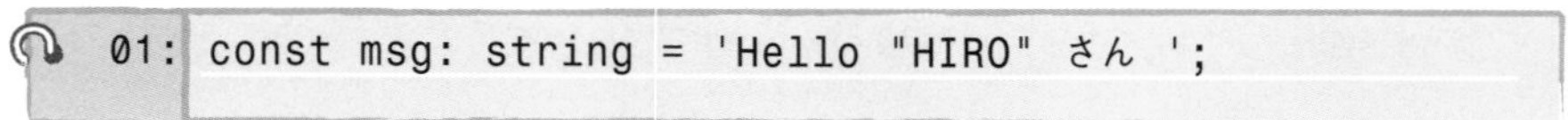

```
const msg: string = 'Hello "HIRO" さん ';
```

▼図 2-13　引用符を正しく認識させたときのイメージ

また、引用符の前に「¥（エン）」記号を付けた「¥"」や「¥'」を使用することで「"」と「'」を入れ替えて文字列を括る必要がなくなります。このように特殊記号を文字列中で表現「¥"」や「¥'」のことをエスケープシーケンスと呼びます（Macの場合は「¥」ではなく「\（バックスラッシュ記号）」を使用します。バックスラッシュ記号は option + ¥ で入力することができます）。

リスト 2-18 にエスケープシーケンスを利用して引用符を含む文字列を出力する例を示します。

▼リスト 2-18　エスケープシーケンスによる引用符の使用例

```
const msg1: string = "Hello ¥"HIRO¥"さん";
const msg2: string = 'Hello ¥'HIRO¥'さん';

console.log(msg1); // 「Hello "HIRO"さん」を出力
console.log(msg2); // 「Hello 'HIRO'さん」を出力
```

もう1つの引用符「`（バッククォーテーション）」は、「"」や「'」とは異なり、文字列中に式や変数の値を埋め込めるという特徴を持っています。文字列中に式や変数の値を埋め込むには「${式}」または「${変数}」のように記述します。埋め込まれた式は計算結果を、埋め込まれた変数はその中身を出力します。

リスト 2-19 に式や変数を文字列に埋め込んだ使用例を示します。

▼リスト 2-19　式や変数を文字列に埋め込む例

```
const calc = `1 + 2 = ${1+2}`;
console.log(calc);  // "1 + 2 = 3"

const user: string = "HIRO";
const msg: string = `Hello ${user} さん`;
console.log(msg);   // "Hello HIRO さん" を出力
```

最後に引用符の使い分けについて示します。規定のルールではなく、あくまでも筆者の見解です。チームで開発をする場合にはそのルールに従うようにしましょう。

- ただの文字列を使用する場合は「"」を使うようにしましょう。Java や C 言語なども文字列を表す場合は「"」が使用されています。それに合わせて「"」を使用しておけば、ほかの言語も違和感なく学習ができます。
- 「"」が含まれる文字列の場合は「'」を使うようにしましょう。「¥」を使用しても構いませんが、普段使用する頻度が少ない「¥」よりも「'」の方が入力で戸惑うことがありません。ただし、「"」も「'」も含まれる文字列を利用したい場合や特殊文字列を使用する場合は「¥」を使用しましょう。
- 文字列に式や変数を含める場合は「`」を使用しましょう。「"」や「'」で括った文字列の中で式や変数を表現することはできません。

boolean 型

boolean（ブーリアン）型は真偽値と呼ばれる **true**（トゥルー）と **false**（フォルス）の 2 つの値を扱えるデータ型です。日本語で、true は「**真**（しん）」、false は「**偽**（ぎ）」とも表現されます。

プログラム中で「Yes」「No」や「はい」「いいえ」のような表現をするときに使用するのが、この boolean 型です。

リスト 2-20 に boolean 型の使用例を示します。変数 isYes は「true」で初期化し、isNo は「false」で初期化しています。

▼リスト 2-20　boolean 型の使用例

```
const isYes: boolean = true;
const isNo: boolean = false;

console.log(isYes);  // true を出力
console.log(isNo);   // false を出力
```

null 型

null（ヌル）型は「何もない」ということを表すデータ型です。何もないというのは、変数に数値のゼロや空文字（からもじ。長さがゼロの文字列のこと）が入っているわけでもなく、ほんとうに何もないという状態を表します。ただ「変数」という器があるだけの状態です。

リスト 2-21 に null 型変数の宣言と初期化の例を示します。

▼リスト 2-21　null 型変数の宣言と初期化の例

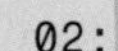

```
const x: null = null;

console.log(x);
```

null が何もないことを示すことは分かりましたが、それでは null はどのような場面で使用されるのでしょうか？

null は意図的に何もないことを示すデータであることから、データが存在するかどうかを確認する際に使用します。例えば、ある変数が null と等しいかを確認し、null であると判定された場合は、データが入っていないと判断できます。

undefined 型

undefined（アンデファイン）型は、変数が宣言済みであるのに値が代入されていないということを表すデータ型です。

let キーワードによる変数の宣言では、**リスト 2-22** のように初期値を入れずに宣言をすることもできます（const キーワードは初期値を省略できません）。

▼リスト 2-22　初期値を代入しない例

```
let x:number;
```

この場合、x という number 型の変数を宣言したことになりますが、このように値が格納されていない状態、言い換えると「未定義」の状態が undefined です。

リスト 2-23 は変数の中身が undefined（未定義）となる変数の例です。1 行目の変数 x はデータ型も決まっていませんし、初期値も与えていませんので undefined になります。2 行目の変数 y は undefined 型で宣言をし、初期値として undefined を代入していますので、undefined になります。3 行目の変数 z は number 型ですが、初期値を代入していないので undefined になります。

▼リスト 2-23　undefined になる変数の例

```
01: let x;
02: let y:undefined = undefined;
03: let z:number;
04:
05: console.log(x);  // undefined が出力される
06: console.log(y);  // undefined が出力される
07: console.log(z);  // undefined が出力される
```

null と undefine の違いについて**図 2-14** で理解を深めましょう。左側は null 型の変数「出田 無代（デエタ ナシヨ）さん」です。出田さんは null という値を専門に持つ人であり、何もないということを証明できる人です。右側は undefined 型の「値我 未帝（アタイガ ミテイ）さん」です。値我さんは、職業（値）が決まっていない（未定義である）状態です。未定義ですので、値がない（null である）状態ですら証明ができないのです。このように null と undefined は明確な違いがあります。

▼図 2-14　null と undefined の違い

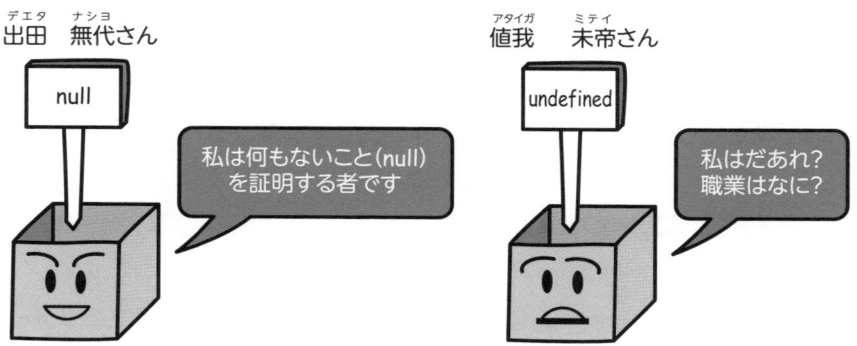

初学者の方にとっては null と undefined の違いはわかりにくいかもしれません。頻繁に利用されることはありませんので、今は理解できなくても構いません。必要な場面がきたら、本節を読み返してください。

symbol 型

symbol（シンボル）型は、プログラム中で「その値が唯一ひとつしか存在しない」ということを表すデータ型です。TypeScript の元になっている JavaScript が、過去資産の互換性を維持するために（既存のプログラムに影響を与えないようにするために）生まれたデータ型であり、使用頻度が低いので読み飛ばして構いません。

リスト 2-24 に symbol 型の使用例を示します。

▼リスト 2-24　symbol 型の使用例

```
const x:symbol = Symbol("data");
const y:symbol = Symbol("data");

console.log(x === y); // falseが出力される
console.log(x === x); // trueが出力される
```

変数xも変数yもSymbol("data")というデータで初期化していますね。4行目の「===」記号（===は等しいかどうかを判断する記号です。詳細は演算子の章で説明します）で2つの値が等しいかどうかを出力しています。2つの値が等しい場合はtrueを、等しくない場合はfalseを出力します。変数xとyはどちらも同じ値が代入されていますので、trueが出力されるように思えますが、実際にはfalseが出力されます。5行目のように、その変数自身と比較した場合だけは、等しいとみなされてtrueが出力されます。

このように、symbol型は唯一無二を表すデータ型として使用されます。

リテラルってなんだろう？

TypeScriptプログラムを作成する上で欠かせない要素にリテラルがあります。

リテラルとはソースコード中にべた書きした、変数に代入できる値そのもののことを指します。代表的なリテラルの例を見ていきましょう。

例えば、「-1」や「3」、「3.14」といった値は数値リテラルです。ですので、プログラム中に書いた数字は、数値リテラルになります。**リスト2-25**に数値リテラルの例を示します。

▼リスト2-25　数値リテラルの例

```
const num1: number = -3;
const num2: number = 0;
const num3: number = 3.14;
const num4: number = 0b0010;
const num5: number = 0o10;
const num6: number = 0xff;
const num7: number = 1_000_000;
```

数値の後ろに「n」がつくのはbigintリテラルです。bigintの例を**リスト2-26**に示します。

▼リスト2-26　bigintリテラルの例

```
const bigno:bigint = 100n;
```

次に「"」「'」「`」で括った文字列そのものは、文字列リテラルです。文字列リテラルの例を**リスト2-27**に示します。

▼リスト2-27　文字列リテラルの例

```
const msg1 = "Hello,";
const msg2 = "TypeScript";
const msg3 = `${msg1}${msg2}`;
```

「true」や「false」の値そのものは真偽値リテラルです。真偽値リテラルの例を**リスト2-28**に示します。

▼リスト2-28　真偽値リテラルの例

```
const isOK:boolean = true;
const inNG:boolean = false;
```

型推論ってなんだろう？

これまでに学んだ変数の宣言方法は、データ型を指定するものでした。

TypeScriptにはもう1つ、**構文2-4**に示す「型推論（かたすいろん）」による変数の宣言方法があります。

▼図2-15　型推論のイメージ

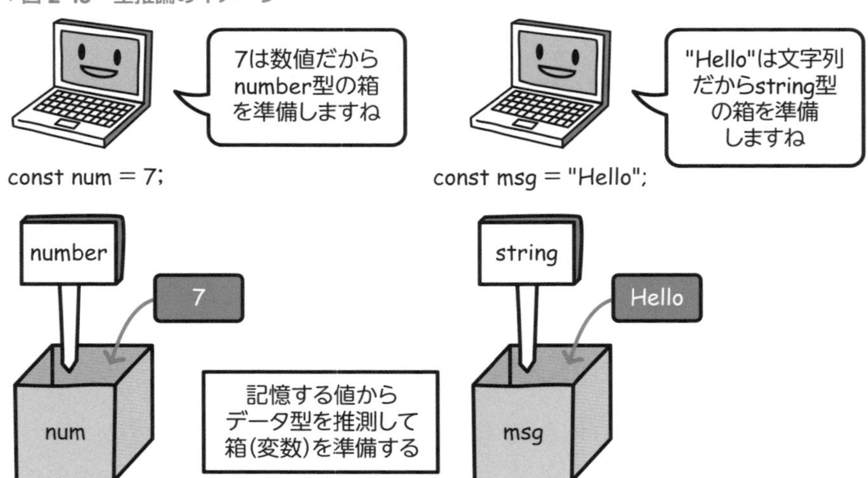

これまでの宣言方法とは異なり、データ型を指定していません。初期値を代入すると、そのデータから自動的にデータ型が決まります。このように、データからデータ型を推測して決定することから型推論と呼ばれます（**図2-15**）。

構 文 2-4 型推論

```
const 変数名 = 初期値;
```

リスト 2-29 に型推論の例を示します。

▼リスト 2-29 型推論の例

```
01: const num = 7;
02: const msg = "Hello";
03:
04: console.log(num);              // 7 を出力
05: console.log(typeof(num));      // "number" を出力
06: console.log(msg);              // "Hello" を出力
07: console.log(typeof(msg));      // "string" を出力
```

1 行目は変数 num に 7 を代入しています。7 は整数ですので型推論されて number 型になります。

2 行目は、変数 msg に "Hello" を代入しています。"Hello" は文字列ですので、型推論されて string 型になります。

4 行目は変数 num に記憶されている 7 が出力されます。

5 行目で使用している「typeof(変数名)」は、その変数のデータ型を調べるための命令です。変数 num は数値の 7 が代入されていますので、データ型の "number" が出力されます。

6 行目は msg に記憶されている "Hello" が出力されます。

7 行目は変数 msg のデータ型を確認していますので、"string" が出力されます。

列挙型

列挙型ってなんだろう？

これまでに、数値はnumber型、文字列はstring型といったように、さまざまなデータ型があることについて学びました。本節では、列挙型（れっきょがた）という特別なデータ型について学びましょう。

そもそも「列挙」とは1つ1つ数え上げたり、並べたてたりすることですが、TypeScriptにおける「列挙」とは何なのかを、私たちの生活の中で考えてみましょう。

例えば、曜日を表す場合は、日曜日、月曜日、火曜日、水曜日、木曜日、金曜日、土曜日のように7種類で表現をしています。また、元号であれば、明治、大正、昭和、平成、令和のように表しますよね。

このように、曜日や元号のように、決まった値のみを取り扱いたい場合は列挙型を使用します。

列挙型で表すには、日曜日～土曜日や明治～令和をグループ化して名前を付けて、その中にそれぞれの値を定義します（図2-16）。

▼図 2-16 列挙型のイメージ

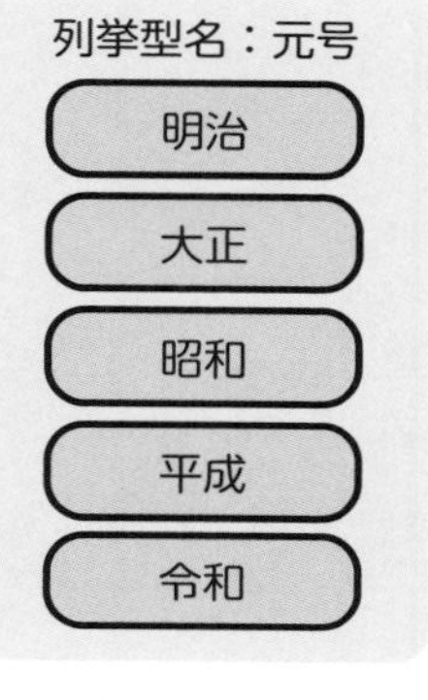

列挙型の構文を理解しよう

列挙型は、これまでに学んだ number 型や string 型とは違い、自分で作成できるデータ型の 1 つです。列挙型は**構文 2-5** に示すように enum キーワードを使用して定義し、{} の内側には列挙型の値（これらの値の総称をメンバといいます）を記述します。

構文 2-5 列挙型の定義

```
enum 列挙型名 {
      値 1,
      :
      値 n
}
```

リスト 2-30 は曜日を列挙型として定義する例です。列挙型名は Weekday とし、日曜日から土曜日の名称は、それぞれ英単語にしてカンマで区切ります。

▼リスト 2-30　列挙型の定義

```
enum Weekday {
    Sunday,
    Monday,
    Tuesday,
    Wednesday,
    Thursday,
    Friday,
    Saturday
}
```

列挙型の定義方法がわかりましたので、今度は使用方法を覚えましょう。

列挙型の変数を使用するときは**構文 2-6** を使用します。変数名の後ろに、自分で作成した列挙型名を書くことによって、その変数に任意の列挙値（列挙型で定義された値）を代入することができます。

構　文　2-6　列挙型変数の宣言

```
const 変数名：列挙型名 = 列挙型名.値
```

以上を踏まえて、先ほど作成した曜日（Weekday）列挙型を使用する例を**リスト 2-31** に示します。

▼リスト 2-31　列挙型の使用例

```
enum Weekday {
    Sunday,
    Monday,
    Tuesday,
    Wednesday,
    Thursday,
    Friday,
    Saturday
}
```

次へ

```
10:
11: // 列挙型変数の宣言と初期化
    const wd: Weekday = Weekday.Thursday;
12: console.log(wd);     // 4 を出力
```

1～9行目で列挙型を定義したあと、11行目で変数の宣言と初期化を行っています。このとき変数名はwd、データ型にはWeekdayを指定しています。また初期値は「列挙型名.値」の書式で「Weekday.Thursday」を代入しているのですが、12行目の値を確認してみると「Thursday」とは出力されずに「4」が出力されます。列挙型のメンバーは上から順に0から連番が割り当てられます。ですので、Sundayは0、Mondayは1のように番号が割り当てられていますので、「4」が表示されているというわけです。

数値列挙型

列挙型のメンバーは、上から順に0からの連番が割り当てられることはすでに説明したとおりです。列挙型のメンバーに0からの数値ではなく、任意の数値を割り当てたい場合は、各メンバーの後ろに「=値」を書きます。このように数値を割り当てた列挙型は数値列挙型といいます。

リスト2-32ではSundayは1、Tuesdayは2のように任意の値を割り当てており、11行目でWeekday.Thusdayを代入したwdは、console.logで確認すると「16」を出力します。

▼リスト2-32　列挙値に任意の数値を割り当てる例

```
01: enum Weekday {
02:     Sunday = 1,
03:     Monday = 2,
04:     Tuesday = 4,
```

次へ

```
    Wednesday = 8,
    Thursday = 16,
    Friday = 32,
    Saturday = 64
}

const wd: Weekday = Weekday.Thursday;
console.log(wd);     // 16 を出力
```

文字列列挙型

TypeScriptの列挙型のメンバーは、文字列を割り当てることもでき、文字列列挙型といいます。**リスト2-33**ではSundayからSaturdayまでのメンバーに、曜日の短縮形を割り当てています。11行目でWeekday.Thusdayを代入したwdは、console.logで確認すると「Thu」を出力します。

▼リスト2-33　列挙値に任意の文字列を割り当てる例

```
01: enum Weekday {
02:     Sunday = "Sun.",
03:     Monday = "Mon.",
04:     Tuesday = "Tue.",
05:     Wednesday = "Wed.",
06:     Thursday = "Thu.",
07:     Friday = "Fri.",
08:     Saturday = "Sat"
09: }
10:
11: const wd: Weekday = Weekday.Thursday;
12: console.log(wd);     // Thu. を出力
```

タプル型

Keyword　タプル型

タプル型ってなんだろう？

「タプル」という聞きなれない言葉が出てきました。タプルとは一体何を表しているのでしょうか？

これまでに学んだ変数は、1つの変数に対して1つのデータ型を持ち、1つの値を持てました。これに対してタプル型は、1つの変数で複数のデータ型を持ち、それぞれのデータ型に対して値を1つずつ持たせることができる特徴を持っています。

例として、ある人の名前、年齢、身長、体重を持つ変数を作成するとしましょう。今までに学んだ知識で表現しようとすると、名前、年齢、身長、体重の4つの変数が必要となりますね（**リスト 2-34**）。

▼リスト 2-34　複数のデータを管理する例

```
const username:string = "HIRO"; // 名前
const age:number = 35;          // 年齢
const height:number = 175.2;    // 身長
const weight:number = 65.3;     // 体重
```

もちろん4つの変数を準備してデータを管理しても構いませんが、変数同士の関連性はありませんので、誰の年齢なのか、体重なのかといったことは、プログラマーにしかわかりません。

そこでタプル型を使用すると、複数のデータを一つにまとめて管理することができます。

タプル型を宣言してみよう

タプル型は**構文 2-7** を使用して宣言をします。

2-7　タプル型変数の宣言と初期化

```
const 変数名:[データ型1, ... データ型n] = [値1, ... 値n]
```

変数名の後ろの [データ型 1, ... データ型 n] は、このタプル型で管理したいデータ型をカンマ（,）で区切って書き、「=」の右側には、変数に代入する値を [] の中にカンマで区切って書きます。

図 2-17 にタプル型のイメージを示します。タプル型はこの図のように一つの箱に仕切りがあり、複数の部屋があるイメージです。各部屋はデータ型を決めて、記憶されるデータの種類（データ型）を限定します。

▼図 2-17　タプル型のイメージ

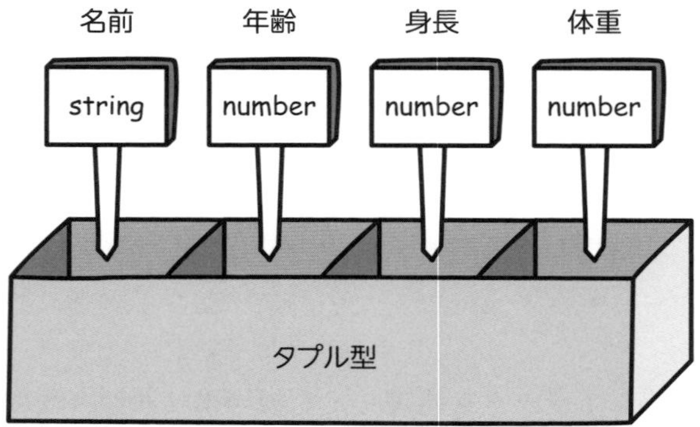

先ほどの名前と年齢を管理する例をタプル型で表現すると**リスト 2-35** の

ようになります。userdataという変数名でstring型とnumber型のデータを持つことができる変数を宣言し、初期値として「HIRO」、「35」、「175.2」、「65.3」を代入しています。

▼リスト 2-35　タプル型の使用例

```
const userdata:[string, number, number, number] =
["HIRO", 35, 175.2, 65.3];
```

データを取得してみよう

次に、データを取り出す方法について確認しましょう。タプル型は1つの箱に仕切りがあり、複数の部屋があるということを説明しました。この部屋番号のことをインデックスといいます。インデックスは0から数え、中に入っているデータを確認する時は、**構文 2-8** のようにタプル型変数の後ろに [] を付けて、部屋番号であるインデックス指定します。

構　文　**2-8　タプル型変数からのデータ取得**

```
タプル型変数 [ インデックス ]
```

リスト 2-35 で宣言した変数 userdata からデータを取得し、表示する例を**リスト 2-36** に示します。

▼リスト 2-36　タプル型変数から値を取得する例

```
const userdata:[string, number, number, number] =
["HIRO", 35, 175.2, 65.3];
console.log(userdata[0]);    // HIRO を出力
console.log(userdata[1]);    // 35 を出力
console.log(userdata[2]);    // 175.2 を出力
console.log(userdata[3]);    // 65.3 を出力
```

《章末復習問題》

復習問題 2-1

number 型の age という変数を宣言し、自分の年齢で初期化してください。

また、name という変数を宣言して、自分の名前で初期化してください。

復習問題 2-2

練習問題 2-1 で作成した変数 name を利用して、「こんにちは○○さん。」と出力してください。

復習問題 2-3

string 型と number 型を持つタプル型の変数を宣言して、自分の名前と年齢を初期値として代入してください。変数名は userdata とします。

次に、自分の名前と年齢を取り出して、出力してください。

復習問題 2-4

列挙型で元号を定義してください。列挙型名は Gengo とし、「Meiji」「Taisho」「Showa」「Heisai」「Reiwa」の値を持たせてください。

次に列挙型の変数 currentGengo を宣言し、値 Reiwa で初期化してください。最後に、currentGengo の値を出力してください。

3章

配列

第2章では、変数や定数、タプル型など、プログラムでデータを記憶する方法について学びました。さらに、TypeScriptには、配列と呼ばれる、複数のデータを記憶できる変数があります。配列は、タプル型と同様に、複数の値を記憶できます。この章では、配列について詳しく学びます。

配列とは

Keyword　配列　インデックス

1つの変数に複数のデータを格納しよう

プログラムが大きくなるにつれて、取り扱うデータは増えます。

これまでに学んだ変数には、1つのデータしか保存できませんので、多くのデータを扱うようなプログラムでは、たくさんの変数を準備する必要があります。

例えば、ある学校でクラス40人分の国語の点数を集計して平均点を求めたいとしましょう。この場合は、各個人の点数を管理するために40人分の変数を準備しなければなりません。**リスト3-1**はkokugo01～kokugo40までの40個の変数を宣言する例です。

▼リスト3-1　40個の変数を宣言する例

```
const kokugo01: number = 0;
const kokugo02: number = 0;
    省略
const kokugo40: number = 0;
```

リスト3-1で宣言した変数に各個人の点数を代入するには、**リスト3-2**のように1つずつ代入する処理を書かなければなりませんね。

▼リスト 3-2　点数を代入する例

```
kokugo01 = 70;
kokugo02 = 80;
    省略
kokugo40 = 60;
```

このように、1つの変数には1つの値しか保存できませんが、**第2章**で学習したタプル型を使用したら解決ができそうです。タプル型は、1つの変数に複数のデータを持てますので、変数の宣言は1回で済みます。

実際にタプル型を使用して40人分の国語の点数を管理できる変数を宣言してみましょう（**リスト3-3**）。点数は全て数値型とわかっているにもかかわらず、「number, number, ...」と40個も書く必要があります。それでは、100人分や1000人分を格納するタプル型を宣言したい場合はどうでしょうか？「number」を100個や1000個も書く必要があり、現実的ではありませんね。

▼リスト 3-3　タプル型で 40 人分のデータを入れる変数を準備する例

```
const kokugo:[number, number, number,以下省略] = [0,0,0,以下省略];
```

このように、「1つの変数で多くのデータを使いたい」、しかも「データ型は1つだけしか使わない」ということを実現するのが配列です。それではタプル型と配列がどのように異なるのかを**図3-1**でみてみましょう。

▼図 3-1　タプル型変数と配列変数の違い

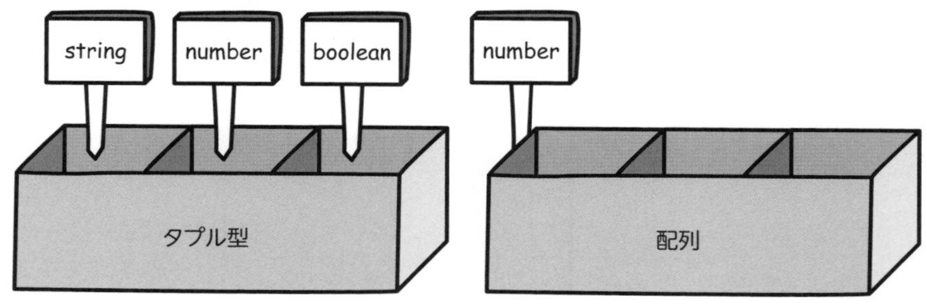

タプル型も配列も、1つの箱の中を仕切りで区切り、複数のデータを記憶できるという点では同じです。

タプル型の場合は部屋ごとにデータ型を付けるのに対し、配列の場合は箱全体（つまり、すべての部屋の）のデータ型を1つに決められるという特徴を持っています。

配列について**図3-2**でさらに詳しくみていきましょう。

配列の各部屋に入れる値のことを要素といいます。また、タプル型と同様に各部屋にはインデックスと呼ばれる番号が付いています。この番号は0から数え始めますので、最後の部屋番号は「要素数 −1」になります。

▼図3-2　配列変数のイメージ

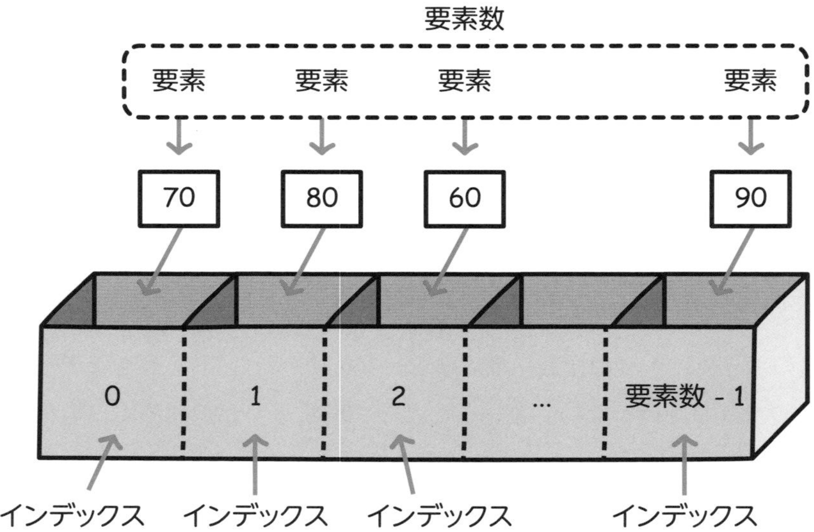

配列を宣言してみよう

配列は、他の変数と同様に宣言をする必要があります。配列は**構文 3-1** を使用し、const または let で宣言します。また、データ型の後ろにブラケット（[]）を書くことで配列変数であることを示します。const で宣言する配列は初期値を省略することはできませんので、必ず書く必要があります。

初期値は、**構文 3-2** に示す配列リテラルで書きます。配列リテラルは、[] の中に、データをカンマ（,）で区切って書きます。

構　文　**3-1　配列の宣言**

```
const 変数名：データ型[] = 配列リテラル;
  または、
let 変数名：データ型[] = 配列リテラル;
```

構　文　**3-2　配列リテラル**

```
[値1, 値2, ... 値n]
```

配列の例を**リスト 3-4** に示します。

この例では、10 人分の国語の点数を記憶する kokugo 変数を宣言しています。kokugo という変数名の後ろにブラケット付きの number を置いていますので、数値を記憶できる配列ということがわかります。「=」の右側には、配列リテラルを用いて初期値を書いています。イメージにすると**図 3-3** のようになります。

▼**リスト 3-4　配列の例**

```
const kokugo: number[] = [75,90,80,100,65,30,78,98,35,54];
```

▼図 3-3　リスト 3-4 のイメージ

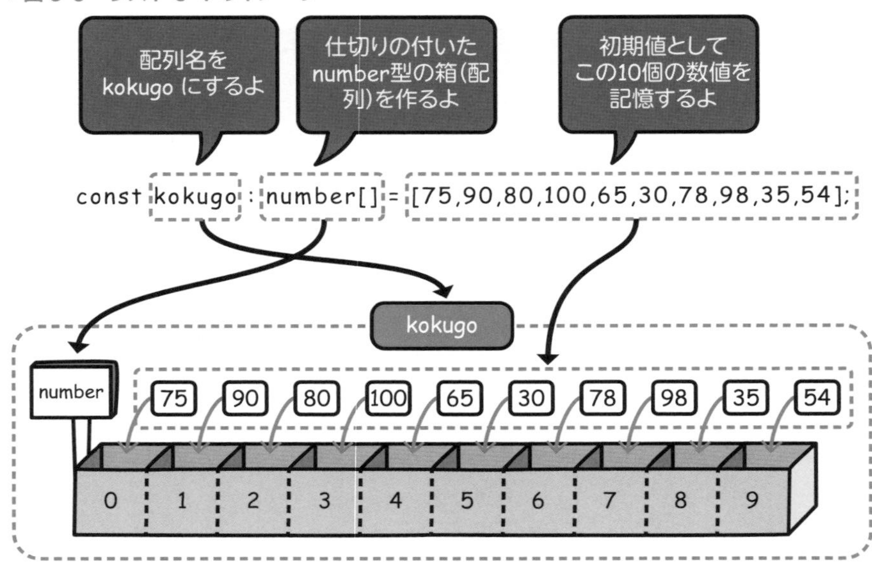

配列からデータを取得してみよう

次に、配列からデータを取得する方法について確認しましょう。すでに説明したとおり、配列の各部屋にはインデックスという部屋番号がついています。そのため、配列からデータを取得する場合は、**構文 3-3** のように欲しいデータが入っている部屋のインデックスを指定します。

構文　3-3　配列データの取得

```
配列 [ インデックス ]
```

リスト 3-4 で宣言した変数 kokugo からデータを取得して表示する例を**リスト 3-5** に示します。

この例では先頭（インデックスが 0 の部屋）のデータ、先頭から 5 番目（インデックスが 4 の部屋）のデータ、最後尾（インデックスが 9 の部屋）のデータを取得して表示します。イメージにすると**図 3-4** のようになります。

▼リスト 3-5　配列から値を取得する例

```
const kokugo: number[] = [75,90,80,100,65,30,78,98,35,54];

console.log(kokugo[0]); // 先頭のデータ「75」を取得
console.log(kokugo[4]); // 先頭から5番目のデータ「65」を取得
console.log(kokugo[9]); // 最後尾のデータ「54」を取得
```

▼図 3-4　リスト 3-5 のイメージ

配列に値を代入するには？

配列の宣言と初期化の方法がわかりましたので、今度は任意の値を代入してみましょう。

値の代入は**構文 3-4** を使用します。

構文　3-4　値の代入

配列 [インデックス] ＝ 代入する値；

リスト 3-6 は string 型の配列に値を代入する例です。

この例ではuserNameという配列を宣言し、いずれも「名無し」という文字列で初期化しています。次にuserName[0]には「ビル」を、userName[1]には「スティーブ」を、userName[2]には「イーロン」を代入しています。よって、初期値として入っていた「名無し」は代入した値で上書きされます。

最後に、「console.log(userName);」と書いて配列に入っている値を確認しています。この例のようにインデックスを指定せずに、単に配列名だけを書いた場合は、配列リテラルの形式で値を出力します。

配列に値を代入するイメージを**図3-5**に示します。

▼リスト3-6　配列に値を代入する例

```
const userName:string[] = ["名無し","名無し","名無し"];

userName[0] = "ビル";
userName[1] = "スティーブ";
userName[2] = "イーロン";

console.log(userName);  // ["ビル", "スティーブ", "イーロン"] を出力
```

▼図3-5　配列に値を代入するイメージ

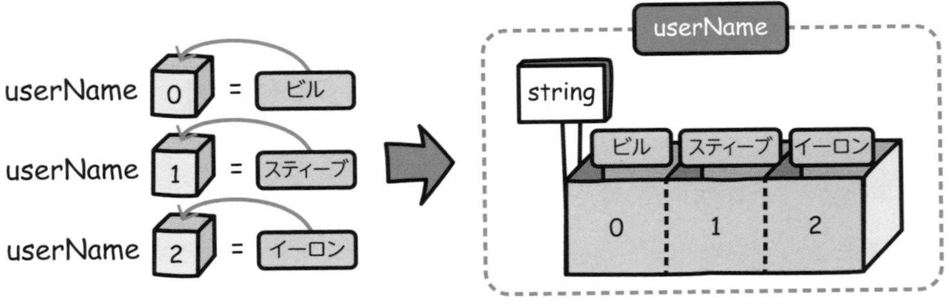

配列への値の代入を理解しよう

TypeScriptにおいてconstで宣言された変数には、値の代入ができないことはすでに学習したとおりです。しかし、先ほど示した**リスト3-6**を見てみ

ると、const で宣言した配列に対して、値の書き換えを行っていますね。

実は、配列への値の代入方法は、以下の 2 つがあります。

①配列自体を別の配列で置き換える方法
②個々の要素を置き換える方法

const で配列を宣言した場合は、配列自体を別の配列で置き換えられなくなりますが、個々の要素を置き換えられますので、**リスト 3-6** は正しく動作します。

例えば、**リスト 3-7** のように myArray という配列を const キーワードで宣言をした場合は、個々の要素を書き換えることは可能ですが、**リスト 3-8** のように別の配列で置き換えようとするとエラーになってしまいます。後から別の配列で置き換える必要がある場合は**リスト 3-9** のように let で宣言をします。

▼リスト 3-7　配列要素を書き換える例

```
const myArray: number[] = [1, 2, 3];
myArray[0] = 5; // 1を5に書き換えられる
```

▼リスト 3-8　const 宣言した配列を別の配列で書き換える例

```
const myArray: number[] = [1, 2, 3];
myArray = [4,5,6];  // 別の配列に置き換えられない
```

▼リスト 3-9　let 宣言した配列を別の配列で書き換える例

```
let myArray: number[] = [1, 2, 3];
myArray = [4,5,6];  // 別の配列で置き換えるられる
```

破壊的操作と非破壊的操作

「破壊的」と「非破壊的」という単語が出てきました。普通に考えると「破壊」という単語は、壊してダメにしてしまいそうなイメージがありますが、ここでいう「破壊的」というのは、元のデータが変わってしまうことを指します。

それでは「破壊的操作」を図 3-6 で確認しましょう。

▼図 3-6　破壊的操作のイメージ

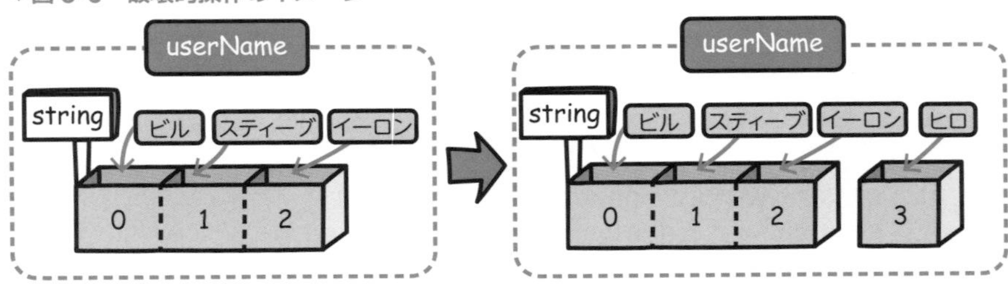

userName という配列を宣言して「ビル」「スティーブ」「イーロン」で初期化した場合は、3 つの値を持つ配列ができますね。この userName 配列に新しく仕切りを追加すると「3 つの値を持つ配列」から「4 つの値を持つ配列」に変わりますね。「ビル」「スティーブ」「イーロン」という 3 つのデータ自体は変わっていませんが、データを入れられる数が増えました。すなわち元の状態が変更されたことになりますので、これは「破壊的操作」となります。

次に図 3-7 で「非破壊的操作」のイメージをみてみましょう。

▼図 3-7 非破壊的操作のイメージ

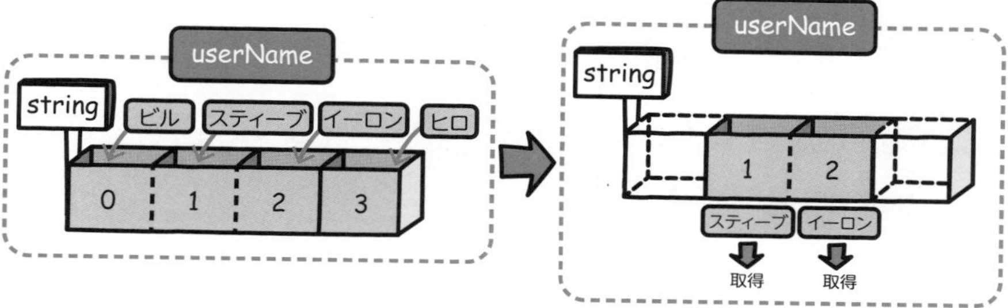

配列 userName には「ビル」「スティーブ」「イーロン」「ヒロ」という文字列が格納されています。続いて、この配列からインデックスが 1 と 2 の要素だけを取り出して表示する場合を考えてみましょう。取り出すとは言っても、配列の中身を参照（見に行く）するだけですので、配列そのものを変更することはありませんね。このように、元のデータに変更を加えないような操作が「非破壊的操作」となります。

次節では、実際に配列にデータを追加するプログラムと、中身を参照するプログラムの作成方法について学習します。

配列にデータを追加してみよう

配列にデータを追加するには、いくつかの方法があるのですが、特に使用頻度が高いのが、push という機能を利用する方法です。

TypeScript では、「機能」のことをメソッドといいます。「メソッド」は「第 8 章　クラスの基本」で詳しく学習をします。今は「機能のことをメソッドというのだな」という理解で構いません。

pushメソッドは、配列の末尾に新たにデータを追加するために使用されます。配列そのものの要素の数が増えますので「破壊的操作」に分類されます。

pushメソッドは**構文3-5**が示すように、配列名の後ろに「.push(書き込む値)」とすることで、配列の末尾にデータが追加されます。

「push」の前に付く「.（ピリオド）」は、日本語の「の」や「に」と訳すと、そのメソッドの動作を理解しやすくなります。例えば、「配列.push(A)」であれば「配列"の"最後尾にAを追加する」と訳します。

それでは、実際にpushメソッドを使用して、配列にデータを追加してみましょう。すでに説明した**図3-6**をコードで表したものを**リスト3-10**に示します。

1行目では、最初にuserName配列が「ビル」「スティーブ」「イーロン」で初期化されています。その後、pushメソッドを実行すると、userNameという箱の末尾にもう1つデータを入れられる部屋を作成して「ヒロ」を追加（記憶）します。

3行目を実行すると["ビル","スティーブ","イーロン","ヒロ"]が記憶されていることを確認できます。

▼リスト3-10　pushメソッドによるデータの追加例

```
01: const userName:string[] = ["ビル","スティーブ","イーロン"];
02: userName.push("ヒロ");  // 「ヒロ」を追加
03: console.log(userName);  // ["ビル", "スティーブ", "イーロン", "ヒロ"] を出力
```

pushメソッドは、一度に複数のデータを追加することもできます。**リスト3-11**は、pushメソッドを使用して複数のデータを追加する例です。pushメソッドの()内にカンマで区切って追加するデータを書きます。

▼リスト 3-11 push メソッドによる複数データの追加例

```
const userName:string[] = ["ビル","スティーブ","イーロン"];
userName.push("ヒロ","リサ","ウィル");  // 「ヒロ」「リサ」「ウィル」を追加
console.log(userName);  // ["ビル", "スティーブ", "イーロン", "ヒロ","リサ","ウィル"] を出力
```

今度は**構文 3-6** の unshift メソッドを使用して配列の先頭にデータを追加してみましょう。使用方法は push メソッドと変わりません。また、配列新たにデータを追加しますので「破壊的操作」に分類されます。

構文 3-6 unshift メソッド

```
配列名 .unshift( 書き込む値 );
```

配列の先頭にデータを追加する例を**リスト 3-12** に示します。**図 3-8** を見ながらコードを確認しましょう。

▼リスト 3-12 unshift メソッドによるデータの追加例

```
01: let userName:string[] = ["ビル","スティーブ","イーロン"];
02: userName.unshift("ヒロ");    // 「ヒロ」を追加
03: console.log(userName);       // ["ヒロ", "ビル", "スティーブ", "イーロン"]
```

1 行目を実行すると、配列 userName には「ビル」「スティーブ」「イーロン」の 3 名の名前が記憶されます。次に 2 行目を実行すると、userName という箱（配列）の先頭にもう 1 つデータを入れられる部屋を作成して「ヒロ」を追加（記憶）します。元々あったデータは右に 1 つずれますので、「ビル」以降のデータのインデックスも 0 → 1、1 → 2、2 → 3 のように 1 つずつずれます。3 行目を実行すると [" ヒロ "," ビル "," スティーブ "," イーロン "] が出力されます。

▼図 3-8　unshift メソッドによるデータ追加のイメージ

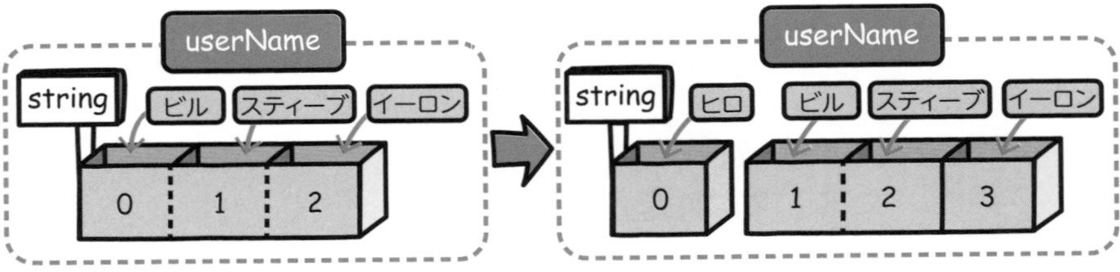

配列の一部分を取り出してみよう

続いて、slice メソッドを使用して、配列の一部分のデータを参照してみましょう。slice メソッドは元のデータを壊すことなくデータを参照しますので「非破壊的操作」に分類されます。slice メソッドは**構文 3-7** に示すように複数の使用方法があります。

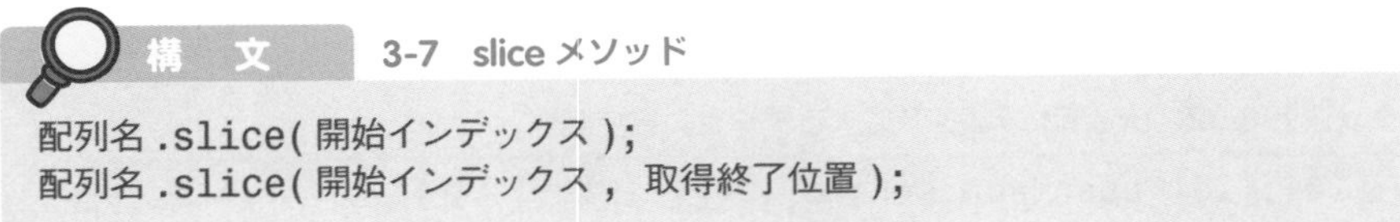

構　文　3-7　slice メソッド

```
配列名.slice(開始インデックス);
配列名.slice(開始インデックス, 取得終了位置);
```

slice メソッドの使用方法を**図 3-9** で確認しましょう。前提として配列 userName に「ビル」「スティーブ」「イーロン」「ヒロ」の 4 つのデータが格納されているものとします。

構文 3-7 に示した「配列名.slice(開始インデックス)」は、指定した開始インデックス以降のデータを全て取得します。そのため「userName.slice(1)」とした場合は、インデックスが 1 以降のデータ「スティーブ」「イーロン」「ヒロ」を取得します。

次に「配列名.slice(開始インデックス, 取得終了位置)」ですが、こちらは 2 つの条件を指定する必要があります。1 つ目の「開始インデックス」は先ほどと同様に、どのインデックス位置からデータを取得するかを表してい

▼図 3-9　slice メソッドの利用イメージ

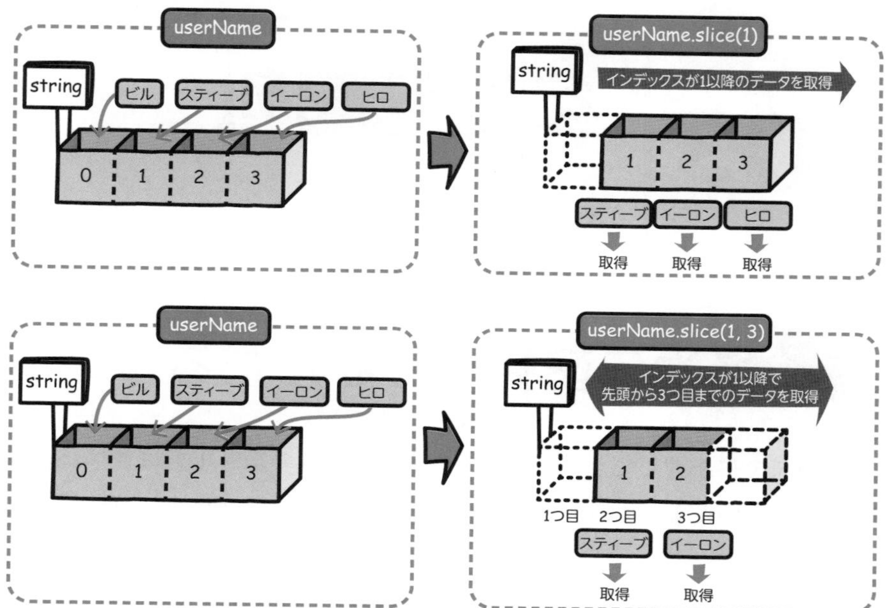

ます。もう 1 つの「取得終了位置」ですが、「3」という数値を指定すると、先頭から 3 番目の位置までのデータを取得することになります。インデックスは 0 から数えますが、「取得終了位置」は 1 から数えるので注意してください。よって「slice(1,3)」はインデックスが 1 で先頭から 3 番目のデータである「スティーブ」と「イーロン」を取得します。

以上をコードにした例を**リスト 3-13** に示します。

▼リスト 3-13　slice メソッドによるデータの取得例

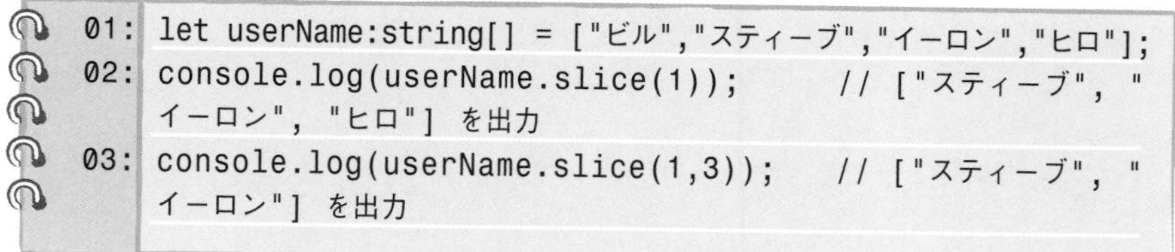

```
let userName:string[] = ["ビル","スティーブ","イーロン","ヒロ"];
console.log(userName.slice(1));      // ["スティーブ", "イーロン", "ヒロ"] を出力
console.log(userName.slice(1,3));    // ["スティーブ", "イーロン"] を出力
```

多次元配列ってなんだろう？

これまでに学習してきたとおり、配列とは複数の箱を1列に並べたような形をしています。このことから、これまでに学んだ配列は、1次元配列とも呼ばれています。

このほかにも2次元配列や3次元配列といった多次元の配列も利用できます。本節では、この多次元配列について学んでいきましょう。

はじめに2次元配列のイメージを確認しましょう。1次元配列は横1列に並んでいましが、2次元配列は**図3-10**に示すように、さらに高さ方向にも箱が並ぶようなイメージです。コインロッカーや靴箱をイメージするとよいでしょう。

学校の靴箱では、「自分のくつを入れる場所は左から2番目、上から3番目」のように表せますね。2次元配列も同様に「○列目○番目のデータ」のうように表せます。

▼図 3-10 2 次元配列のイメージ

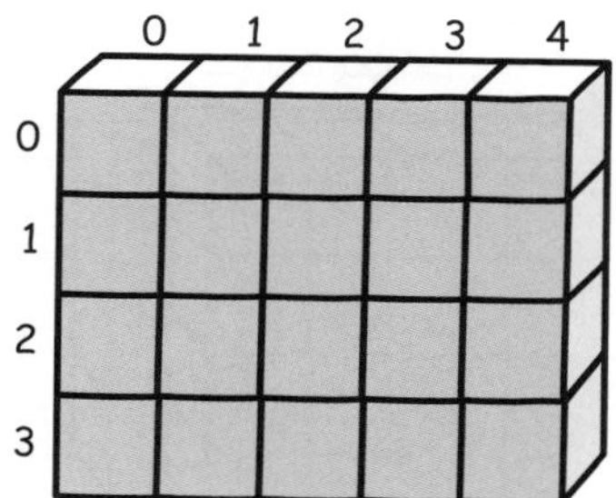

それでは 3 次元配列とはどのようなものでしょうか？先ほどの靴箱の例で例えるなら、2 次元配列は 1 クラス分の靴箱を表します。3 次元配列は複数クラス分（例えば 1 学年分）の靴箱ですので、横方向と高さ方向に加え、奥行き方向にもデータがあるイメージです (**図 3-11**)。

▼図 3-11 3 次元配列のイメージ

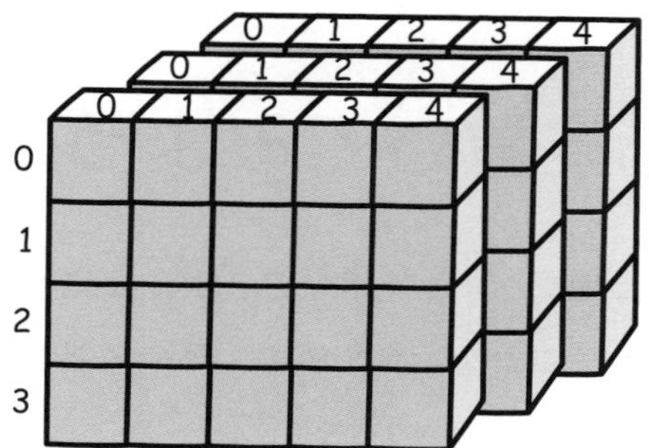

さらに 4 次元配列を利用したいとなった場合では、**図 3-12** に示すように、3 次元配列（1 学年分の配列）が複数あると考えるとイメージしやすいのではないでしょうか。

▼図 3-12　4 次元配列のイメージ

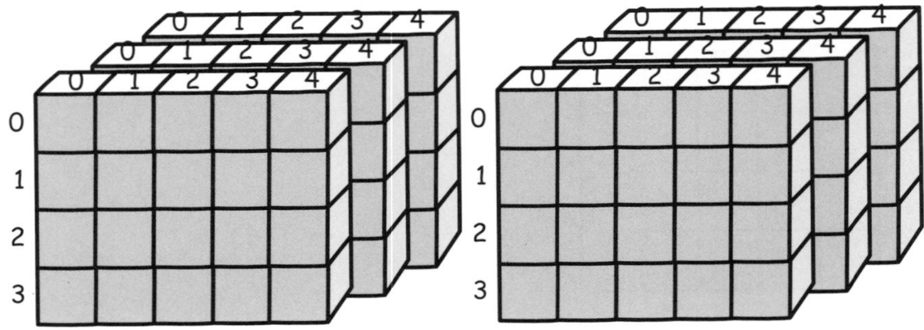

メモ

多次元配列の考え方は、1 次元が複数集まって 2 次元、2 次元が複数集まって 3 次元のように、「○次元が複数集まって「○+ 1」次元配列ができる」と覚えておきましょう。開発現場において、4 次元以上の配列を作ることはまれですが、イメージできるようにしておきましょう。

多次元配列を宣言してみよう

多次元配列のイメージができたら、**構文 3-8** を使用して 2 次元配列を宣言してみましょう。配列が 2 次元であることを示すために、データ型の後ろには [] を 2 つ書きます。

構文　3-8　2 次元配列の宣言

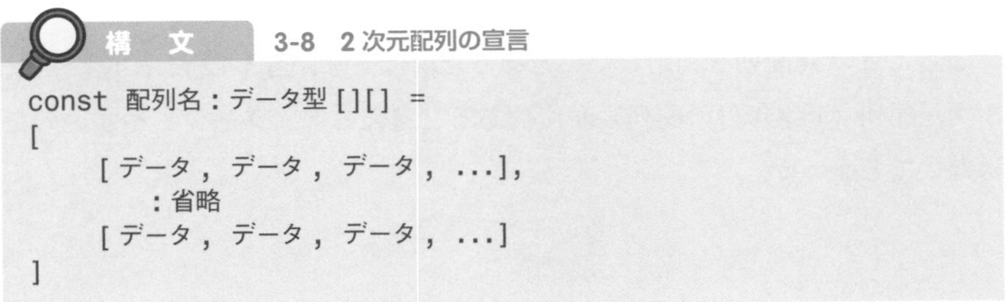

```
const 配列名：データ型[][] =
[
    [データ, データ, データ, ...],
        ：省略
    [データ, データ, データ, ...]
]
```

図 3-13、**リスト 3-14** に 2 次元配列を宣言する例を示します。

この例では2行3列の変数を宣言しています。1行目にはA, B, Cさんの靴が、2行目にはD, E, Fさんの靴を置いてあるイメージです。

1次元配列 ["A","B","C"] と ["D","E","F"] をカンマで区切って [] の中に書くことで2次元配列を作成していることがわかりますね。

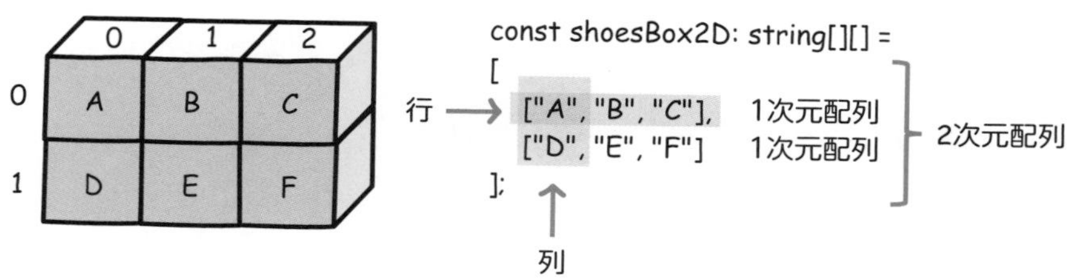

▼図 3-13 2次元配列の宣言イメージ

▼リスト 3-14 2次元配列を宣言する例

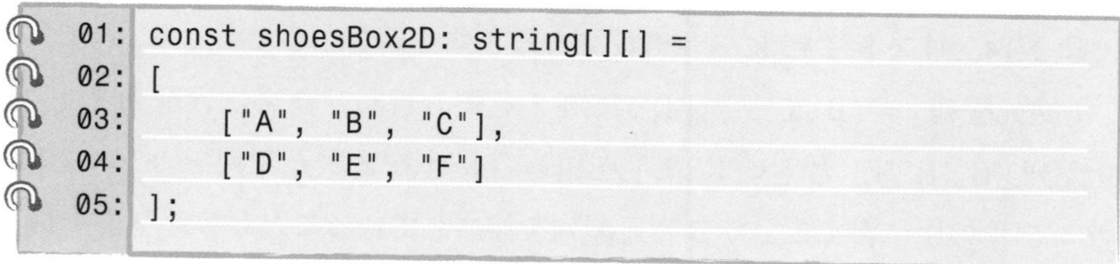

```
const shoesBox2D: string[][] =
[
    ["A", "B", "C"],
    ["D", "E", "F"]
];
```

続いて**構文 3-9** を使用して3次元配列を宣言してみましょう。配列が3次元であることを示すために、データ型の後ろには [] を3つ書きます。

構　文　3-9　3 次元配列の宣言

```
const 配列名：データ型[][][] =
[
    [
        [ データ, データ, データ, ...],
            : 省略
        [ データ, データ, データ, ...]
    ],
            : 省略
    [
        [ データ, データ, データ, ...],
            : 省略
        [ データ, データ, データ, ...]
    ],
]
```

図 3-14、**リスト 3-15** に 3 次元配列を宣言する例を示します。

1 次元配列 ["A","B","C"] と ["D","E","F"] を組み合わせた 2 次元配列と 1 次元配列 ["G","H","I"] と ["J","K","L"] を組み合わせた 2 次元配列をカンマで区切って [] の中に書くことで 3 次元配列を作成していることがわかりますね。このように多次元配列を作成する場合は、1 次元配列を組み合わせて 2 次元配列を作って、2 次元配列を組み合わせて 3 次元配列を作ってというように、N 次元配列を重ねることで、高次元の配列を作成します。

▼図 3-14　3 次元配列の宣言イメージ

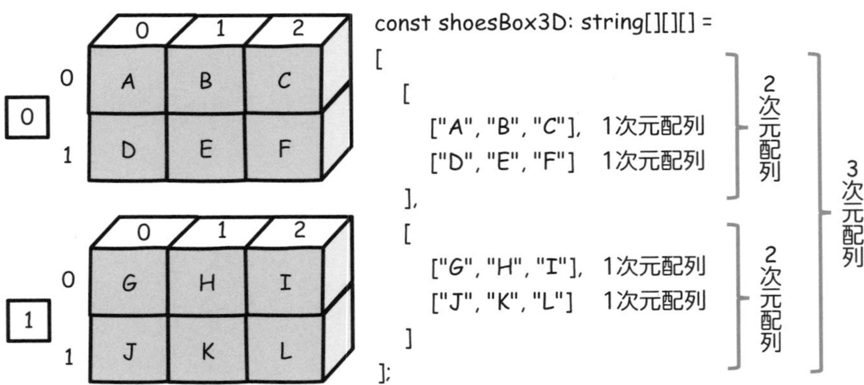

▼リスト 3-15　3 次元配列を宣言する例

```
const shoesBox3D: string[][][] =
[
    [
        ["A", "B", "C"],
        ["D", "E", "F"]
    ],
    [
        ["G", "H", "I"],
        ["J", "K", "L"]
    ]
];
```

多次元配列の値を参照してみよう

2 次元や 3 次元といった多次元配列の宣言方法がわかりましたので、今度は多次元配列に記憶されている値を参照する方法について学習をしましょう。

はじめに 2 次元配列の値を参照する方法を確認しましょう。

2 次元配列の値を参照するには**構文 3-10** を使用します。2 次元配列に記憶されている 1 次元配列を参照する方法と、2 次元配列の個々の値を参照する方法があります。

構　文　3-10　2 次元配列の参照

● 2 次元配列内の 1 次元配列の参照
配列名 [行インデックス]

● 2 次元配列内の値の参照
配列名 [行インデックス] [列インデックス]

図 3-15 を見ながら、配列の参照方法をイメージしましょう。

「配列名 [行インデックス]」を使用すると、2 次元配列に記憶されている 1 次元配列を参照できます。行インデックスには、0 から始まる行番号を指定します。1 行目の ["A","B","C"] を参照したい場合は、行インデックスに 0 を指定して shoesBox2D[0] で参照できます。個々の値を取得したい場合は「配列名 [行インデックス][列インデックス]」を使用します。"D" を取得したい場合は行インデックスが「1」列インデックスが [0] ですので、shoesBox2D[1][0] で参照できますね。

リスト 3-16 に 2 次元配列の値を参照する例を示します。この例は、2 次元配列 shoesBox2D から、1 次元配列とすべての値を 1 つずつ取得して出力します。

▼図 3-15　2 次元配列の参照イメージ

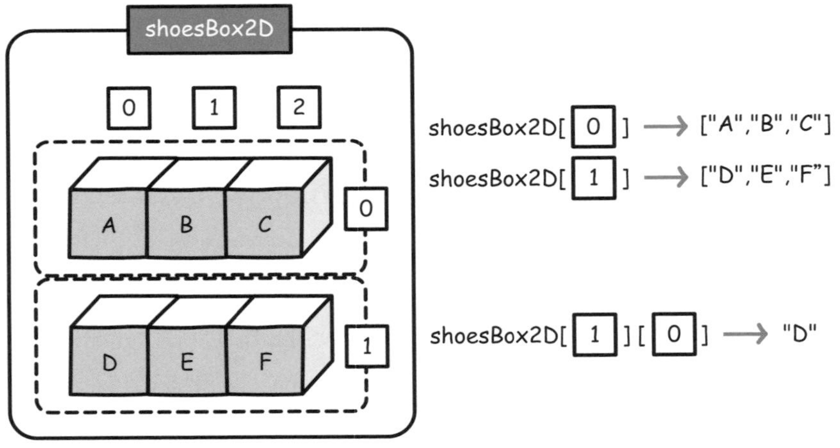

▼リスト 3-16　2 次元配列の値を参照する例

```
const shoesBox2D: string[][] =
[
    ["A", "B", "C"],
    ["D", "E", "F"]
];

console.log(shoesBox2D[0]); // ["A", "B", "C"]
```

次へ

```
console.log(shoesBox2D[1]); // ["D", "E", "F"]

console.log(shoesBox2D[0][0]);  // "A"
console.log(shoesBox2D[0][1]);  // "B"
console.log(shoesBox2D[0][2]);  // "C"
console.log(shoesBox2D[1][0]);  // "D"
console.log(shoesBox2D[1][1]);  // "E"
console.log(shoesBox2D[1][2]);  // "F"
```

続いて3次元配列の値を参照する方法を学習しましょう。

3次元配列の値を参照するには**構文3-11**を使用します。3次元配列に記憶されている2次元配列を参照する方法、3次元配列に記憶されている1次元配列を参照する方法、個々の値を参照する方法の3つがあります。

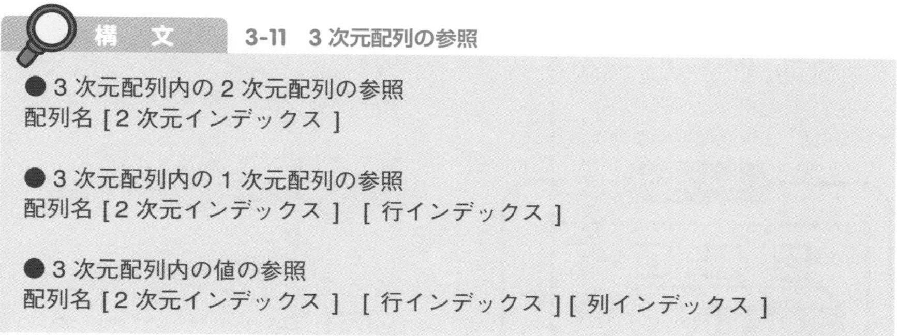

構文　3-11　3次元配列の参照

●3次元配列内の2次元配列の参照
配列名 [2次元インデックス]

●3次元配列内の1次元配列の参照
配列名 [2次元インデックス] [行インデックス]

●3次元配列内の値の参照
配列名 [2次元インデックス] [行インデックス][列インデックス]

図3-16は前節で宣言したshoesBox3Dをイメージ化したものです。この図を見ながら、3次元配列の参照方法を理解しましょう。

すでに学習したとおり、3次元配列は複数の2次元配列で構成されていますし、2次元配列は1次元配列で構成されていましたね。3次元配列の中にある2次元配列には0からインデックス（本書では2次元インデックスと呼ぶことにします）が振られます。2次元配列の[["A","B","C"]["D","E","F"]]は2次元インデックスが0、[["G","H","I"]["J","K","L"]]は2次元インデックスが1です。よってshoesBox3D[0]とする[["A","B","C"]["D","E","F"]]を参照できます。

次に、3次元配列の中にある1次元配列の参照について見ていきましょう。2次元インデックスが0のグループには ["A","B","C"] と ["D","E","F"] の1次元配列が、2次元インデックスが1のグループには ["G","H","I"] と ["J","K","L"] の1次元配列があります。ですので、["D","E","F"] を参照したい場合は、2次元インデックスが0で、行インデックスが1の shoesBox3D[0][1] を指定します。

最後に、3次元配列の個々の値を参照する方法を見ていきましょう。個々の値は配列名 [2次元インデックス][行インデックス][列インデックス] で参照できます。よって、"F" を参照したい場合は、shoesBox3D[0][1][2] を指定します。

図3-16 の3次元配列の宣言と、すべての値を取得する例を**リスト3-17** に示します。**図3-16** を見ながらコードを書くことで理解を深められますので、実際に手を動かして実行してみてください。

▼図3-16　3次元配列の参照イメージ

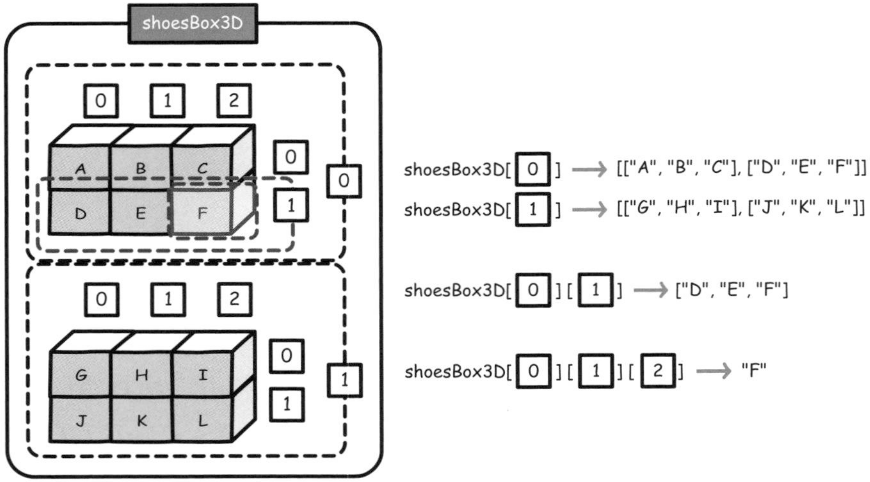

▼リスト 3-17　3 次元配列の値を参照する例

```
const shoesBox3D: string[][][] =
[
    [
        ["A", "B", "C"],
        ["D", "E", "F"]
    ],
    [
        ["G", "H", "I"],
        ["J", "K", "L"]
    ]
];

console.log(shoesBox3D[0]);    // [["A", "B", "C"], ["D", "E", "F"]]
console.log(shoesBox3D[1]);    // [["G", "H", "I"], ["J", "K", "L"]]

console.log(shoesBox3D[0][0]); // ["A", "B", "C"]
console.log(shoesBox3D[0][1]); // ["D", "E", "F"]

console.log(shoesBox3D[1][0]); // ["G", "H", "I"]
console.log(shoesBox3D[1][1]); // ["J", "K", "L"]

console.log(shoesBox3D[0][0][0]);  // "A"
console.log(shoesBox3D[0][0][1]);  // "B"
console.log(shoesBox3D[0][0][2]);  // "C"
console.log(shoesBox3D[0][1][0]);  // "D"
console.log(shoesBox3D[0][1][1]);  // "E"
console.log(shoesBox3D[0][1][2]);  // "F"

console.log(shoesBox3D[1][0][0]);  // "G"
console.log(shoesBox3D[1][0][1]);  // "H"
console.log(shoesBox3D[1][0][2]);  // "I"
console.log(shoesBox3D[1][1][0]);  // "J"
console.log(shoesBox3D[1][1][1]);  // "K"
console.log(shoesBox3D[1][1][2]);  // "L"
```

多次元配列変数に値を代入してみよう

2次元配列に値を代入するには、**構文 3-12** のように配列のインデックスを指定して値を代入できます。

構　文　3-12　2次元配列への代入

●2次元配列内の1次元配列の代入
配列名 [行インデックス] = 配列リテラル

●2次元配列内の値への代入
配列名 [行インデックス] [列インデックス] = 値

図 3-17 を見ながら、値を書き換える（代入）する方法イメージしましょう。

▼図 3-17　2次元配列に値を代入するイメージ

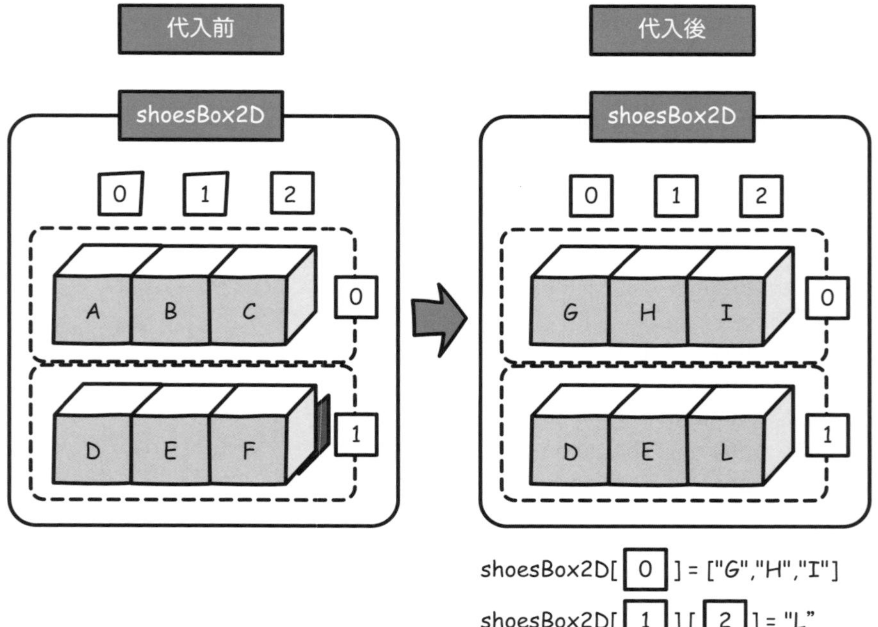

はじめに、2 次元配列内の ["A","B","C"] の部分に、["G","H","I"] を代入する例を**リスト 3-18** に示します。["A","B","C"] の部分は行インデックスが 0 ですので、shoedBox2D[0] で表せます。このshoesBox2D[0] の右側に配列リテラル ["G","H","I"] を書けば、代入できます（11 行目）。

▼リスト 3-18　2 次元配列に 1 次元配列を代入する例

```
01: const shoesBox2D: string[][] =
02: [
03:     ["A", "B", "C"],
04:     ["D", "E", "F"]
05: ];
06:
07: // 変更前の値を確認
08: console.log(shoesBox2D[0]); // ["A", "B", "C"]
09:
10: // 代入
11: shoesBox2D[0] = ["G","H","I"]
12:
13: // 変更後の値を確認
14: console.log(shoesBox2D[0]); // ["G", "H", "I"]
```


次に、["D","E","F"] の "F" を "L" に書き換える例を**リスト 3-19** に示します。

"F" の部分は行インデックスが 1 で、列インデックスが 2 であることがわかりますね。ですので、shoesBox2D[1][2] に "L" を代入することで書き換えられます。

▼リスト 3-19　2 次元配列に任意の値を代入する例

```
const shoesBox2D: string[][] =
[
    ["A", "B", "C"],
    ["D", "E", "F"]
];

// 変更前の値を確認
```

次へ

```
console.log(shoesBox2D[1]); // ["D", "E", "F"]

// 代入
shoesBox2D[1][2] = "L";

// 変更後の値を確認
console.log(shoesBox2D[1]); // ["D", "E", "L"]
```

今度は、3次元配列に値を代入する方法を見ていきましょう。3次元配列に代入するには、**構文3-13**に示すように3つの方法があります。

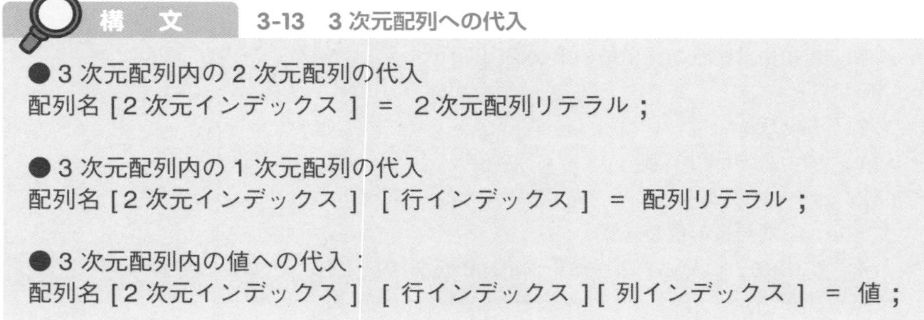

構文　3-13　3次元配列への代入

●3次元配列内の2次元配列の代入
配列名[2次元インデックス] = 2次元配列リテラル;

●3次元配列内の1次元配列の代入
配列名[2次元インデックス] [行インデックス] = 配列リテラル;

●3次元配列内の値への代入：
配列名[2次元インデックス] [行インデックス][列インデックス] = 値;

はじめに、3次元配列内の2次元配列部分の「"A","B","C"」と「"D","E","F"」の部分を書き換えてみましょう（**図3-18**）。2次元配列部分の書き換え（代入）は、**構文3-14**に示す2次元配列リテラルで指定します。書き換える部分は、2次元インデックスが0ですのでshoesBox3D[0]で表せますね。2次元配列[["M","N","O"],["P","Q","R"]]を代入するには**リスト3-20**の16行目のようにします。

▼図 3-18　3 次元配列に値を代入するイメージ

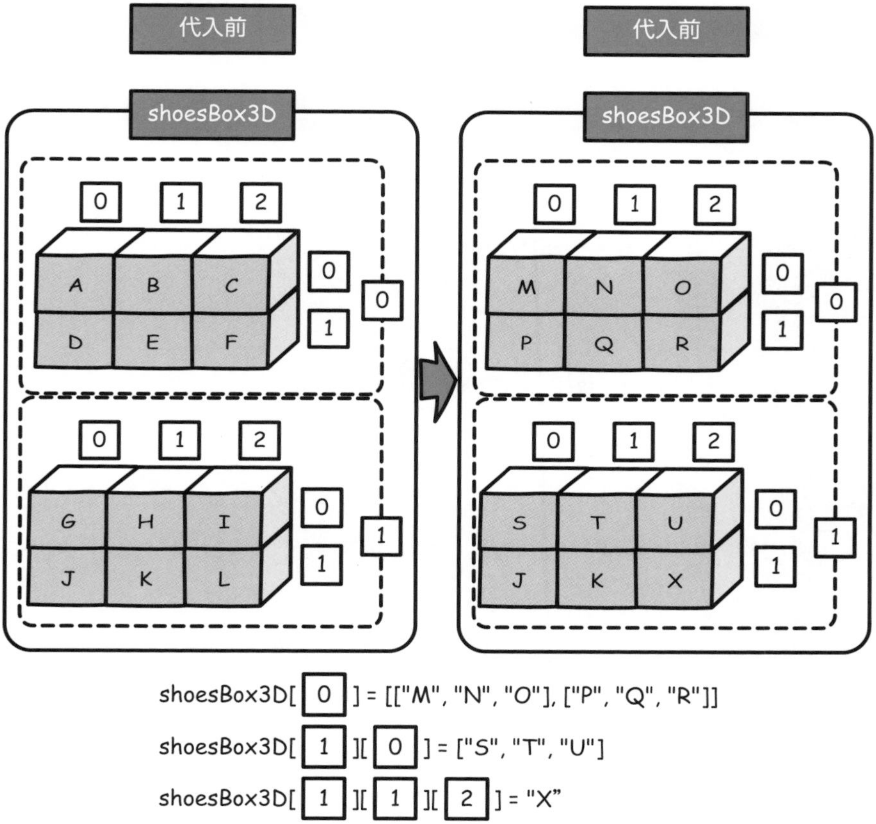

代入前

shoesBox3D

	0	1	2		
	A	B	C	0	0
	D	E	F	1	
	G	H	I	0	1
	J	K	L	1	

代入前

shoesBox3D

	0	1	2		
	M	N	O	0	0
	P	Q	R	1	
	S	T	U	0	1
	J	K	X	1	

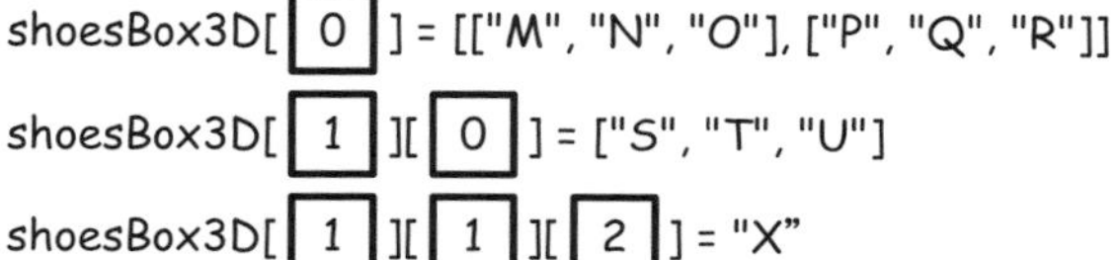

3-14　2 次元配列リテラル

```
[[ 値1, 値2, ...値n], [ 値1, 値2, ...値n]]
```

3
配列

▼リスト 3-20　3 次元配列内の 2 次元配列を代入する例

```
const shoesBox3D: string[][][] =
[
    [
        ["A", "B", "C"],
        ["D", "E", "F"]
    ],
    [
        ["G", "H", "I"],
        ["J", "K", "L"]
    ]
];
// 変更前の値を確認
console.log(shoesBox3D[0]); // [["A", "B", "C"], ["D", "E", "F"]]

// 代入
shoesBox3D[0] = [["M","N","O"],["P","Q","R"]];

// 変更後の値を確認
console.log(shoesBox3D[0]); // [["M", "N", "O"], ["P", "Q", "R"]]
```

次に、3 次元配列内の 1 次元配列「"G","H","I"」に ["S","T","U"] を代入するには、2 次元インデックスが 1、行インデックスが 0 の shoesBox3D[1][0] の右側に配列リテラル ["S","T","U"] を書けば代入できますね（**リスト 3-21**）。

▼リスト 3-21　3 次元配列に 1 次元配列を代入する例

```
const shoesBox3D: string[][][] =
[
    [
        ["A", "B", "C"],
        ["D", "E", "F"]
    ],
    [
        ["G", "H", "I"],
```

次へ ↗

```
        ["J", "K", "L"]
    ]
];
// 変更前の値を確認
console.log(shoesBox3D[1][0]);     // ["G", "H", "I"]

// 代入
shoesBox3D[1][0] = ["S","T","U"];

// 変更後の値を確認
console.log(shoesBox3D[1][0]);     // ["S", "T", "U"]
```

最後に、"L" を "X" に書き換える例を**リスト 3-22** に示します。

"L" の部分は 2 次元インデックスが 1、行インデックスが 1、列インデックスが 2 ですので、15 行目のように shoesBox3D[1][1][2] に "X" を代入することで書き換えられます。

▼リスト 3-22　3 次元配列に任意の値を代入する例

```
01: const shoesBox3D: string[][][] =
02: [
03:     [
04:         ["A", "B", "C"],
05:         ["D", "E", "F"]
06:     ],
07:     [
08:         ["G", "H", "I"],
09:         ["J", "K", "L"]
10:     ]
11: ];
12: // 変更前の値を確認
13: console.log(shoesBox3D[1][1][2]);     // "L"
14:
15: shoesBox3D[1][1][2] = "X";
16:
17: // 変更後の値を確認
18: console.log(shoesBox3D[1][1][2]);     // "X"
```

04 ジャグ配列

Keyword ジャグ配列

ジャグ配列ってなんだろう？

ジャグ配列とは、配列の要素として別の配列を持つ配列のことです。これは、多次元配列の一種であり、各行に異なる数の要素が含まれることができます。通常、ジャグ配列は、各行の要素数が異なる場合に使用されます。

例えば、カレンダーは1月から12月までの各月の日数はバラバラですね（図3-19）。このようなデータを配列で表したい場合は、ジャグ配列が有効です。

▼図3-19　カレンダーの例

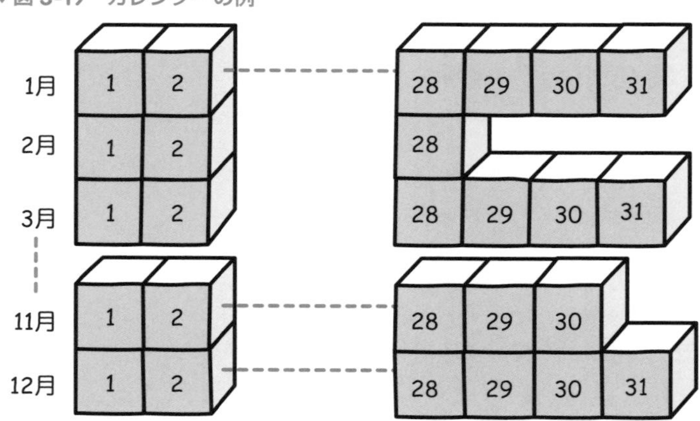

ジャグ配列を宣言してみよう

ジャグ配列は、先ほどのカレンダーの例が示すように、要素数が異なる 1 次元配列が複数記憶された 2 次元配列と考えることができます。

ジャグ配列の宣言方法を**構文 3-15** に示します。2 次元配列と同様に、データ型の後ろに [][] を書きます。初期値は [] の中に配列リテラルを必要な分だけ書きます。配列リテラルは**構文 3-2** を参照してください。

構文　3-15　ジャグ配列の宣言

```
const 配列名 : データ型 [][] =
[
    配列リテラル ,
       : 省略
    配列リテラル
]
```

ジャグ配列の宣言例を**リスト 3-23** に示します。配列 myArray をイメージ化すると**図 3-20** のように表すことができます。myArray には、3 つの配列が含まれており、各配列には異なる数の要素が含まれています。例えば、最初の配列には 3 つの要素が含まれていますが、2 番目の配列には 2 つの要素しか含まれていないことがわかります。

▼リスト 3-23　ジャグ配列の使用例

```
const myArray: number[][] = [
    [1, 2, 3],
    [4, 5],
    [6, 7, 8, 9]
];
```

▼図 3-20　ジャグ配列のイメージ

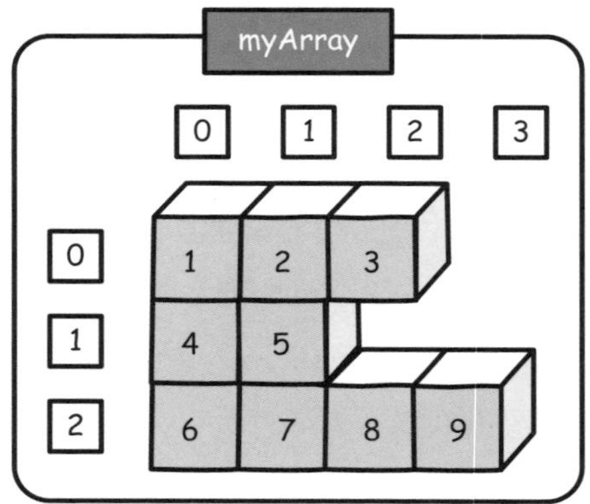

ジャグ配列の値を参照してみよう

ジャグ配列の値の参照は、2 次元配列と同じです（**構文 3-16**）。

構　文　**3-16　ジャグ配列の参照**

●ジャグ配列内の 1 次元配列の参照
配列名 [行インデックス]

●ジャグ配列内の値の参照
配列名 [行インデックス] [列インデックス]

先ほど宣言したジャグ配列 myArray の値を参照する例を**リスト 3-24** に示します。この例の 7 行目は、ジャグ配列内の 2 列目（インデックスが 0）を参照していますので [4, 5] が出力されます。また、8 行目では行インデックスが 2、列インデックスが 3 の値を参照していますので 9 が出力されます。

▼リスト 3-24　ジャグ配列の参照例

```
const myArray: number[][] = [
    [1, 2, 3],
    [4, 5],
    [6, 7, 8, 9]
];

console.log(myArray[1]);     // [4,5]
console.log(myArray[2][3]); // 9
```

ジャグ配列変数に値を代入してみよう

ジャグ配列に値を代入する場合も 2 次元配列への代入と同じです（**構文 3-17**）。

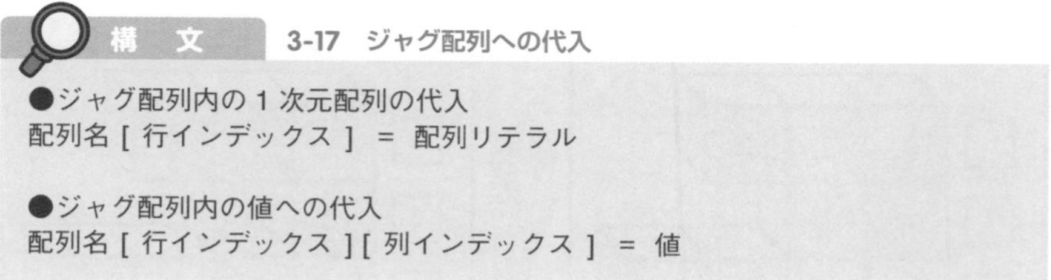
構　文　3-17　ジャグ配列への代入

●ジャグ配列内の 1 次元配列の代入
配列名 [行インデックス] ＝ 配列リテラル

●ジャグ配列内の値への代入
配列名 [行インデックス][列インデックス] ＝ 値

先ほど宣言したジャグ配列 myArray に値を代入する例を**リスト 3-25**、**図 3-21** に示します。この例では、[4,5] に [10, 11] を代入し、9 に 12 を代入しています。

▼リスト 3-25　ジャグ配列への代入例

```
const myArray: number[][] = [
  [1, 2, 3],
  [4, 5],
  [6, 7, 8, 9]
];

```

次へ

```
// 変更前の値を確認
console.log(myArray[1]);      // [4, 5]
console.log(myArray[2][3]); // 9

// 再代入
myArray[1] = [10, 11];
myArray[2][3] = 12;

// 変更後の値を確認
console.log(myArray[1]);      // [10, 11]
console.log(myArray[2][3]); // 12
```

▼図 3-21　ジャグ配列に値を代入するイメージ

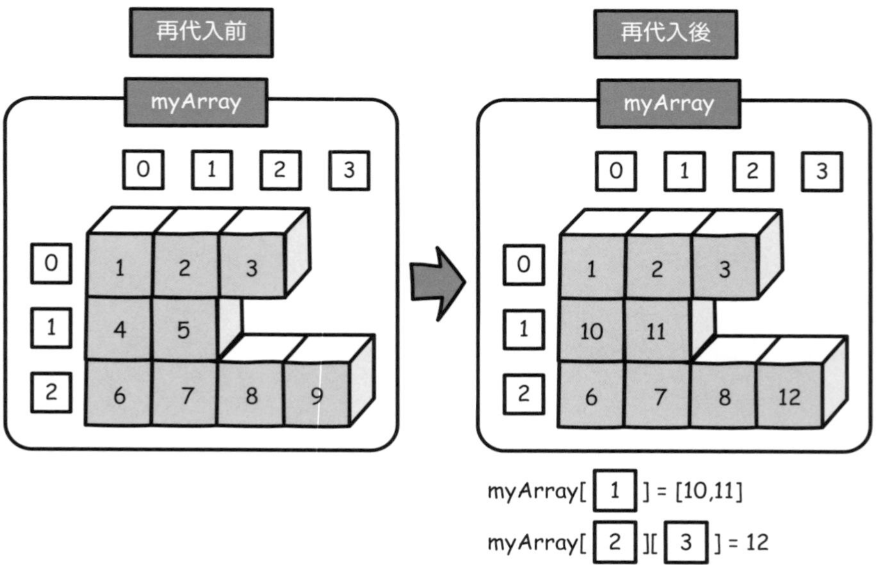

05 連想配列

Keyword ☑連想配列 ☑キー

連想配列ってなんだろう？

配列のインデックスは数値で表していましたが、連想配列はインデックスの代わりに文字列や他の値を使用し、これをキーと呼びます。キーとデータをペアで管理する身近なものとして辞書があります。辞書は、調べたい言葉が「キー」であり、その言葉の説明が「データ」です（図3-22）。

▼図3-22　連想配列のイメージ

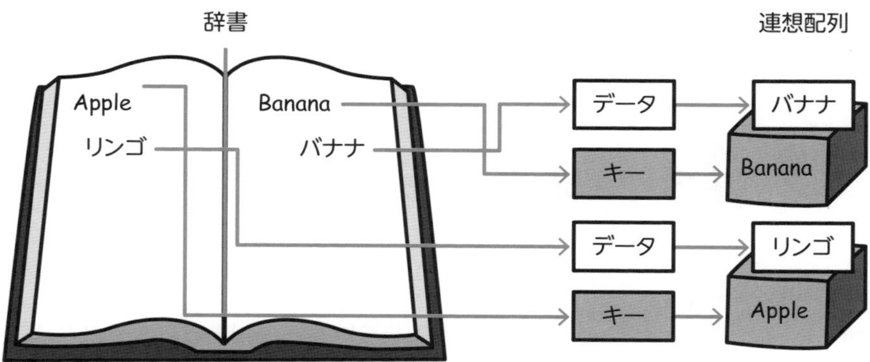

連想配列を宣言してみよう

連想配列を宣言するには**構文 3-18** を使用します。実際の例を**リスト 3-26** に示します。この例では、fruits という連想配列を宣言し、初期値として果物の単語とその日本語訳を代入しています。

構文 3-18　連想配列の宣言

```
const 連想配列名 : { [key: キーのデータ型 ]: 要素のデータ型 } =
{
    キー 1: 要素 1,
    省略
    キー N: 要素 N
};
```

▼リスト 3-26　連想配列の宣言例

```
const fruits: { [key: string]: string } = {
    "Apple": "リンゴ",
    "Banana": "バナナ",
    "Orange": "オレンジ"
};
```

連想配列の値を参照してみよう

連想配列の値を参照するには、**構文 3-19** を使用します。すべての値を参照したい場合は配列名を書き、任意の値を参照したい場合は、配列名にキーを指定します。

3-19　連想配列の参照

●すべての値の参照
配列名

●任意の値の参照
配列名 [キー名]

図 3-23 とリスト 3-27 を見ながら、連想配列の参照方法をイメージしましょう。

「fruits」と書くと連想配列の中身すべてを参照することができます。また、fruits["Apple"] と書きますと値の「リンゴ」を参照することができます。

▼図 3-23　連想配列の参照イメージ

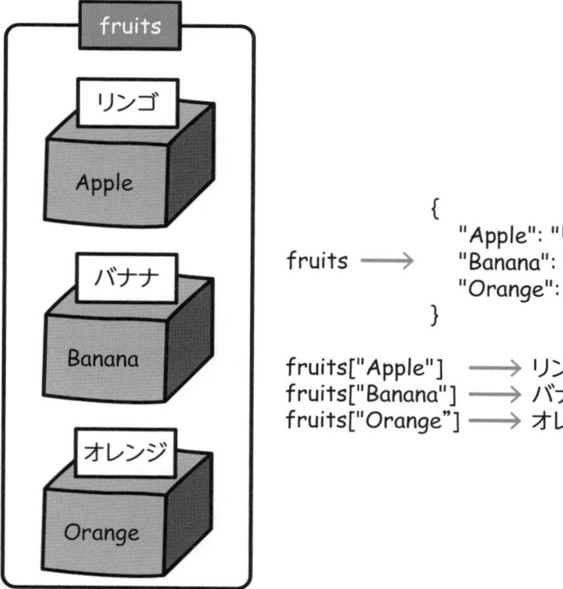

▼リスト 3-27　連想配列の参照例

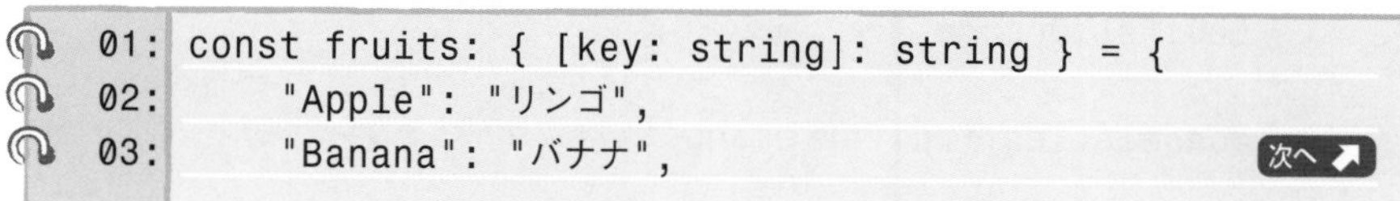

```
const fruits: { [key: string]: string } = {
    "Apple": "リンゴ",
    "Banana": "バナナ",
```

次へ

```
    "Orange": "オレンジ"
};

console.log(fruits);
// {"Apple": "リンゴ", "Banana": "バナナ", "Orange": "オレンジ"}
console.log(fruits["Apple"]);    // "リンゴ"
console.log(fruits["Banana"]);   // "バナナ"
console.log(fruits["Orange"]);   // "オレンジ"
```

連想配列変数に値を代入してみよう

連想配列に値を代入するには、**構文 3-20** を使用します。

代入の例を**リスト 3-28**、**図 3-24** に示します。この例では、キー "Orange" に「ミカン」を代入します。

構文 3-20 連想配列への代入

```
配列名 [ キー名 ] = 値
```

▼リスト 3-28 連想配列に値を代入する例

```
const fruits: { [key: string]: string } = {
    "Apple": "リンゴ",
    "Banana": "バナナ",
    "Orange": "オレンジ"
};

// 変更前の値を確認
console.log(fruits["Orange"]);   // "オレンジ"

// 代入
fruits["Orange"] = "ミカン";

console.log(fruits["Orange"]);   // "ミカン"
```

▼図 3-24　連想配列に値を代入するイメージ

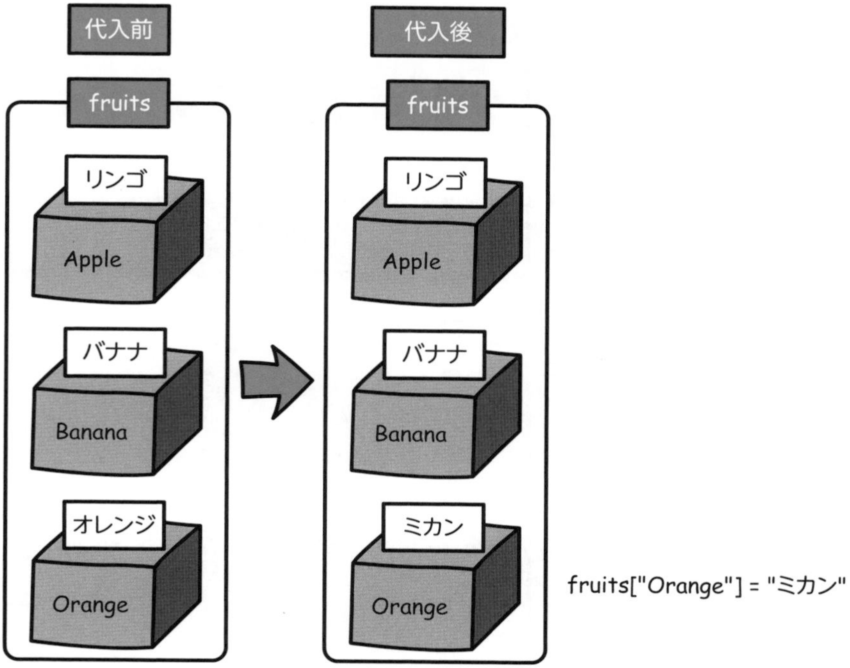

COLUMN

連想配列の利用シーン

連想配列の例として辞書があることを説明しましたが、他の利用シーンとして、データベースのデータやアプリケーションの設定情報を管理する場合が上げられます。

例えば、アプリの設定情報においては「Settings["DarkMode"] = "On";」のようにダークモードの設定を管理できますし、データベースであれば、「データ [" カラム名 "] = 値」のように利用することができます。

配列を操作する便利な機能を覚えよう

配列には、**表 3-1** に示す配列そのものを操作する便利な機能（メソッド）が備わっています。すでに **3-02** で、push、unshift、slice について説明をしていますので、本節ではその他の代表的な機能の使い方について説明します。

▼表 3-1　配列の操作機能

機能	説明
push	配列の最後に 1 つ以上の要素を追加します
pop	配列の最後の要素を削除して返します
shift	配列の最初の要素を削除して返します
unshift	配列の最初に 1 つ以上の要素を追加します
splice	配列の指定された位置から、指定された数の要素を削除し、新しい要素を挿入できます
slice	配列の一部を新しい配列として返します
concat	2 つ以上の配列を連結して新しい配列を作成します
join	配列のすべての要素を文字列として連結して返します
reverse	配列の要素を逆順にします
sort	配列の要素を指定された順序でソートします
indexOf	指定された要素が最初に現れた位置のインデックスを返します。存在しない場合は –1 を返します
include	指定された要素が配列に含まれているかどうかを判定し、true または false を返します
filter	配列の要素をフィルタリングし、新しい配列を作成します
map	配列の要素を変換し、新しい配列を作成します
reduce	配列の要素を 1 つの値にまとめます

配列のデータを削除してみよう

配列内のデータを削除して、新しい配列を作り出すには pop, shift, splice の 3 つのメソッドがあります。それぞれの使用方法について見ていきましょう。

はじめに、pop メソッドと shift メソッドの使い方のイメージを**図 3-25** に示します。myArray という配列には、0,1,2,3,4 の 5 つの数値が記憶されています。pop を実行すると配列の最後の要素 4 を取り出すので、myArray は 0,1,2,3 になります。この myArray に対して shift を実行すると、配列の先頭の要素 0 を取り出すので、最終的に myArray は 1,2,3 になります。

pop と shift の構文を**構文 3-21**、**3-22** に示します。また、**リスト 3-29** にコード例を示します。

構文　3-21　pop メソッド

```
変数 = 配列名 .pop()
```

構文　3-22　shift メソッド

```
変数 = 配列名 .shift()
```

▼図 3-25　pop と shift の使い方イメージ

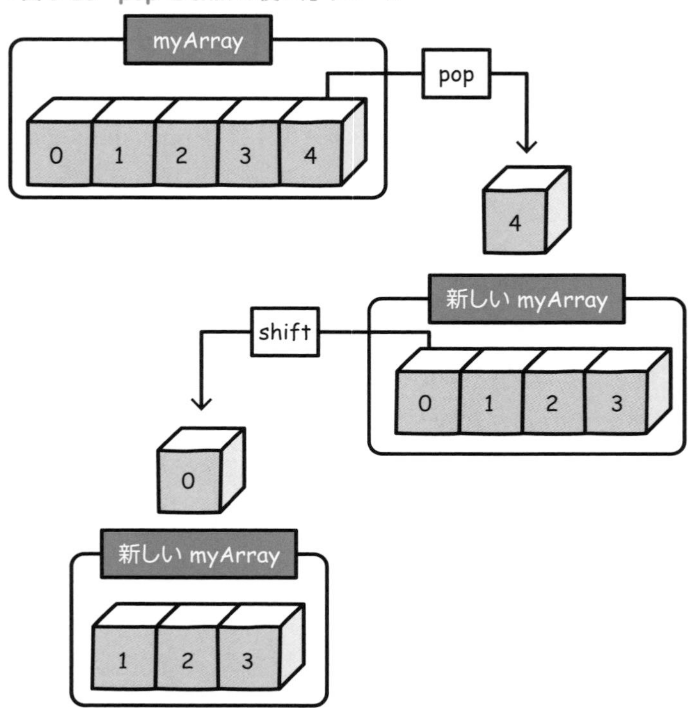

▼リスト 3-29　pop メソッドと shift メソッドの使用例

```
const myArray: number[] = [0,1,2,3,4];

// 変更前の myArray
console.log(myArray);      // [0,1,2,3,4]

// pop の実行
const lastElement =  myArray.pop();
console.log(`pop で取り出した値は ${lastElement} `);
// pop で取り出した値は 4
console.log(myArray);      // [0,1,2,3]

const firstElement = myArray.shift();
console.log(`shift で取り出した値は ${firstElement} `);
// shift で取り出した値は 0
console.log(myArray);      // [1,2,3]
```

続いてspliceメソッドの使い方を見ていきましょう。

spliceメソッドは**構文3-23**に示すとおり、配列の任意の位置の値を削除したり、任意の位置に値を挿入したりできる便利なメソッドです。

値を削除する場合は、削除する位置を「削除開始位置」に指定します。また、削除する要素数を「削除数」に指定します。

値を挿入する場合は、挿入する位置を「挿入開始位置」に指定します。また、挿入する値は「挿入するデータ」に指定します。第2引数に0以下の値を指定すると、spliceメソッドは値を挿入する機能として動作します。

構　文　3-23　spliceメソッド

●値の削除
```
変数 = 配列名.splice( 削除開始位置 , 削除数 ):
```

●値の追加
```
変数 = 配列名.splice( 挿入開始位置 , 0, 挿入するデータ ):
```


spliceメソッドの使用例を**リスト3-30**に、イメージを**図3-26**に示します。はじめにmyArrayという配列を、0, 1, 2, 3, 4, 5で初期化しています。

7行目のspliceメソッドは、引数が2つしかありませんので、値の削除として機能します。

削除開始位置には「2」を、削除数には「3」を指定していますので、配列から2,3,4の3つの値が削除されます。

spliceメソッドは、値を削除すると戻り値に削除した値を返しますので、10行目は[2,3,4]が出力されます。

15行目のspliceメソッドは引数が3つあるので、値の挿入として機能します。

挿入開始位置には「2」を挿入するデータには「6」が指定されていますので、配列の中身は[0, 1, 6, 5]になります。

▼図 3-26　splice メソッドの使い方イメージ

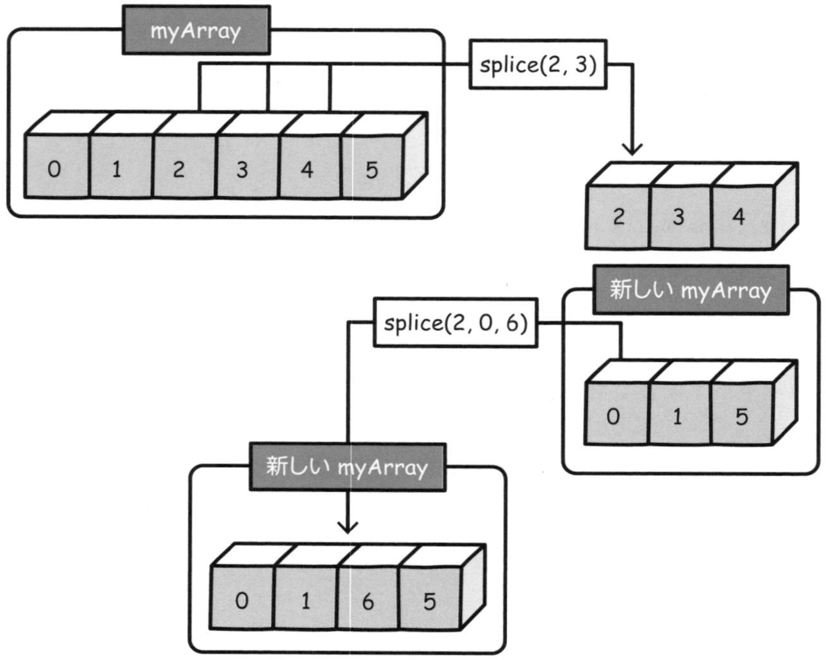

▼リスト 3-30　splice メソッドの使用例

```
const myArray: number[] = [0, 1, 2, 3, 4, 5];

// 変更前の配列を表示
console.log(myArray);    // [0, 1, 2, 3, 4, 5]

// インデックス2の位置から3つの要素を削除
const deletedElements = myArray.splice(2, 3);

// 削除した要素を出力
console.log(deletedElements);    // [2, 3, 4]
// 変更後の配列を表示
console.log(myArray);    // [0, 1, 5]

// インデックス2の位置に「6」を挿入
```

次へ

```
myArray.splice(2, 0, 6);
// 変更後の配列を表示
console.log(myArray);    // [0, 1, 6, 5]
```

配列の値を連結して新しい配列や文字列を作成してみよう

2つ以上の配列を連結して新しい配列を作成するにはconcatメソッドを、配列のすべての要素を文字列として連結するにはjoinメソッドを使用します。

はじめに、concatメソッドの使い方を見ていきましょう。concatメソッドは**構文3-24**を使用し()の中には連結したい配列をカンマで区切って指定します。

concatメソッドの使い方イメージを**図3-27**に示します。array1、array2、array3という配列には、それぞれ[1,2,3]、[4,5,6]、[7,8,9]が記憶されています。array1のconcatメソッドの()に、array2とarray3を記述すると、[1,2,3,4,5,6,7,8,9]という新しい配列が作成されます。コード例を**リスト3-31**に示します。

構文 3-24 concatメソッド

```
変数名 = 配列名 .conncat( 配列 1, 配列 2,      配列 N)
```

▼図 3-27　concat メソッドの使い方イメージ

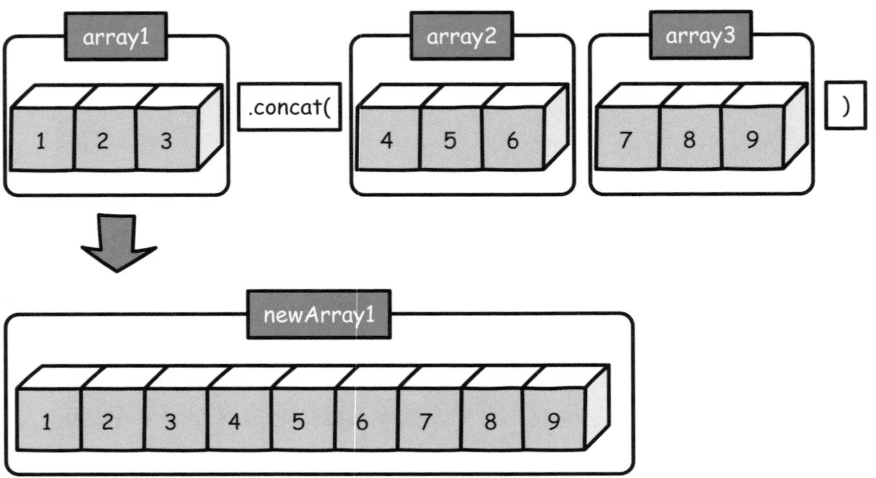

▼リスト 3-31　concat メソッドの使用例

```
const array1: number[] = [1, 2, 3];
const array2: number[] = [4, 5, 6];
const array3: number[] = [7, 8, 9];

const newArray = array1.concat(array2, array3);

console.log(newArray); // [1, 2, 3, 4, 5, 6, 7, 8, 9]
```

次に join メソッドの使い方を見ていきましょう。join メソッドは**構文 3-25** を使用し () の中には、配列の各要素を連結するときの文字列を指定します。

join メソッドの使い方イメージを**図 3-28** に示します。配列 array には「H」「E」「L」「L」「O」が記憶されています。join メソッドの () の中には「-」を書いていますので、すべての要素を「-」で連結して「H-E-L-L-O」という文字列を作成します。コード例を**リスト 3-32** に示します。

構文　3-25　joinメソッド

```
変数 = 配列名.join("連結文字列")
```

▼図 3-28　joinメソッドの使い方イメージ

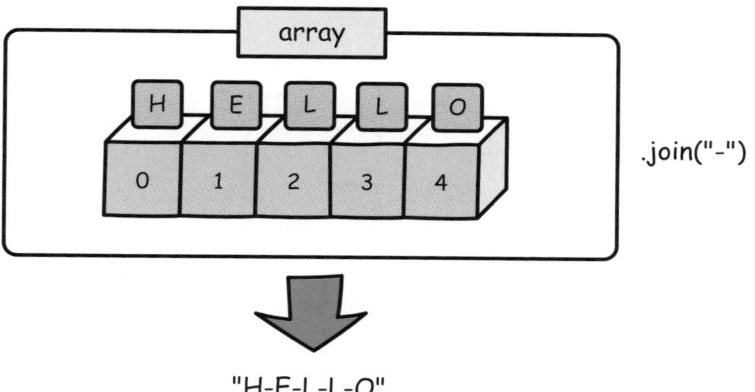

▼リスト 3-32　joinメソッドの使用例

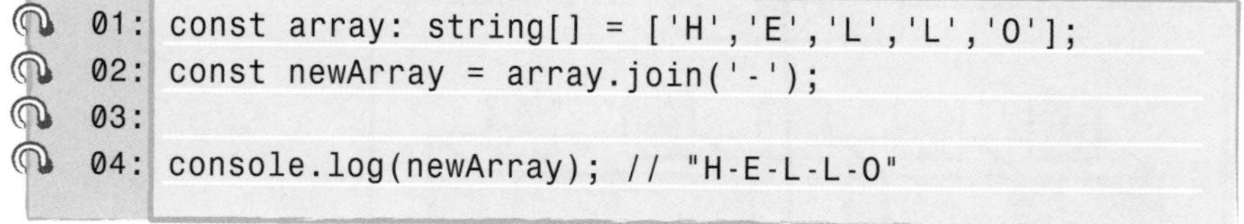

```
const array: string[] = ['H','E','L','L','O'];
const newArray = array.join('-');

console.log(newArray); // "H-E-L-L-O"
```

配列の並べ替えをしてみよう

配列を指定された順序でソートするにはsortメソッドを、配列の要素を逆順で並べ替えるにはreverseメソッドを使用します。

はじめに、sortメソッドの使い方を見ていきましょう。sortメソッドは**構文 3-26**を使用します。

sortメソッドの使い方イメージを**図 3-29**に示します。arrayの中には[4,3,1,2,4]が記憶されているのですが、sort()を実行すると、昇順（小さい順）

に並べ替えが行われ、array の中身は [1,2,3,4,5] で書き換えられます。コード例を**リスト 3-33** に示します。

構文　3-26　sort メソッド

```
配列名.sort()
```

▼図 3-29　sort メソッドの使い方イメージ

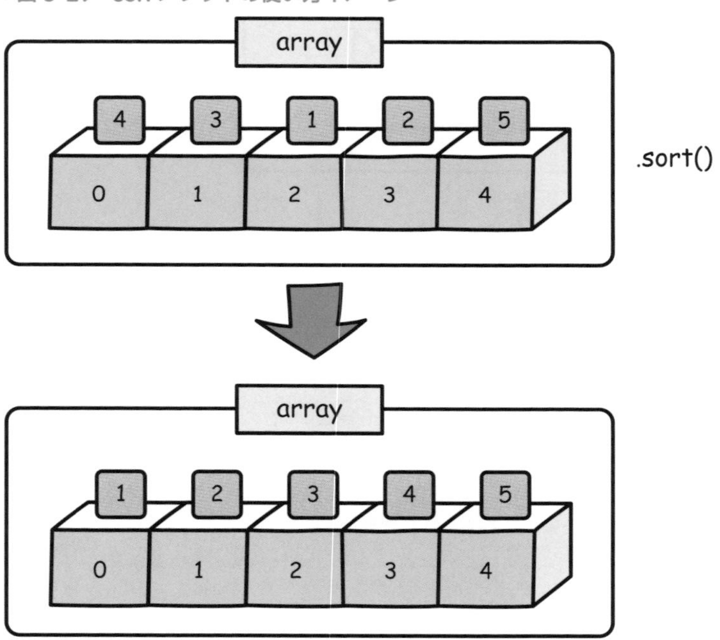

▼リスト 3-33　sort メソッドの使用例

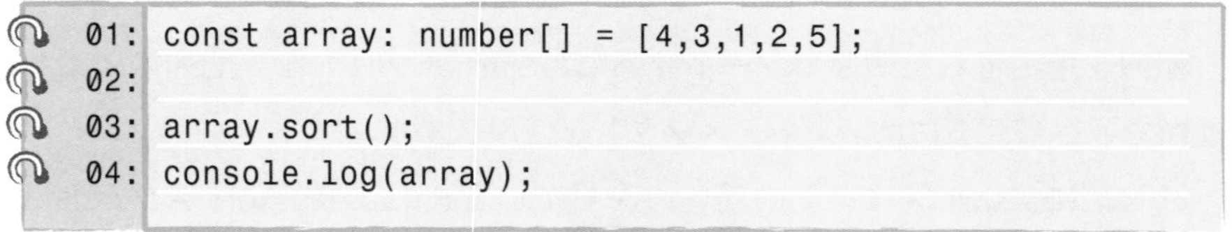

```
const array: number[] = [4,3,1,2,5];

array.sort();
console.log(array);
```

最後に reverse メソッドの使い方を見ていきましょう。reverse メソッドは**構文 3-27** を使用します。

reverseメソッドの使用例を**リスト3-34**に、イメージを**図3-30**に示します。

arrayの中には["A","B","C"]が記憶されていますが、reverse()を実行すると逆順に並べ替えられるので、["C","B","A"]に書き換えられます。もう一度実行すると、さらに逆順になり、元の配列["A","B","C"]に書き換えられます。

構文 3-27 reverseメソッド

```
配列名 .reverse()
```

▼**リスト3-34 reverseメソッドの使用例**

```
const array: string[] = ["A", "B", "C"];

array.reverse();
console.log(array); // ["C", "B", "A"]

array.reverse();
console.log(array); // ["A", "B", "C"]
```

ポイント

配列のsortメソッドとreverseメソッドは、どちらも配列の要素の順番を変更するメソッドですが、その目的が異なります。sortメソッドは小さい順で並べ替えるのに対し、reverseメソッドは現在の配列の中身を逆順にするという点で異なります。どのように並び替えを行うのかをよく確認し、適切なメソッドを使用しましょう。

▼図 3-30　reverse メソッドの使い方イメージ

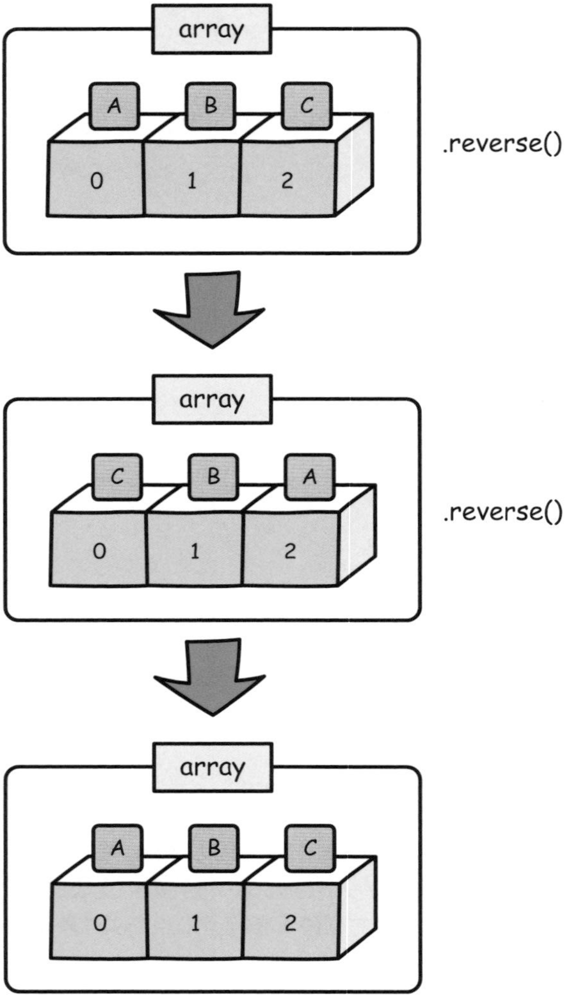

COLUMN

VS Code でのコード入力時エラーについて

VS Code を使用して、複数の TypeScript ファイルを作成すると、エラーが無いはずのコードなのに、変数や関数に波線が付き、マウスカーソルを合わせるとメッセージが表示される場合があります。

例えば、変数 x の宣言を記述したときに、x に波線が付き「ブロック スコープの変数 'x' を 再宣言することはできません。」というメッセージが表示される場合があります（図 3-A）。

▼図 3-A エラーメッセージ

TS sample1.ts 2 × TS sample2.ts 2
src > TS sample1.ts > SayHello

```
1  const x = 3;
2
3  functi
4      co
5  }
```

ブロック スコープの変数 'x' を再宣言することはできません。 ts(2451)
sample2.ts(2, 11): ここでは 'x' も宣言されました。
const x: 3
問題の表示 (Alt+F8) 利用できるクイックフィックスはありません

これは、宣言した変数と同一名の変数が他のファイルですでに宣言されていることを意味します。

また、関数の場合も同様です。同一名の関数が他のファイルで宣言されている場合は「関数の実装が重複しています」というメッセージが表示されます。このように、他のファイルで同一名の変数や関数を宣言していると、エラーメッセージが表示されます。

上述したエラーを回避するには、以下のようにファイルの中身全体を {} で括ることで、宣言した変数や関数の利用範囲をブロックスコープに限定するという方法があります（ブロックスコープについては第 7 章で詳しく説明します）。

```
// 他のファイル内の宣言を回避するために先頭行から最終行を{}で括る
{
    const x = 3;
    function SayHello() {
        console.log("Hello");
    }
}
```

《章末復習問題》

復習問題 3-1

以下の要素を持つ配列を作成し、コンソールに出力してください。

```
1,2,3,4,5
```

復習問題 3-2

以下の配列から、apple を取得し、コンソールに出力してください。

```
const fruits = ['banana', 'orange', 'apple', 'grape'];
```

復習問題 3-3

以下の要素を持つ２次元配列を作成し、コンソールに出力してください。

```
1, 2, 3
4, 5, 6
```

4章

演算子

演算子は、プログラムで数値や文字列などの値を操作するために使用される特別な記号です。TypeScriptやJavaScriptなどのプログラミング言語では、演算子を使用して、数値の加算や乗算、文字列の結合、論理演算などを行えます。このような演算子は、プログラムを効率的に記述するために欠かせない機能であり、正しい使い方をすることで、プログラムの品質やパフォーマンスを向上させることができます。本章では、この演算子について学習します。

演算子ってなんだろう？

演算とは、プログラムにおいてデータを処理するために行われる操作のことを指します。プログラムでは、様々なデータ型（数値、文字列、真偽値、オブジェクトなど）を使用しますが、これらのデータ型に対して、演算を行うことで新しい値を生成したり、値を変更したりできます。

演算を行うときに使用する記号を演算子といいます。演算子は、数値の加算や減算、乗算や除算、文字列の結合、比較演算（等しいかどうか、大きいか小さいかなど）など、様々な演算に合わせて用意されています。

すでに学習した演算子の１つに「=」記号を使用した代入演算子があります。この代入演算子「=」を例に、演算子の機能についてもう少し詳しく見てみましょう。

図 4-1 の「x + y」は、「+」演算子を使用しています。「+」演算子の隣にある x や y も呼び名があり、これらはオペランドと呼ばれます。「x + y」全体は式と呼び、式から結果を導き出すことを「式を評価する」と呼びます。

▼図 4-1 演算子とオペラント

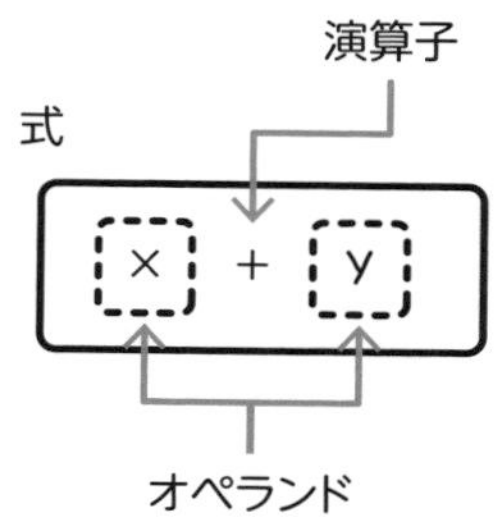

TypeScriptはJavaScriptの静的型付けの拡張であることから、JavaScriptで使用できる演算子をサポートしています。

表4-1に、TypeScriptで使用できる主要な演算子の例を示します。

▼表 4-1 TypeScriptで使用できる主な演算子

演算子	説明
算術演算子	足し算やかけ算など、算術演算を行います
代入演算子	変数に値を代入します
ビット演算子	2進数で表される数値のビット単位での演算を行います
比較演算子	値同士の比較を行います
論理演算子	真偽値（trueやfalse）を扱い論理演算を行います
文字列結合演算子	複数の文字列を連結して新しい文字列を作成します

次節以降では、各演算子の使用方法を説明します。

算術演算子ってなんだろう？

算術演算子とは、数値の計算を行う演算子の総称で、二項演算子と単項演算子の2種類があります。二項演算子は、**図4-2**の「オペランド 演算子 オペランド」のように、演算子の脇に2つのオペランドを置いて新しい式を構成する演算子です。

二項演算子には**表4-2**に示されるような、足し算や引き算、掛け算や割り算などがあります。単項演算子については後述します。

▼図4-2　算術演算子の仕様イメージ

オペランド　演算子　オペランド

▼表4-2　二項演算子

演算子	用途	TypeScriptの例	一般例	結果
+	加算（足し算）	2+3	2 + 3	5
–	減算（引き算）	3–2	3 − 2	1
*	乗算（掛け算）	2*3	2 × 3	6
/	除算（割り算）	6/2	6 ÷ 2	3
%	除算（割り算で余りを求める）	5%2	5 ÷ 2	1
**	べき乗	2**3	2^3	8

二項演算子の構文を覚えよう

● 加算演算子

加算演算子（+）は足し算をするための演算子で**構文 4-1** を使用します。

構　文　4-1 加算演算子（+）

```
値1 + 値2
```

加算演算子の使用例を**リスト 4-1** に示します。この例では 5 ＋ 3 を計算した結果を変数 x に代入します。

▼リスト 4-1　加算演算子の使用例

```
const x = 5 + 3;
```

● 減算演算子

減算演算子（–）は引き算をするための演算子で**構文 4-2** を使用します。

構　文　4-2 減算演算子 (–)

```
値1 - 値2
```

減算演算子の使用例を**リスト 4-2** に示します。この例では 5 − 3 を計算した結果を変数 x に代入します。

▼リスト 4-2　減算演算子 (–) の使用例

```
const x = 5 - 3;
```

● 乗算演算子 (*)

乗算演算子 (*) は掛け算をするための演算子で**構文 4-3** を使用します。

構文 4-3　乗算演算子 (*)

```
値1 * 値2
```

乗算演算子の使用例を**リスト 4-3** に示します。この例では 5 × 3 を計算した結果を変数 x に代入します。

▼**リスト 4-3　乗算演算子 (*) の使用例**

```
const x = 5 * 3;
```

● 除算演算子 (/)

除算演算子 (/) は割り算をするための演算子で**構文 4-4** を使用します。

構文 4-4　除算演算子 (/)

```
値1 / 値2
```

除算演算子の使用例を**リスト 4-4** に示します。この例では 6 ÷ 2 を計算した結果を変数 x に代入します。

▼**リスト 4-4　除算演算子 (/) の使用例**

```
const x = 6 / 2;
```

● 剰余演算子 (%)

剰余演算子 (%) は割り算をして余りを求める演算子で**構文 4-5** を使用します。

構　文　4-5　剰余演算子 (%)

```
値1 % 値2
```

剰余演算子の使用例を**リスト 4-5** に示します。この例では 5 ÷ 2 を計算して求めた余りを変数 x に代入します。

▼リスト 4-5　剰余演算子 (%) の使用例

```
const x = 5 % 2;
```

● べき乗演算子 (**)

べき乗演算子 (**) はべき乗をする演算子で**構文 4-6** を使用します。

構　文　4-6　べき乗演算子 (**)

```
値1 ** 値2
```

べき乗演算子の使用例を**リスト 4-6** に示します。この例では 2^3 を計算した結果を変数 x に代入します。

▼リスト 4-6　べき乗演算子 (**) の使用例

```
const x = 2 ** 3;
```

二項演算子を使ってみよう

リスト 4-7 に二項演算子の使用例を示します。これまでに学習した二項演算子を使用して計算した結果を変数 x に代入し、その値を出力しています。

▼リスト 4-7　二項演算子の使用例

```
let x: number = 0

// 加算演算子
x = 5 + 3;
console.log(x); // 8
// 減算演算子
x = 5  -  3;
console.log(x); // 2
// 乗算演算子
x = 5 * 3;
console.log(x); // 15
// 除算演算子
x = 6 / 2;
console.log(x); // 3
// 剰余演算子
x = 5 % 2;
console.log(x); // 1
// べき乗演算子
x = 2 ** 3;
console.log(x); // 8
```

単項演算子ってなんだろう？

単項演算子は、1つのオペランドに対して演算を行う演算子で、**表 4-3** に示すものがあります。「+」と「−」は2項演算子としても使用できますが、単項演算子として使用する場合は、符号として機能します。「+」「−」が符号として機能することは、説明するまでもありませんので、次節では「++」と「−−」について説明します。

▼表 4-3　単項演算子

演算子	用途	TypeScript の例	一般例	結果
+	数値を正の値に変換する	+3	+3	3
−	数値を負の値に変換する	−2	−2	−2
++	オペランドの値を 1 増加させる演算子。前置と後置の 2 つの形式がある	++x	なし	6（x が 5 の場合）
−−	オペランドの値を 1 現象させる演算子。前置と後置の 2 つの形式がある	−−x	なし	4（x が 5 の場合）

インクリメント演算子（++）

インクリメント演算子とは、変数の値を 1 つ増やすという機能を持つ演算子です。例えば、5 が代入された変数 x があるとしましょう。このとき、x++ と書くと、x の中身は 5 から 6 になります。これがインクリメント演算子の働きです。

インクリメント演算子は記号「++」を使用しますが、**構文 4-7** に示すように、「++」を変数の前に書くか後ろに書くかで動作が異なります。「++」を変数の前に置くのが前置インクリメント、「++」を変数の後ろに置くのが後置インクリメントです。

構　文　4-7　インクリメント演算子

●前置インクリメント
++ 変数

●後置インクリメント
変数 ++

インクリメント演算子の例を**リスト 4-8** に示します。

▼リスト4-8　前置インクリメントと後置インクリメントの使用例

```
// 前置インクリメント
let x = 5;
console.log(++x);    // 6
console.log(x);      // 6

// 後置インクリメント
let y = 5;
console.log(y++);    // 5
console.log(y);      // 6
```

この例では前置インクリメントと後置インクリメントの動作を確認します。

変数 x に 5 が代入されている状態で ++x を実行すると、はじめに x の値を 1 つ増やすという処理を行います。console.log(++x); と書いた場合は、x の値を 1 つ増やして 6 に書き換えから x を使いますので 6 を出力します。

次の console.log(x); を実行するときには、すでに x には値が 1 つ増加した 6 が記憶されていますので、そのまま 6 が出力されます。

次に後置インクリメントですが、変数 y に 5 が代入されている状態で、y++ を実行すると、そのまま y の値（つまり 5）が使用されます。そのため console.log(y++); を実行すると、5 を出力してから、y の値を 1 つ増やします。console.log(y);を実行すると 6 が出力されます。

ここまでをイメージにすると**図 4-3** のようになります。

▼図 4-3　インクリメント演算子のイメージ

前置インクリメント

① はじめに xに1を加算する

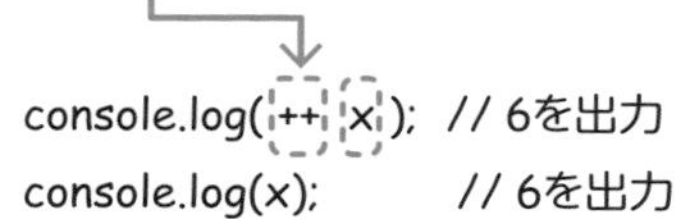

後置インクリメント

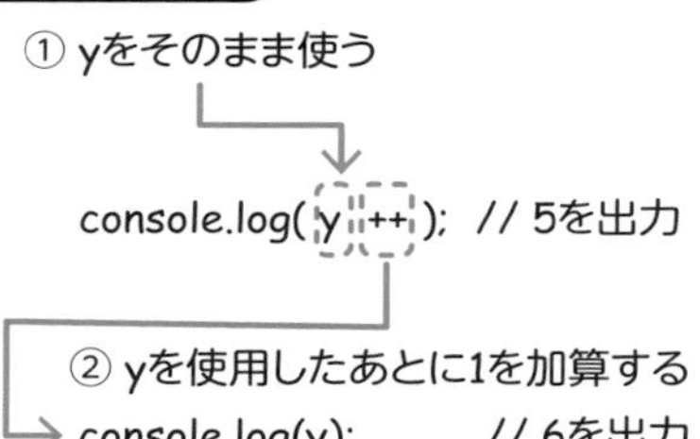

デクリメント演算子（--）

デクリメント演算子とは、変数の値を 1 つ減らすための記号です。例えば、x という変数があり、その中に 5 という数字が入っているとします。このとき、x-- と書くと、x の中身は 5 から 4 になります。これがデクリメント演算子の働きです。

デクリメント演算子は記号「--」を使用しますが、**構文 4-8** に示すように、「--」を変数の前に書くか後ろに書くかで動作が異なります。「--」を変数の前に置くのが前置デクリメント、「--」を変数の後ろに置くのが後置デクリメントです。

4-8　デクリメント演算子

●前置デクリメント
-- 変数

●後置デクリメント
変数 --

デクリメント演算子の例を**リスト 4-9** に示します。

▼リスト 4-9　前置デクリメントと後置デクリメントの使用例

```
// 前置デクリメント
let x = 5;
console.log( -- x);    // 4
console.log(x);       // 4

// 後置デクリメント
let y = 5;
console.log(y -- );    // 5
console.log(y) ;     // 4
```

この例では前置デクリメントと後置デクリメントの動作を確認します。

変数 x に 5 が代入されている状態で --x を実行すると、はじめに x の値を 1 つ減らすという処理を行います。console.log(--x); と書いた場合は、x の値を 1 つ減らして 4 に書き換えてから x を使いますので 4 を出力します。

次の console.log(x); を実行するときには、すでに x には値が 1 つ減らされた 4 が記憶されていますので、そのまま 4 が出力されます。

次に後置デクリメントですが、変数 y に 5 が代入されている状態で、y-- を実行すると、そのまま y の値（つまり 5）が使用されます。そのため console.log(y--); を実行すると、5 を出力してから y の値を 1 つ減らします。ですので console.log(y);を実行すると 4 が出力されます。

ここまでをイメージすると**図 4-4** のようになります。

▼図 4-4 デクリメント演算子のイメージ

前置デクリメント演

① はじめに x から1を減算する

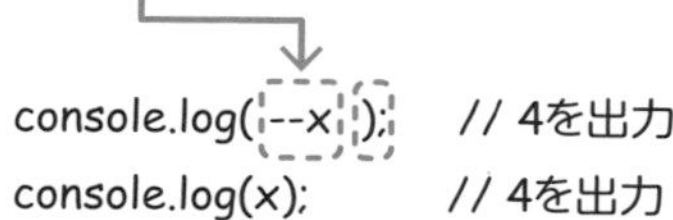

後置デクリメント

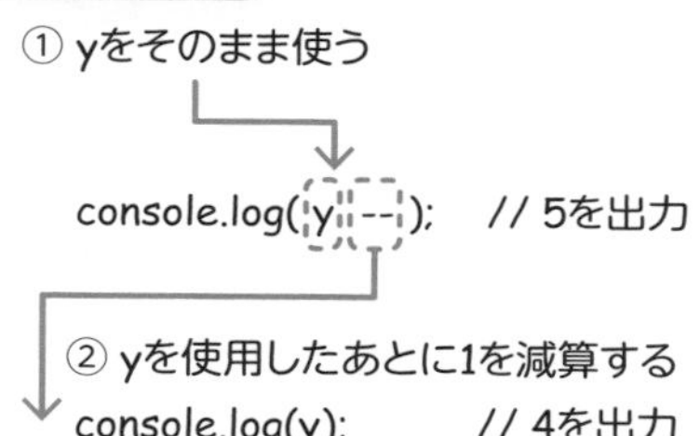

算術演算子の優先順位をおぼえよう

算術演算子を複数組み合わせることで、より複雑な計算を表現することができます。算術演算子には優先順位があり、その優先順位に沿って式が評価されます。

算術演算子の優先順位を**表 4-4** に示します。

▼表 4-4 算術演算子の優先順位

優先順位	算術演算子
高	**
↓	*, /, %
低	+, −

算術演算子は優先順位が高いものから順に評価されます。べき乗演算子（**）が最も優先的に評価され、その次に乗算演算子（*）、除算演算子（/）、

剰余演算子 (%)、最後に加算演算子 (+) と減算演算子 (-) が評価されます。

演算子の優先順位を確認する例を**リスト 4-10** に示します。

▼リスト 4-10　演算子の優先順位

```
01: let x: number = 0
02:
03: x = 1 + 2 * 3 ** 2  -  8 / 4
04: console.log(x); // 17
05: x = 1 + (2 * 3) ** 2  -  8 / 4
06: console.log(x); // 35
```

リスト 4-10 の計算イメージを**図 4-5** に示します。優先順位がわかるように () を付けました。一番内側の () から計算をしていき、最終的には 17 になります。

▼図 4-5　算術演算子の優先順位による計算結果①

x = 1 + 2 * 3 ** 2 – 8 / 4
= 1 + (2 * (3 ** 2)) – (8 / 4)
= 1 + (2 * 9) – 2
= 1 + 18 – 2
= 19 – 2
= 17

リスト 4-10 の 5 行目計算イメージを**図 4-6** に示します。先ほどと同様に、優先順位がわかるように () を付けました。一番内側の () から計算をしていき、最終的には 35 になります。

▼図 4-6　算術演算子の優先順位による計算結果②

x = 1 + (2 * 3) ** 2 – 8 / 4
= 1 + ((2 * 3) ** 2) – (8 / 4)
= 1 + (6 ** 2) – 2
= 1 + 36 – 2
= 37 – 2
= 35

代入演算子

Keyword
☑ 単純代入演算子
☑ 複合代入演算子

単純代入演算子ってなんだろう？

代入演算子は、変数に値を代入するための演算子です。代入演算子には、単純代入演算子と複合代入演算子の２種類があり、すでに学んだ「=」は単純代入演算子に分類されます。

リスト 4-11 に代入演算子の使用例を示します。

▼リスト 4-11　代入演算子の使用例

```
01: let x = 10;
02: x = x + 5;
03: console.log(x); // 15
```

1 行目は変数 x を宣言し、10 で初期化をしています。

2 行目では、「=」の左辺にも右辺にも x がありますね。このコードの動作をイメージにすると図 4-7 のようになります。はじめに変数 x に記憶されている 10 を取り出して、「10 + 5」を計算します。そして、計算で求めた 15 を、変数xに入れ直します。ですので、元々記憶されていた10は消えてなくなり、15 が残ります。

▼図 4-7　x = x + 5 のイメージ

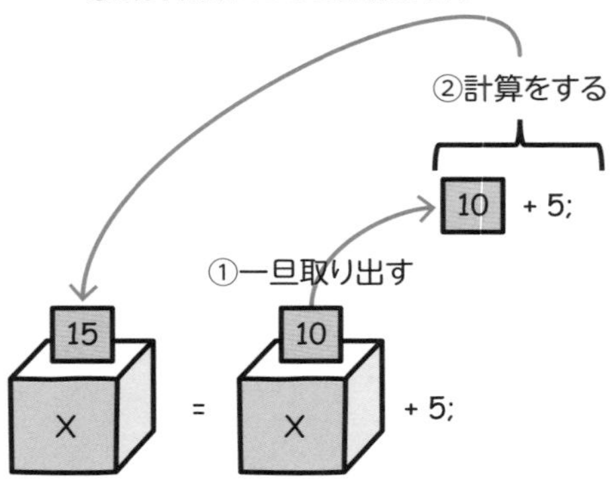

複合代入演算子ってなんだろう？

複合代入演算子とは、算術演算子と代入演算子を組み合わせた演算子です。代入演算子の中に算術演算子が含まれており、変数に値を代入すると同時に演算も行うことができます。複合代入演算子を使用することで、コードを簡潔にすることができます。

TypeScript で使用可能な複合代入演算子を**表 4-5** に示します。

▼表 4-5　複合代入演算子

演算子	用途	使用例
+=	変数に、現在の値を加算した値を代入する	x += 5
−=	変数に、現在の値から減算した値を代入する	x −= 5
*=	変数に、現在の値に掛け算した値を代入する	x *= 5
/=	変数に、現在の値に除算した値を代入する	x /= 5
%=	変数に、現在の値に除算した余りを代入する	x%= 5
**=	変数に、現在の値にべき乗した値を代入する	x **= 3

複合代入演算子の構文を覚えよう

● 加算代入演算子 (+=)

加算代入演算子 (+=) は、左辺の変数に右辺の値を加算した結果を、再び左辺の変数に代入する演算子です。加算演算子（+=）は、**構文 4-9** を使用します。

構 文　4-9　加算代入演算子 (+=)

```
変数 += 値
```

加算代入演算子の使用例を**リスト 4-12** に示します。この例では 5+3 を計算した結果「8」を変数 x に代入しています。

▼リスト 4-12　加算代入演算子の使用例

```
let x = 5;
x += 3;
console.log(x); // 8
```

● 減算代入演算子 (−=)

減算代入演算子 (−=) は、左辺の変数から右辺の値を減算した結果を、再び左辺の変数に代入する演算子です。減算代入演算子（−=）は、**構文 4-10** を使用します。

構 文　4-10　減算代入演算子 (−=)

```
変数 -= 値
```

減算代入演算子の使用例を**リスト 4-13** に示します。この例では 10 − 3 を計算した結果「7」を変数 x に代入しています。

▼リスト 4-13　減算代入演算子 (−=) の使用例

```
let x = 10;
x  - = 3;
```

● **乗算代入演算子 (*=)**

乗算代入演算子 (*=) は、左辺の変数に右辺の値を乗算した結果を、再び左辺の変数に代入する演算子です。乗算代入演算子 (*=) は**構文 4-11** を使用します。

構　文　**4-11　乗算代入演算子 (*=)**

```
変数 *= 値
```

乗算代入演算子の使用例を**リスト 4-14** に示します。この例で 3 × 4 を計算した結果「12」を変数 x に代入しています。

▼リスト 4-14　乗算代入演算子 (*=) の使用例

```
let x = 3;
x *= 4;
```

● **除算演算子 (/=)**

除算代入演算子 (/=) は、左辺の変数を右辺の値で除算した結果を、再び左辺の変数に代入する演算子です。除算演算子 (/=) は**構文 4-12** を使用します。

構　文　**4-12　除算代入演算子 (/=)**

```
変数 /= 値
```

除算代入演算子の使用例を**リスト 4-15** に示します。この例では 10 ÷ 2 を計算した結果「5」を変数 x に代入しています。

▼リスト 4-15　除算代入演算子 (/=) の使用例

```
let x = 10;
x /= 2;
```

● 剰余代入演算子 (%)

剰余代入演算子 (%=) は、左辺の変数を右辺の値で割った余りを、再び左辺の変数に代入する演算子です。剰余代入演算子 (%=) は**構文 4-13** を使用します。

構　文　4-13　剰余代入演算子 (%)

```
変数 %= 値
```

剰余代入演算子の使用例を**リスト 4-16** に示します。この例では 7 ÷ 3 を計算して求めた余り「1」を変数 x に代入しています。

▼リスト 4-16　除算演算子 (%=) の使用例

```
let x = 7;
x %= 3;
```

● べき乗代入演算子 (**)

べき乗代入演算子 (**=) は、左辺の変数を右辺の値でべき乗した結果を、再び左辺の変数に代入する演算子です。べき乗代入演算子 (**=) は**構文 4-14** を使用します。

構　文　4-14　べき乗代入演算子 (**)

```
変数 ** = 値
```

べき乗代入演算子の使用例を**リスト 4-17** に示します。この例では 2^3 を計算した結果「8」を変数 x に代入しています。

▼リスト 4-17　べき乗演算子 (**) の使用例

```
let x = 2;
x **= 3;
```

複合代入演算子を使ってみよう

リスト 4-18 に複合代入演算子の使用例を示します。これまでに学習した複合代入演算子を使用して計算した結果を変数 x に代入し、その値を出力しています。

▼リスト 4-18　複合代入演算子の使用例

```
let x: number = 0

// 加算代入演算子 (+=) の使用例
x = 5;
console.log(x += 3);     // 8
// 減算代入演算子 ( - =) の使用例
x = 10;
console.log(x  - = 3);     // 7
// 乗算代入演算子 (*=) の使用例
x = 3;
console.log(x *= 4);     // 12
// 除算代入演算子 (/=) の使用例
x = 10;
console.log(x /= 2);     // 5
// 剰余代入演算子 (%=) の使用例
x = 7;
console.log(x %= 3);     // 1
// べき乗代入演算子 (**) の使用例
x = 2;
console.log(x **= 3);    // 8
```

04 ビットシフト演算子

Keyword ☑ビットシフト演算子 ☑ビット ☑10進数 ☑2進数

2進数とビットについて理解しよう

ビットシフト演算子について学習する前に、2進数とビットについて学びましょう。

普段私たちが使用している「10で桁が繰り上がる数」は10進数といいます。一方、0と1の2つの数字だけを使って数を表す方法を**2進数**といいます。**ビット**とは、2進数の1桁のことを指します。

例えば、10進数の「13」という数字は、2進数では「1101」と表すことができます（**図4-8**）。

▼図4-8　10進数と2進数の例

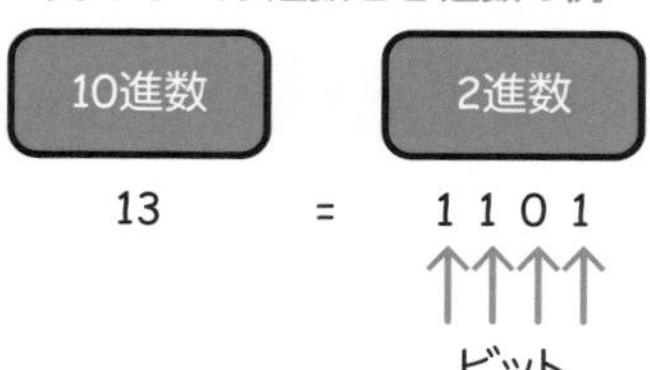

10進数を2進数に変換するには、「10進数の数を2で割って商と余りを求め、求めた商を2で割って商と余りを求める」という計算を商が0になるまで行い、それぞれの計算で得られた余りを下から順に並べます。例として10進数の13を2進数に変換するイメージを**図4-9**に示します。

▼図 4-9　10 進数から 2 進数に変換する例

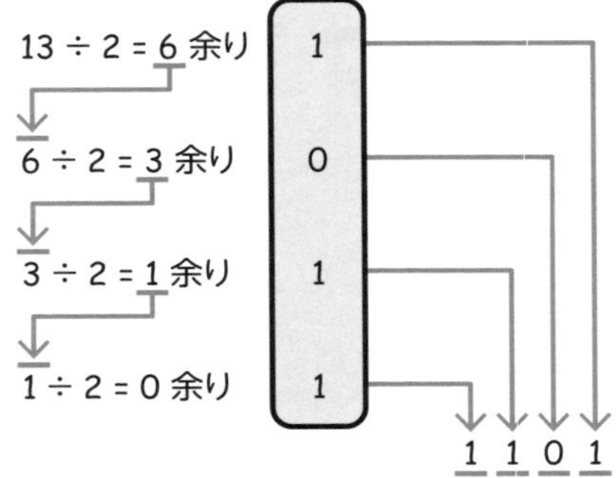

反対に 2 進数から 10 進数に変換するイメージを**図 4-10** に示します。2 進数の各ビットを「2^NBit ×値」と計算し、求めた値をすべて足します。一番右から「$2^0 \times 1$」「$2^1 \times 0$」「$2^2 \times 1$」「$2^3 \times 1$」を計算してすべてを足すと 10 進数の 13 に変換できます。

▼図 4-10　2 進数から 10 進数への変換

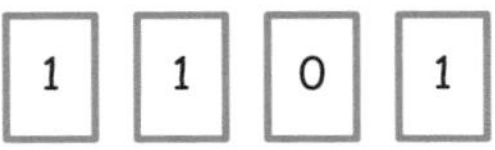

$2^3 \times 1$　$2^2 \times 1$　$2^1 \times 0$　$2^0 \times 1$

8 × 4 × 0 × 1 = 13

ビットシフト演算子の構文を覚えよう

ビットシフト演算子は、2 進数で表された数値を指定されたビット数だけ左または右にシフト（移動）する演算子です。シフト演算子は**構文 4-15** を使用し、左シフト演算子は「<<」記号を使用して、左側のオペランドを右側で指定されたシフト数だけ左にシフトします。右シフト演算子は「>>」記号を使用して、左側のオペランドを右側で指定されたシフト数だけ右にシフトします。

構文 4-15 シフト演算子

●左シフト演算子
オペランド << シフト数

●右シフト演算子
オペランド >> シフト数

ビットシフト演算子を使ってみよう

シフト演算子の使用例を**リスト 4-19** に示します。

▼リスト 4-19 シフト演算子の使用例

```
const x = 13 << 1; // 1101を1ビット左にシフトすると11010 となり、10進数での値である26になる
console.log(x); // 26
const y = 13 >> 1; // 1101を1ビット右にシフトすると0110 となり、10進数での値である6になる
console.log(y); // 6
```

この例では、最初に 10 進数の 13 を左に 1 ビットシフトしています。10 進数の 13 は 2 進数表記で「1101」です。左に 1 ビットシフトすると、一番右側のビットには 0 が挿入されて、「11010」になり、10 進数の 26 が出力されます。

次に 10 進数の 13 を右に 1 ビットシフトしています。10 進数の 13 は 2 進数表記で「1101」です。右に 1 ビットシフトすると、一番右側のビットが消滅して「110」になり、10 進数の 6 が出力されます。イメージにすると**図 4-11** のようになります。

▼図 4-11　ビットシフト演算のイメージ

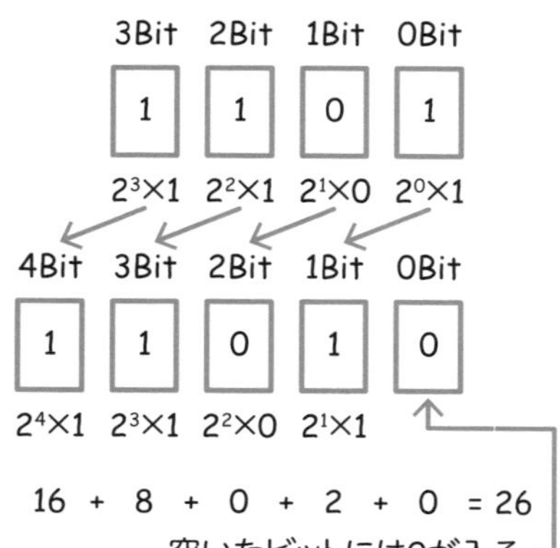

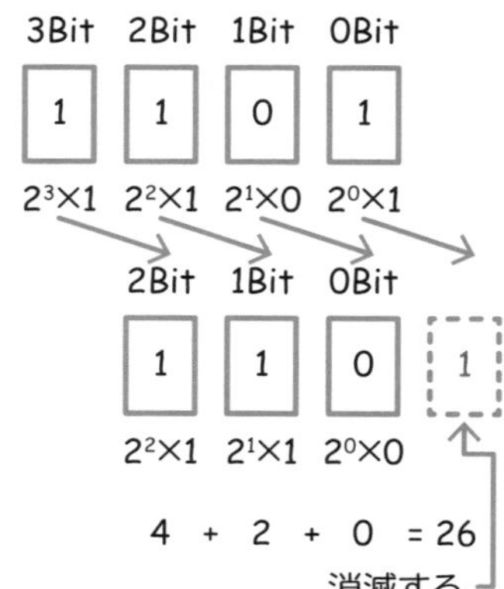

COLUMN

ビットをフラグとして利用するには

ビットをフラグに見立てると、さまざまな設定値を 1 つの数値で管理することができます。

例えば、4 つのビットでゲームのステータスを表現する例を考えてみましょう。

```
・0ビットがONのとき（0b0001）は、キャラクターが走っている
・1ビットがONのとき（0b0010）は、キャラクターが攻撃している
・2ビットがONのとき（0b0100）は、アイテムが利用可能
・3ビットがONのとき（0b1000）は無敵状態
```

このとき、あるキャラクターの状態が 0b1011 だとすると、「" 無敵状態 " で " 攻撃 " しながら " 走っている "」という状態を表すことができます。

このように、ビットをフラグに見立てると 1 つの値で複数の設定値を管理することができます。また、後述する論理演算子と組み合わせることで任意のビットの状態を取得することも可能です。設定値を管理する場合は、ビットで表現できないかを検討してみましょう。

比較演算子

Keyword ☑ 比較演算子

比較演算子ってなんだろう？

プログラムの中では、値を比較する操作がよく行われます。例えば、

- 年齢は 25 歳以上か？
- 体重は 60kg 未満か？
- 入力された文字列が「Hello」か？

など、条件を判断する場面があります。

このような条件を判断する場合に、比較演算子を使用します。代表的な比較演算子を表 4-6 に示します。

▼表 4-6　比較演算子

演算子	用途	例	結果
===	等しいかどうかを比較する（厳密等価演算子）	x===3	x が 3 と等しい場合は true、等しくない場合は false
!==	等しくないかどうかを比較する（厳密不等価演算子）	x!==3	x が 3 と等しくない場合は true、等しい場合は false
<	左辺が右辺より小さいかどうかを比較する（小なり演算子）	x<3	x が 3 未満の場合は true、そうではない場合は false
>	左辺が右辺より大きいかどうかを比較する（大なり演算子）	x>3	x が 3 より大きい場合は true、そうではない場合は true
<=	左辺が右辺以下かどうかを比較する（小なりイコール演算子）	x<=3	x が 3 以下の場合は true、そうでない場合は false

>=	左辺が右辺以上かどうかを比較する（大なりイコール演算子）	x>=3	x が 3 以上の場合は true、そうでない場合は false

比較演算子の構文を覚えよう

比較演算子は**構文 4-16** を使用し、比較演算子の左辺と右辺にはオペランドを置いて 2 つの値を比較します。

例えば、「5 が 3 よりも大きいかどうか」を判断する場合、「5 > 3」と書きます。5 は 3 より大きいので、この式は成立して true になります。逆に「3 > 5」のように、条件が成立しなかった場合は false になります。

構　文　4-16　比較演算子

```
オペランド　比較演算子　オペランド
```

比較演算子を使ってみよう

リスト 4-20 に比較演算子の使用例を示します。

この例では、変数 x に 3 が代入されており、数値の 3 をそれぞれの演算子で比較して、true か false かを出力します。console.log で出力する文字列は引用符「`（バッククォーテーション）」で括っていることに注意してください。「${ 式 }」を使用して、変数の値を文字列中に埋め込んでいます。これにより「`x===3 は ${x===3}`」は、「x===3 は true」のように出力されます。

▼リスト 4-20　比較演算子の使用例

```
const x = 3;
console.log(`xが${x}のとき`);            // xが3のとき
console.log(`x===3 は ${x===3}`);    // x===3 は true
console.log(`x!==3 は ${x!==3}`);    // x!==3 は false
```

```
console.log(`x<3 は ${x<3}`);        // x<3 は false
console.log(`x>3 は ${x>3}`);        // x>3 は false
console.log(`x<=3 は ${x<=3}`);      // x<=3 は true
console.log(`x>=3 は ${x>=3}`);      // x>=3 は true
```

値が等しいかどうかを比較する演算子には、厳密等価演算子（===）のほかにもう1つ等価演算子（==）があります。厳密等価演算子は、比較する2つの「値の型」と「値」が完全に一致する場合にtrueを返します。一方、等価演算子は、比較する2つの値のデータ型が異なる場合は、暗黙的に一方のデータ型に変換を行ってから比較を行うため、意図しない挙動を引き起こすことがあります。このため、TypeScriptでは原則的に「===」を使うことが推奨されます。

同様に、値が等しくないことを比較する演算子には、厳密不等価演算子（!==）と不等価演算子（!=）があります。不等価演算子も、暗黙的に一方のデータ型に変換を行ってから比較を行うため、意図しない挙動を引き起こすことがあります。このため、「!==」を使うことが推奨されます。

例えば、**リスト4-21**では数値と文字列を比較しています。「x == y」はyに代入されている文字列の"1"を数値の1に変換してから比較が行われます。このため、2つの値は等しいと見なされてtrueが出力されます。一方「x === y」は文字列を数値には変換しませんので、1と"1"の比較になります。よって、データ型がnumberとstringで異なるためfalseが出力されます。

▼リスト4-21　等価演算子と厳密投下演算子の違い

```
const x: number = 1;
const y: string = "1";
console.log(x == y);     // true
console.log(x === y);    // false
```

論理演算子ってなんだろう？

前節で学んだ比較演算子は、値の大小比較や他の値と等しいかどうかを判断するために使用されます。しかし、比較演算子だけでは表現できない条件式も存在します。例えば、「年齢が25歳以上で性別が男性」という条件は、「年齢が25歳以上」と「性別が男性」という2つの条件から構成されています。このような複数の条件を表現するために、論理演算子が存在します。論理演算子は、日本語の「かつ」や「または」をプログラムで表現することができ、**表4-7**に示すものがあります。

▼表4-7　論理演算子

演算子	用途	例	結果
&&	日本語の「かつ」を表現します（論理積演算子）	age===25 && gender === "male"	ageが25と等しくかつgenderが"male"の場合はtrue、そうではない場合はfalse
¦¦	日本語の「または」を表現します（論理和演算子）	age===25 ¦¦ gender === "male"	ageが25と等しいまたはgenderが"male"の場合はtrue、そうではない場合はfalse
!	日本語の「ではない」を表現し、値を反転させます（論理否定演算子）	!flag	flagの値がtrueの場合はfalseを、falseの場合はtrueにする

論理演算子の構文を覚えよう

論理積演算子（&&）は日本語の「かつ」を表し、**構文 4-17** を使用します。オペランド 1 の結果が true かつオペランド 2 の結果が true のときに、式全体が true になります。オペランド 1 またはオペランド 2 のどちらかが false の場合は、式全体が false になります。

構文 4-17 論理積演算子（&&）

```
オペランド1 && オペランド2
```

論理積演算子（&&）の真理値表を**表 4-8** に示します。真理値表とは、ある論理回路や論理式について、考えられるすべての入力の組み合わせと、対応する出力を一つの表に書き表したものです。例えば変数 x が false で変数 y が true の場合に x && y を評価すると false になります。

▼表 4-8 論理積演算子（&&）の真理値表

X	Y	X && Y
false	false	false
false	true	false
true	false	false
true	true	true

論理和演算子（||）は日本語の「または」を表し、**構文 4-18** を使用します。オペランド 1 またはオペランド 2 の結果のどちらかが true のときに、式全体が true になります。オペランド 1 とオペランド 2 の両方が false の場合は、式全体が false になります。

構文 4-18 論理和演算子（||）

```
オペランド1 || オペランド2
```

4 演算子

論理和演算子（||）の真理値表を**表 4-9** に示します。

▼表 4-9　論理和演算子（||）の真理値表

X	Y	X || Y
false	false	false
false	true	true
true	false	true
true	true	true

論理否定演算子（!）は日本語の「ではない」を表し、**構文 4-19** を使用します。オペランドが true のときは false に、オペランドが false の時には true に反転します。

4-19　論理否定演算子（!）

```
!オペランド
```

論理否定演算子（!）の真理値表を**表 4-10** に示します。

▼表 4-10　論理否定演算子（!）の真理値表

X	!X
false	true
true	false

論理演算子を使ってみよう

リスト 4-22 に論理演算子の使用例を示します。

▼リスト 4-22　論理演算子の使用例

```
let age = 25;
let gender = "male";
let flag = true;

// ===== && 演算子の使用例 =====
```

次へ

```
// age が 25 以上 かつ gender が "male"か?
console.log(age >= 25 && gender === "male"); // true

// ===== || 演算子の使用例 =====
// age が 25 以上 または gender が "male"か?
gender = "female";
console.log(age >= 25 || gender === "male"); // true

// ===== ! 演算子の使用例 =====
// flag が true の場合
console.log(!flag); // false
// flag の中身を反転させる
flag = !flag;
// flag が flae の場合
console.log(!flag); // true
```


論理積演算子（&&）の使用例では、変数age（年齢）が25以上「かつ」変数gender（性別）が"male"（男性）かを判定して結果を出力しています。変数ageには25が、genderには"male"が記憶されていますので、結果としてtrueを出力します。

論理和演算子（||）の使用例では、変数age（年齢）が25以上「または」変数gender（性別）が"male"かを判定して結果を出力しています。変数ageには25が記憶されていますので「ageは25以上か」という式はtrueになります。一方、変数genderには"female"（女性）が記憶されていますので、「genderは"male"か？」の式はfalseになります。||演算子は、どちらからのオペランドがtrueであれば、式全体がtrueになりますので、結果としてtrueが出力されます。

否定演算子の例では、変数flagの値を反転させた結果を出力しています。変数flagにはtrueが代入されていますので、反転してfalseが出力されます。その後、変数flagにfalseを代入していますので、反転してtrueが出力されます。イメージにすると**図4-12**のようになります。

▼図 4-12　論理演算子のイメージ

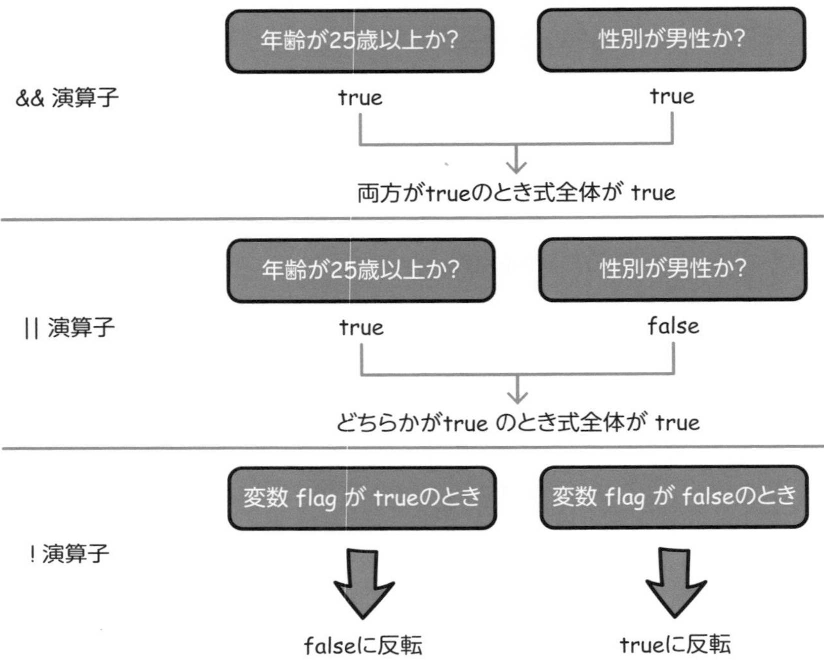

論理演算子の優先順位を覚えよう

論理演算子を複数組み合わせることで、より複雑な条件を表現することができます。論理演算子には優先順位があり、その優先順位に沿って式が評価されます。論理演算子の優先順位を表 4-11 に示します。

▼表 4-11　論理演算子の優先順位

優先順位	論理演算子
高	!
↓	&&
低	||

論理演算子は優先順位が高いものから順に評価されます。論理否定演算子

(!) が最も優先的に評価され、その次に論理積演算子（&&)、最後に論理和演算子（||）が評価されます。ただし、括弧で囲まれた式は優先的に評価されます。

リスト 4-23 に複数の論理演算子を使用した例を示します。

▼リスト 4-23　複数の論理演算子を使用する例

```
const x = false;
const y = false;
const z = false;

// !が最も優先的に評価される
console.log(!x && y || z);        // false

// 括弧が最も優先的に評価される
console.log(!(x && y) || z);     // true
```


上記の例では、!x が最も優先的に評価されます。したがって x を true にした後、&& が評価されるので「true && false」を評価して false になります。最後に || が評価されるので「false||false」を評価して false が出力されます。最後の例では、括弧が最も優先的に評価されるので (x && y) の部分を (false || false) として評価するため false になり、非論理否定演算子（!）で反転して true になります。

最後に (true || z) が評価されるので (true || false) を評価して true を出力します。

文字列結合演算子

Keyword ☑文字列結合演算子 ☑+

文字列結合演算子ってなんだろう？

文字列結合演算子は、「+」記号を使用して複数の文字列を連結することができます。

「+」演算子は、すでに学習したとおり数値の加算を行います。文字列に使用した場合は、文字列同士を連結して新しい文字列を作成することができます。

文字列結合演算子の構文を覚えよう

文字列結合演算子（+）は、文字列と文字列を結合するための演算子で、**構文 4-20** を使用します。

構　文　**4-20　文字列結合演算子（+）**

```
値1 + 値2
```

文字列連結演算子を使ってみよう

リスト 4-24 に文字列結合演算子の使用例を示します。

▼**リスト 4-24　文字列連結演算子の使用例**

```
const msg1: string = "Hello";
const msg2: string = "World";
const greeting: string = msg1 + " " + msg2;
console.log(greeting);  // "Hello World"
```

この例では、変数 msg1 に代入されている「Hello」と、半角の空白、変数 msg2 に代入されている「World」を連結して「Hello World」という新しい文字列を変数 greeting に代入し、出力をしています。

また、**リスト 4-25** に示すように数値型の値と文字列を連結することもできます。

▼**リスト 4-25　数値型の値を含む文字列連結演算子の使用例**

```
const num: number = 5;
const totalPrice: string = "リンゴ5個の値段は " + (num * 100) + " 円です ";
console.log(totalPrice);
```

この例では、(num * 100) によって計算された数値は、文字列型に変換されてから＋演算子で連結されます。つまり、" リンゴ 5 個の値段は 500 円です " という文字列が生成して出力します。

《章末復習問題》

復習問題 4-1　算術演算

変数 x に 10 を代入し、変数 y に 2 を代入したとき、x と y の加算、減算、乗算、除算、剰余を求めるプログラム作成してください。

復習問題 4-2　複合代入演算

変数 x に 1 を加えて、結果を再び x に代入する複合代入演算子の式を作成してください。

変数 y から 2 を減じて、その結果を y に再代入する複合代入演算子の式を作成してください。

復習問題 4-3　比較演算

変数 age1 が 25、変数 age2 が 30 のとき、比較演算子 <,>,<=,>=,===,!=== をそれぞれ使用して比較結果を求めるプログラムを作成してください。

復習問題 4-4　文字列結合演算子

＋演算子を使用して「Hello」と「空白」と「World」を連結して「Hello World」という文字列を出力してください。

5章

条件分岐処理

条件分岐処理とは、プログラム中で指定された条件に応じて、異なる処理を実行することです。例えば、ユーザーが入力した値がAだった場合は「こんにちは」と表示し、Bだった場合は「こんばんは」と表示するような処理があげられます。このように、ある条件が満たされた場合と、そうでない場合で処理を分岐させることで、プログラムの柔軟性を高めることができます。この章では、条件によって分岐処理をする方法について学習しましょう。

条件分岐処理とは

Keyword ☑ 条件分岐処理

条件分岐処理ってなんだろう？

条件分岐処理とは、ある条件が成立した場合にはAを、成立しない場合にはBをするようにコンピューターに指示することです。

前章までに学習したプログラムは、決められた命令を上から順番に実行するだけでしたので、何度実行しても同じ結果になります。これはこれで正しいのですが、いつも同じ結果が得られるのであれば、プログラムを作成するまでもありません。

冒頭で説明したとおり、条件分岐処理は、ユーザーが入力した値に応じて処理を切り替えることを指します。例えば、入力された値がAだった場合は「こんにちは」を表示し、Bだった場合は「こんばんは」を表示するように（図5-1）、条件に応じて処理を切り替えることができます。これにより、アプリは異なる状況に適応でき、柔軟性を持つことができます。

▼図5-1　条件分岐処理のイメージ

条件1:入力した値が「A」のとき
「こんにちは」を表示

条件2:入力した値が「B」のとき
「こんばんは」を表示

どんなときに使用するの？

すでに説明したとおり、条件分岐処理は条件によって処理を分岐させたいときに使用します。

例えば、以下はすべて条件として扱うことができます。

- **変数 x が 3 より大きいか？**
- **変数 x が 25 以下かつ変数 y が 3 以上か？**
- **変数 msg が "hello" か？**

これらはすべて、すでに学習した論理演算子を使用して表現することができますね。

条件が成立すれば式全体は true になり、成立しない場合は false になります。このように条件式が true か false かを判断し、それに応じて次に実行する命令を分岐させることで、柔軟なプログラムを作成することができます。

リスト 5-1 に論理演算子を使用して条件判断結果を出力する例を示します。指定した条件が成立した場合は true を出力し、成立しなかった場合は false を出力します。

▼**リスト 5-1　論理演算子を使用して条件判断結果を出力する例**

```
let x: number = 10;
let y: number = 2;
let msg = "hello";

// 変数xが3より大きいか？
console.log(x > 3); // true
 // 変数xが25以下かつ変数yが3以上か？
console.log(x <= 25 && y >= 3); // false
// 変数msgが"hello"か？
console.log(msg === "hello");   // true
```

「もし」をプログラムで表現してみよう

ここでは、条件分岐の代表格である if 文について学習しましょう。

TypeScriptには、条件分岐をプログラムで表す方法としてif文があります。if は日本語で「もし」と訳すことができ、「もし○○ならば××をする」というプログラムを作成することができます。この「もし○○ならば××をする」という文章は、**図 5-2** のように表すことができます。なお、このような図は処理の流れ（フロー）を表すことからフローチャートと呼ばれています。

▼図 5-2　if 文のフローチャート

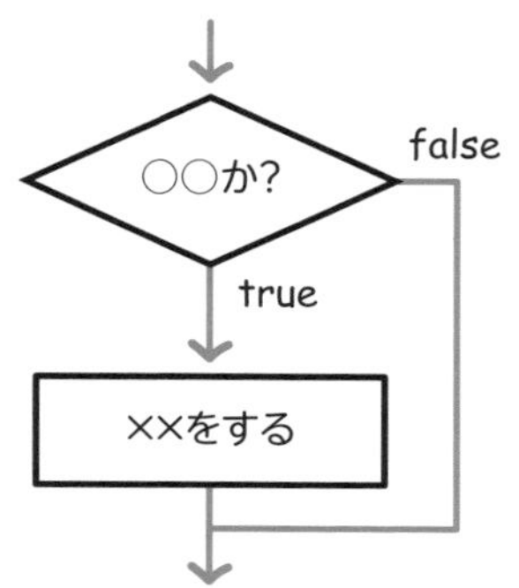

ひし形の部分が「もし」に相当します。「○○か？」が成立すると（true になると）下の矢印に向かって処理が移動して「××をする」が実行されます。「○○か？」が成立しなかった場合 (false になった場合) は、「××をする」

を飛び越えた先に処理が移動します。

if 文の構文を覚えよう

if 文の書き方には 2 通りあり、**構文 5-1** を使用します。どちらも if の後ろには () の中に条件式を書くという点では同じですが、その後ろに {} があるかないかで異なります。

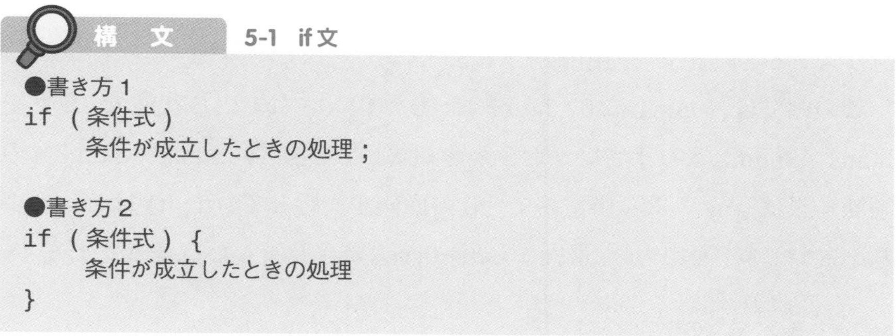

構　文　**5-1 if文**

```
●書き方 1
if ( 条件式 )
      条件が成立したときの処理 ;

●書き方 2
if ( 条件式 ) {
      条件が成立したときの処理
}
```

書き方 1 の方は、条件が成立した場合は、(条件式) の後ろに書かれた 1 つの文だけを実行します。

一方、書き方 2 の方には if(条件式) の後ろに { } がありますね。{ } の中には複数の文を書くことができ、この書き方をブロック構文と呼びます。if 文の条件式が成立（true）した場合は { } の中に書かれたすべての文を実行します。{ } の中に 3 行の命令文が書いてある場合は、3 行とも実行されます。

メモ

ブロック構文は if 文以外でも使用することができます。{ } が登場したら「複数の文を書くことができる構文」ということを思い出してください。

実行する文が 1 行だからといって書き方 1 を選択する必要はありません。筆者としては、書き方 2 を推奨します。理由は、{} があることで、if 文の条件式が成立した時にどこまで実行されるかが一目で判断が付くためです。本書では書き方 2 を使用して説明を進めます。

また、ブロック構文 {} の中は、インデント（字下げ）をして書くのが一般的です。インデントというのは、先頭に入れる空白のことで、通常は [Tab] キーを押して挿入される空白を指します。

if 文を使ってみよう

リスト 5-2 に if 文の使用例を示します。

この例では、num1 に 5、num2 に 10 が代入されている状態で、if 文で num1 が num2 より小さいかどうかを判断しています。「num1 < num2」の判断結果は true となりますので、{} の内側を実行して「num1 は num2 より小さいです」を出力し、最後に「条件判断が終了しました。」を出力します。

▼リスト 5-2　if 文の使用例

```
const num1: number = 5;
const num2: number = 10;

if(num1 < num2){
  console.log("num1はnum2より小さいです。");
 }
console.log("条件判断が終了しました。");
```

せっかくですので、num1 に 10 を代入し、num2 に 5 を代入した状態でも実行してみましょう。

「num1 < num2」の判断結果は false となりますので、{} の内側は実行せずに「条件判断が終了しました。」を出力します。

実行時のイメージを**図 5-3** に示します。

▼図 5-3 実行イメージ

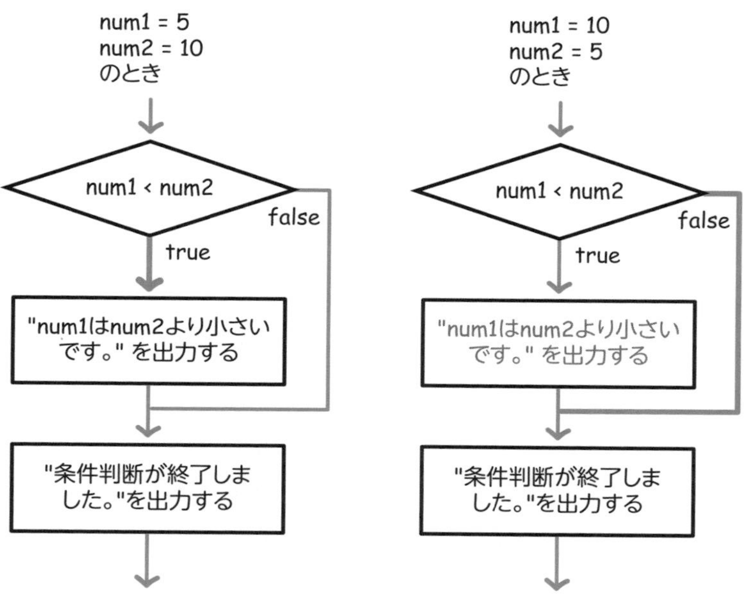

COLUMN

インデント

ブロック構文 {} の中の書き方にも注目してください。インデントをしてから console.log("num1 は num2 より小さいです。"); が書いてありますね。長いプログラムを見たときに、このようなインデントがあると、プログラム中に凹(へこ)みの部分があることを察知できます。この凹みを見つけられるようになると、何かしら処理が変わる部分なんだな（この例では if 文成立時の処理）ということがわかるようになります。

インデントする主な場所は、ブロックの内側です。ブロックは入れ子（ブロックの中にさらにブロック）になる場合がありますが、そのたびにインデントをします。

「そうではない場合」をプログラムで表現してみよう

前節では「もし○○だったら××する」という処理の書き方について学習しました。

if文ではさらに、「そうではない場合」を表現する方法が２つ備わっています。

図5-4を見ながら理解を深めましょう。左側のフローチャートは、シンプルに「そうでなければ△△する」というものです。「もし○○ならば」の条件が成立しない（falseの）場合は、右側に流れて「△△をする」を実行します。

右側のフローチャートは「そうではなくもし△△なら☆☆をする」というものです。「もし○○ならば」の条件が成立しない（falseの）場合は、さらに次の条件「そうではなくもし△△ならば」を判断して処理の流れを変えます。

▼図5-4　2種類の「そうではない」のフローチャート

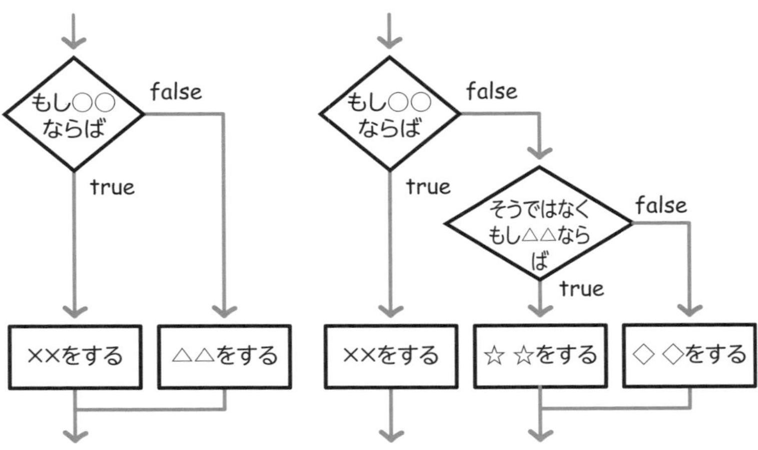

「そうではなくもし△△ならば」はいくつ重ねて使用しても構いませんが、３つ以上になると可読性が落ち、冗長なコードになってしまいますので、多

用しないように気をつけましょう。

「そうではない場合」の構文を覚えよう

「そうではない場合」を**構文 5-2** に、「そうではなくもし△△ならば」を**構文 5-3** に示します。先ほど説明した**図 5-4** と合わせて見ていただくと、フローチャートのどの部分が対応しているか理解が進むことでしょう。

なお、**構文 5-2** と**構文 5-3** にある else {} の部分は、必須ではありませんので、不要であれば省略することができます。また**構文 5-3** にある else if の部分は、必要に応じて複数書くことができますが、すでに説明したとおり多用しないようにしましょう。

構文 5-2 if ~ else (「そうではない場合」)

```
if ( もし○○ならば ) {
  // ××をする
} else {
  // △△をする
}
```

構文 5-3 if ~ else if (「そうではなくもし△△ならば」)

```
if ( もし○○ならば ) {
  // ××をする
} else if ( そうではなくもし△△ならば ){
  // ☆☆をする
} else {
  // ◇◇をする
}
```

else と else if を使ってみよう

はじめに**構文 5-2** の「そうではない場合」を表す if 文の使用例を**リスト 5-3** に示します。

この例では、if 文の条件式に「年齢 (age) が 18 歳以上か？」を表す age >= 18 を指定しています。この式が true であれば、if 文の中身が実行されます。条件式が false であれば、else 文の中身が実行されます。変数 age の初期値は 16 なので、if 文の条件式が false になり、else 節の中身が実行されます。したがって、この例では「未成年です」と出力されます。

▼リスト 5-3　if else 文の使用例

```
const age: number = 16;
// number型の変数ageに16を代入

if (age >= 18) {          // もしageが18以上であれば
    console.log("成人です");
    // "成人です" をコンソールに出力
} else { // そうではない場合
    console.log("未成年です");
    // "未成年です" をコンソールに出力
}
```

続いて**構文 5-3** の「そうではなくもし△△ならば」を表す if 文の使用例を**リスト 5-4** に示します。

▼リスト 5-4　if ～ else if 文の使用例

```
const x = -10; // 変数 x を -10 で初期化

if (x > 0) {    // もし x が 0 より大きければ
    console.log("xは正の値です");
    // "xは正の値です" をコンソールに出力
```

次へ ↗

```
} else if (x < 0) {    // x が 0より大きくなく、0 より小さければ
    console.log("xは負の値です");
    // "xは負の値です" をコンソールに出力
} else { // 上記の条件にも当てはまらない場合
    console.log("xは0です");
    // "xは0です" をコンソールに出力
}
```

この例では、変数 x の値によって、条件分岐が行われます。

まず、if (x > 0) で、x の値が 0 より大きいと判断した場合、console.log("x は正の値です ") が実行されます。次に、else if (x < 0) で、x の値が 0 より小さいと判断した場合、console.log("x は負の値です ") が実行されます。最後に、どちらの条件も満たさない場合、つまり x が 0 の場合、else 以下の console.log("x は 0 です ") が実行されます。

変数 x は初期値として－ 10 が代入されていますので、この if 文を実行すると「x は負の値です」が出力されます。

COLUMN

null を判定する

第 2 章で null は何もないことを示すデータ型であることを説明しました。if 文を使用することで対象の変数が null かどうかを判定することができますので覚えておきましょう

```
if (変数 === null) {
  // 変数がnullの場合の処理
}
```

 複雑な条件式を表現しよう

if 文は、単一の条件式だけでなく、複数の条件式を組み合わせて、複雑な判断をすることもできます。例えば、「年齢が 25 歳以上」かつ「性別が男性」というような 2 つの条件式の組み合わせで判断をしたい場合は、すでに学習をした論理演算子を使用します。

 if 文と論理演算子を組み合わせよう

2 つ以上の条件は、すでに論理演算子で学習した「かつ」や「または」で結びつけることができます。

● if 文と && 演算子

はじめに、「かつ」を表現する && 演算子を使用する構文を覚えましょう（**構文 5-4**）。

構　文　5-4　if 文と && 演算子の組み合わせ

```
if (条件式 1 && 条件式 2) {
  // 条件式 1 と条件式 2 の両方が成立したときの処理をここに記載
}
```

&& 演算子による条件判断のイメージを**図 5-5** に示します。条件式 1 と条件式 2 が成立した場合は、ブロック {} の中を実行します。

▼図 5-5 && 演算子による条件判断

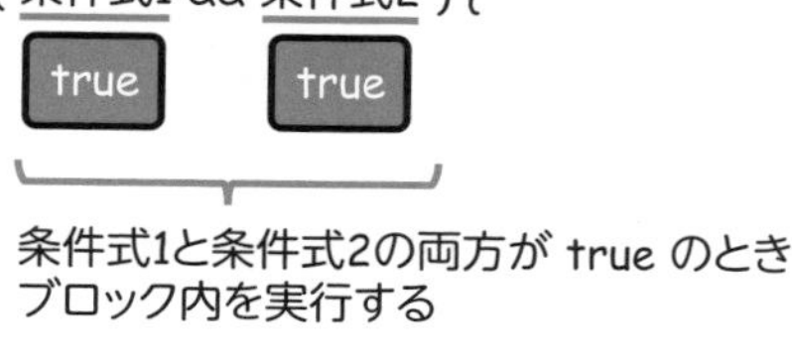

● if 文と || 演算子

次に、「または」を表現する || 演算子を使用する構文を覚えましょう（**構文 5-5**）。

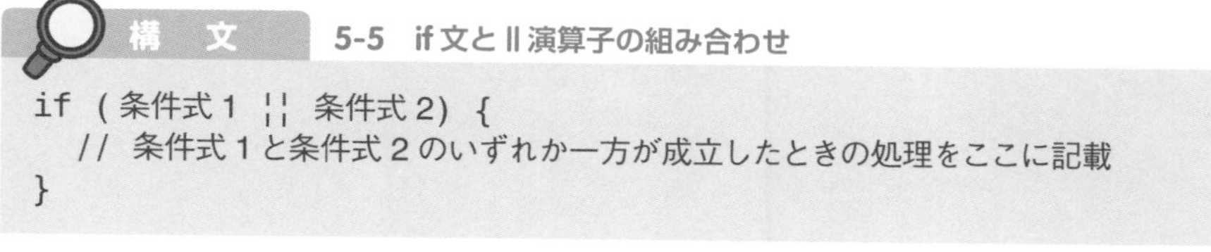
構文 5-5 if文と || 演算子の組み合わせ

```
if (条件式 1 || 条件式 2) {
    // 条件式 1 と条件式 2 のいずれか一方が成立したときの処理をここに記載
}
```

|| 演算子による条件判断のイメージを**図 5-6** に示します。条件式 1 と条件式 2 のいずれかが成立した場合は、ブロック {} の中を実行します。

▼図 5-6 || 演算子による条件判断

if (条件式1 || 条件式2) {

false　true

条件式1と条件式2のいずれかが true のとき
ブロック内を実行する

}

● if 文と ! 演算子

次に、条件式の結果を反転する ! 演算子を使用する構文を覚えましょう（**構**

文 5-6）。

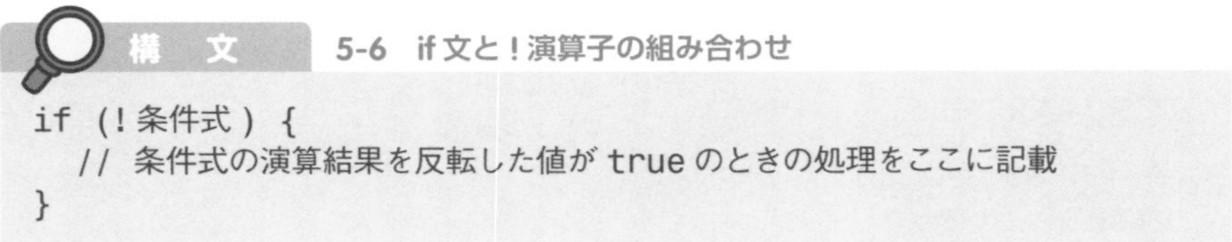

! 演算子による条件判断のイメージを**図 5-7** に示します。条件式の反転結果が true になる場合はブロック {} の中を実行します。

▼図 5-7　! 演算子による条件判断

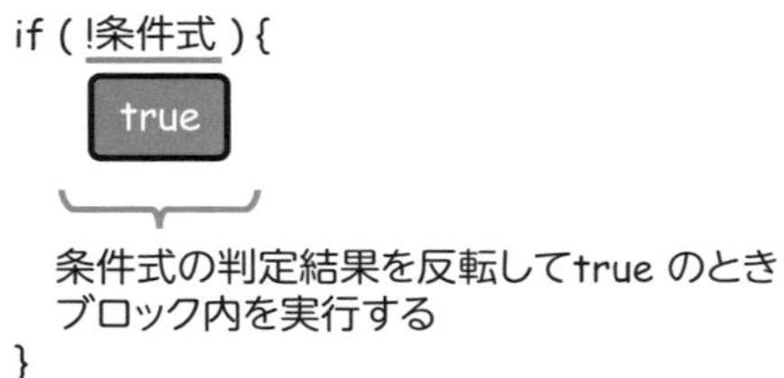

条件を論理演算する if 文を使ってみよう

リスト 5-5 に if 文と論理演算演算子を組み合わせて使用する例を示します。

▼リスト 5-5　if 文と論理演算子の組み合わせ例

```
const num1: number = 5;
const num2: number = 10;

if(num1 > 0 && num2 > 0){
  console.log("num1とnum2はどちらも正の数です。");
```

次へ

```
}

if(num1 <= 5 || num2 <= 5){
  console.log("num1またはnum2は5以下の数です。");
}

if(!(num1 === num2)){
  console.log("num1とnum2は等しくありません。");
}
```

この例では 3 つの if 文が含まれています。それぞれの if 文について説明します。

1 つ目の if 文は、num1 と num2 がどちらも正の数の場合に、"num1 と num2 はどちらも正の数です。" というメッセージをコンソールに出力します。 && 演算子は、両方の条件が true である場合に、全体の条件を true にします。つまり、num1 が 0 より大きく、かつ num2 が 0 より大きい場合に true となり、if 文の中の処理が実行されます。

2 つ目の if 文は num1 が 5 以下、または num2 が 5 以下の場合に、"num1 または num2 は 5 以下の数です。" というメッセージをコンソールに出力します。 || 演算子は、2 つの条件のうち、どちらか一方が true である場合に、全体の条件を true にします。つまり、num1 が 5 以下であるか、または num2 が 5 以下である場合に true となり、if 文の中の処理が実行されます。

3 つ目の if 文は num1 と num2 が等しくない場合に、"num1 と num2 は等しくありません。" というメッセージをコンソールに出力します。！演算子は、条件式の結果を反転させます。つまり、num1 と num2 が等しくない場合に true となり、if 文の中の処理が実行されます。

三項演算子ってなんだろう？

if 文をシンプルに書く方法として三項演算子があります。三項演算子は、if 文と同じように条件分岐を行うことができますが、より簡潔に記述することができます。

三項演算子は**構文 5-7** を使用します。

if(条件式) に相当するのが「条件式」の部分です。条件式の後ろには「?」を置き、「: (コロン)」の手前にある式 1 には条件式が成立した場合に実行する命令を書き、「式 2」には条件式が成立しなかった場合の命令文を書きます。

5-7　三項演算子

```
条件式 ? 式1 : 式2
```

if 文と三項演算子をイメージで対比したものを**図 5-8** に示します。

▼図 5-8 if 文と三項演算子の対比イメージ

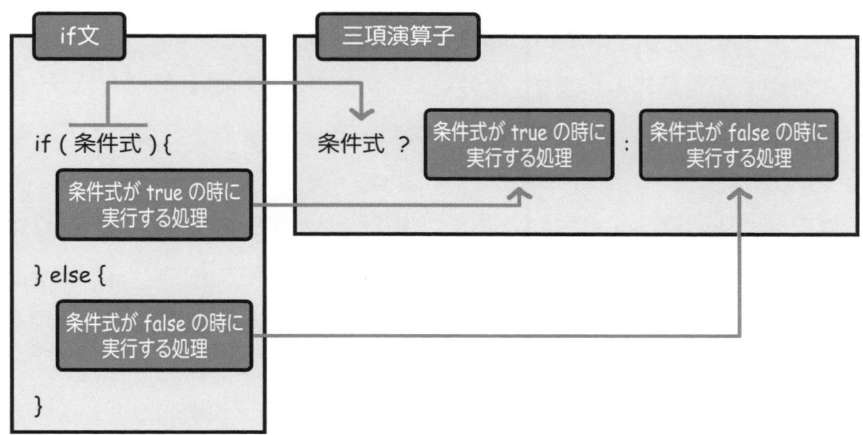

三項演算子を使ってみよう

三項演算子の使用例をリスト 5-6 に示します。

▼リスト 5-6 三項演算子の使用例

```
const x : number = 5;
let msg : string = "";

// if文の例
if (x > 10) {
  msg = "xは10より大きいです";
} else {
  msg = "xは10以下です";
}
console.log(msg);

// 三項演算子の例
msg = x > 10 ? "xは10より大きいです" : "xは10以下です";
console.log(msg);
```

この例では、if文と三項演算子とで、同じ処理をさせています。条件式 x > 10　で変数xの値が大きいと判断された場合は、変数msgに「xは10より大きいです」を代入します。xの値が10以下と判断された場合は「xは10以下です」を変数msgに代入し、最後に変数msgの中身を出力しています。

変数xの初期値は5ですので、if文の例も三項演算子の例も「xは10以下です」を出力します。

この例のように、条件式で判断した後のtrueまたはfalseの場合の処理が短文であるほど、三項演算子を利用する価値が出てきます。

条件式で判断した後に実行させる命令が長かったり、複数行にわたったりするような場合はif文で書くようにしましょう。

三項演算子のネスト

ネストというテクニックを使用すれば、構文5-7で示した式1や式2には、さらに三項演算子を書けるということに気付くことでしょう。

例えば、次の例はgrade変数が90以上なら優秀、70以上なら良好、それ以外は普通という文字列をresultに代入します。

```
const grade = 75;
const result = grade >= 90  ? "優秀" : grade >= 70  ? "良好"
: "普通";
```

このコードをぱっと見ただけで理解できればよいのですが、簡単ではありませんね。

三項演算子はシンプルに短く書けるのがメリットですが、このように可読性が下がる場合はif文への置き換えを検討しましょう。

switch 文ってなんだろう？

switch 文とは、ある変数の値に応じて、複数の分岐の中から一つを選択して処理を行う制御構文です。if 文と同様に条件分岐を行いますが、分岐の数が多い場合に if 文よりも分かりやすく、効率的にコードを書くことができます。

switch 文におけるフローチャートを図 5-9 に示します。

▼図 5-9　switch 文のフローチャート

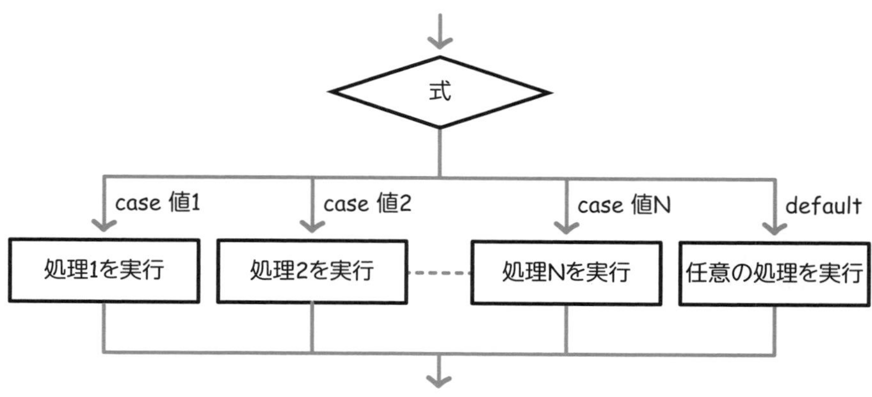

switch 文はひし形に書かれた「式」と case の後ろに書かれた値 1 ～値 N までを順番に比較して、一致した箇所の処理を実行します。case はいくつ

でも置くことができるため、最後の値をcase 値Nと書いています。また、どのcaseの値とも一致しなかった場合は**default**に記載されている処理を実行します。

switch文の構文を理解しよう

switch文は**構文5-8**を使用します。

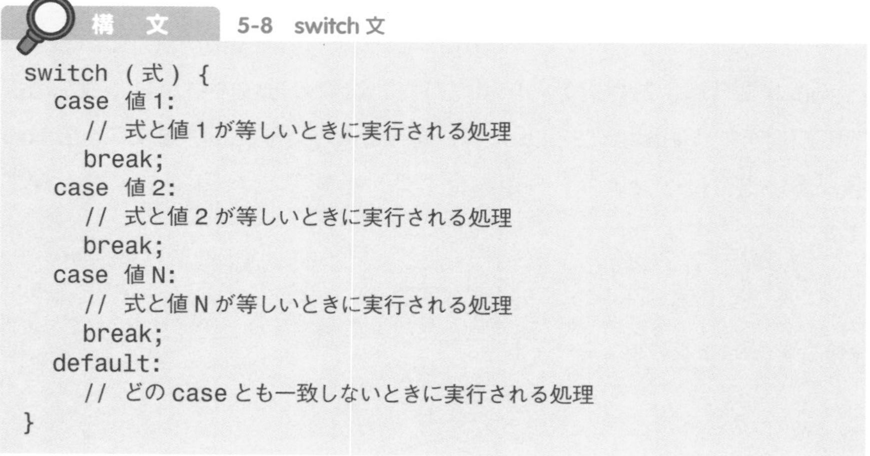

構文 5-8 switch文

```
switch (式) {
  case 値1:
    // 式と値1が等しいときに実行される処理
    break;
  case 値2:
    // 式と値2が等しいときに実行される処理
    break;
  case 値N:
    // 式と値Nが等しいときに実行される処理
    break;
  default:
    // どのcaseとも一致しないときに実行される処理
}
```

switch文は、まず式を評価し、その結果とcase節に指定された値とを比較します。一致する値が見つかったら、そのcase節に関連付けられた処理を実行します。もし一致する値が見つからなかったら、default節を探します。default節があれば、その処理を実行します。default節は省略することができますので、必要ない場合は書かなくても構いません。

また、case節にはbreak文を付けることが一般的です。break文は、switch文から抜け出すために必要です。もしbreak文がなければ、プログラムの実行は次のcase節に続きます。

ちなみに「case 値1:」や「default:」の末尾にある記号は半角の「:（コロン）」

です。1行の終わりを示す「; (セミコロン)」ではありませんので注意してください。

switch 文を使ってみよう

リスト 5-7 に switch 文の使用例を示します。

▼リスト 5-7　switch 文の例

```
const mon: number = 11;
let days: number = 0;

switch(mon) {
    case 1:
        days = 31;
        break;
    case 2:
        days = 28;
        break;
    case 3:
        days = 31;
        break;
    case 4:
        days = 30;
        break;
    case 5:
        days = 31;
        break;
    case 6:
        days = 30;
        break;
    case 7:
        days = 31;
        break;
    case 8:
        days = 31;
        break;
```

次へ

```
    case 9:
        days = 30;
        break;
    case 10:
        days = 31;
        break;
    case 11:
        days = 30;
        break;
    case 12:
        days = 31;
        break;
    default:
        days = 0;
        break;
}
console.log(`${mon}月は${days}日あります。`);
```

この例では、指定した月が何日あるのかを表示するプログラムです。変数 mon（月を表す変数）には初期値として 11 が代入されています。switch 文ではこの mon の値 11 と case のそれぞれの値を比較して、合致した箇所（つまり case 11:）の文を実行しますので、変数 days には 30 が代入されます。braek 文に到達した後 switch 文を抜けて「11 月は 30 日あります。」が出力されます。イメージにすると**図 5-10** のようになります。

▼図 5-10　リスト 5-7 の実行イメージ

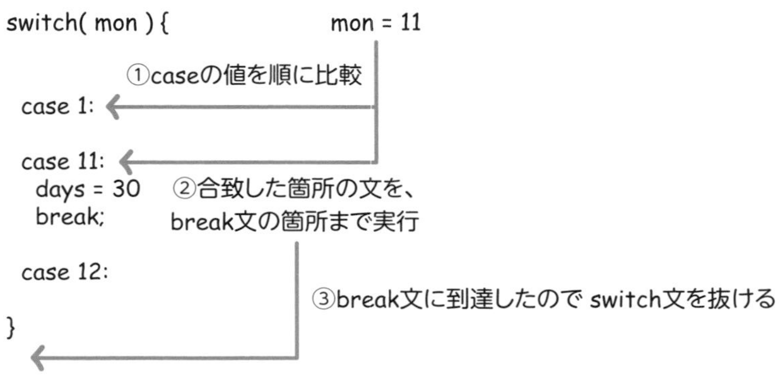

switch(mon) {
mon = 11
①caseの値を順に比較
case 1:
case 11:
days = 30
break;
②合致した箇所の文を、
break文の箇所まで実行
case 12:
③break文に到達したので switch文を抜ける
}

リスト 5-7 の例は、同じ日数の月があるにも関わらず、月ごとに処理を書いていますので冗長に見えますね。すでに説明したとおり、case 節は break 文がなければ次の case 節に続きます。このことを利用すれば、同一の日数を持つ月の case 節をまとめることができます。このような case 節をまとめる書き方のことをフォールスルーと呼びます。

リスト 5-7 をフォールスルーを使用して書き換えた例を**リスト 5-8** に示します。

1 月、3 月、5 月、7 月、8 月、10 月、12 月は 31 日ありますので 1 つにまとめています。また、30 日ある 4 月、6 月、9 月、11 月でひとまとめに、28 日しかない 2 月だけでまとめています。

フォールスルーをうまく活用すれば、冗長なコードもすっきりとしたコードになりますし、見通しがよくなった分、バグも生まれにくいコードになります。

▼リスト 5-8　フォールスルーを使用して書き換えた switch 文の例

```
const mon: number = 11;
let days: number = 0;

switch(mon) {
    case 1: case 3: case 5: case 7: case 8: case 10: case 12:
        days = 31;
        break;
    case 2:
        days = 28;
        break;
    case 4: case 6: case 9: case 11:
        days = 30;
        break;
    default:
        days = 0;
        break;
}
console.log(`${mon}月は${days}日です。`);
```

章末復習問題

復習問題 5-1　if 文と三項演算子

変数 num が 10 以上なら「OK」と表示し、そうでなければ「NG」と表示するコードを if 文と三項演算子で書いてください。変数 num は任意の値で初期化してください。

復習問題 5-2　if 文と switch 文

変数 color が "red" なら「赤」と表示し、"blue" なら「青」と表示し、それ以外なら「その他」と表示するコードを if 文と switch 文で書いてください。

復習問題 5-3　if 文

変数 score が 80 以上なら「優」と表示し、60 以上なら「良」と表示し、40 以上なら「可」と表示し、それ以外なら「不可」と表示するコードを if 文で書いてください。

復習問題 5-4　if 文と switch 分

変数 animal が "dog" なら「犬」と表示し、"cat" なら「猫」と表示し、"bird" なら「鳥」と表示し、それ以外なら「該当なし」と表示するコードを switch 文で書いてください。

6章

繰り返し処理

繰り返し処理とは、同じ処理を複数回繰り返すことを指します。例えば、配列の要素を順番に表示したり、カウンターを使って指定された回数分処理を実行したり、条件によって繰り返しを終了したりすることができます。TypeScriptでは、繰り返し処理を行うために、for文やwhile文、do-while文などの構文が用意されています。また、配列のような複数の値が格納されているデータに対しては、for-of文を使って繰り返し処理をすることができます。本章では、これらの様々な方法について、具体的なコード例とともに学習をしていきます。

繰り返し処理ってなんだろう？

繰り返し処理とは、同じ処理を繰り返し実行することです。

例えば、「1から10までの数字を1つずつ出力する」という処理を考えてみましょう。この場合、1から10までの数字を順番に出力する処理を10回行う必要があります。しかし、1から10までの数字を全て出力するために、10回も処理を書くのはとても面倒ですね。

これまでに学習した知識を使用してプログラムを書くならば、**リスト6-1**のように1行1行コードを書く必要があります。

▼リスト6-1　1～10までを表示するプログラム

```
console.log(1);
console.log(2);
console.log(3);
console.log(4);
console.log(5);
console.log(6);
console.log(7);
console.log(8);
console.log(9);
console.log(10);
```

繰り返し処理を使用することで、同じ作業を簡単に繰り返すことができます。具体的には、同じ作業を事前に定義し、それを繰り返し実行するための構文を使用します。

例えば、**リスト 6-2** のように for 文という繰り返し構文を使って、1 から 10 までの数字を 1 つずつ出力することができます。これにより、以前に 10 行も書いていたコードを 3 行に短縮できます。for 文については後で詳しく説明します。

▼リスト 6-2　繰り返し構文を使用する例

```
for (let i = 1; i <= 10; i++) {
  console.log(i);
}
```

繰り返し処理をイメージ化すると**図 6-1** のようになります。

このイメージでは数字を出力するという処理を 1 つ書いておき、10 回繰り返して実行することを表しています。10 回が 100 回や 1000 回になったとしても、「数字を出力する」という処理は 1 つ書いておくだけで済みます。

▼図 6-1　繰り返し処理のイメージ

while 文ってなんだろう？

while 文は、ある条件が成立している間、同じ処理を繰り返すプログラムの書き方です。

例えば、「論文を最後のページになるまで 1 ページずつ読む」という処理を行う場合は、while 文を使って次のように表現することができます。

①まだ読むページが残っているか（読み終わっている場合は処理を終了する）
② 1 ページ読む
③ページをめくる
④最初の処理に戻る

イメージにすると、図 6-2 のようになります。

▼図 6-2　while 文のイメージ

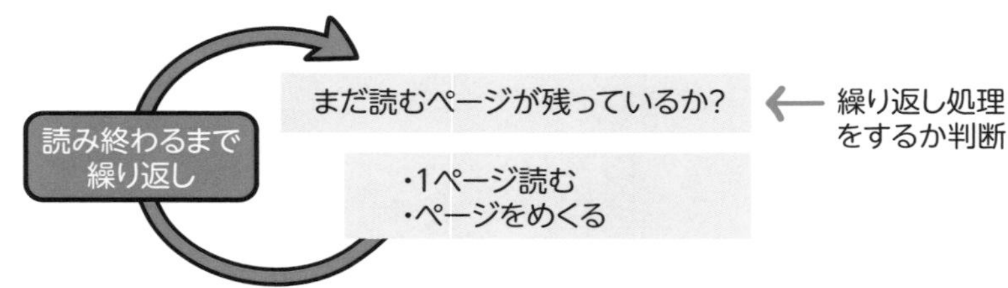

while 文の構文を覚えよう

while 文は**構文 6-1** を使用します。

構文 6-1 while 文

```
while ( 条件式 ) {
  // ここに繰り返し実行したい処理を記述
}
```

while 文は、条件式が成立している間、繰り返し処理を行います。

最初に while の後ろにある条件式が評価されます。この条件式の評価結果が true の間、ブロック {} 内の処理が実行されます。その後、先頭の while に戻って再び条件式が評価され、true を返す限り繰り返し処理が続きます。

条件式の評価結果が false になると while 文の繰り返し処理は終了します。また、条件式の評価結果がいつまでも false にならない場合は、繰り返し処理が永遠に続く無限ループになるので注意が必要です。

while 文を使ってみよう

リスト 6-3 に while 文の使用例を示します。

▼**リスト 6-3 while 文の使用例**

```
let currentPage = 1;         // 現在読んでいるページの番号
const totalPages = 10;       // 全体のページ数

while (currentPage <= totalPages) {
  console.log(`現在${currentPage}ページを読んでいます。`);
  currentPage++;
  // ページをめくる (現在のページ番号を1つ増やす)
```

次へ

```
}
console.log('全ページを読み終えました。');
```

この例は、冒頭で説明した、論文を10ページ読む例をコード化したものです。1ページ読むごとに、ページ数をカウントし、10ページ読み終わったら処理が終わるというものです。

リスト6-3の繰り返し処理で使用されている変数の値の遷移を**表6-1**に示します。

▼表6-1　リスト6-3の変数の値の遷移

変数 / 繰り返し回数	currentPage	totalPages	currentPage <= totalPages
1	1	10	true
2	2	10	true
3	3	10	true
4	4	10	true
5	5	10	true
6	6	10	true
7	7	10	true
8	8	10	true
9	9	10	true
10	10	10	true
11	11	10	false

初期値として、currentPageに1が代入され、totalPagesに10が代入されています。while文の条件式「currentPage <= totalPages」がtrueである限り、ループ処理が繰り返されます。1回目のループでは、currentPageが1であるため、現在のページ数を示す文章が表示され、currentPageの値が1増加します。

このように、ループ処理を繰り返すたびにcurrentPageの値が1増加し、最終的にcurrentPageの値がtotalPagesの値より大きくなると「currentPage <= totalPages」はfalseになり、ループ処理が終了します。

do-while文

Keyword ☑ do while

do-while 文って なんだろう？

「while 文」は、条件式が true の場合に繰り返し処理を実行し、false になるとループを抜けることを学習しました。一方、「do while 文」は、一度だけ処理を実行してから、条件式を評価し、true の場合に繰り返し処理を実行し、false になるとループを抜ける特徴があります。

つまり、「while 文」は条件式の評価結果が false の場合は一度も処理を実行しないことがありますが、「do while 文」は最低でも一度は処理を実行するという点で異なります。

例えば、「論文の 1 ページ目は必ず読み、残りのページがある場合は繰り返し読む」という処理を行う場合は、do-while 文を使って次のように表現することができます。

①１ページ読む
②ページをめくる
③まだ読むページがある場合は、先頭に戻る

イメージにすると**図 6-3** のようになります。

▼図 6-3　do-while 文のイメージ

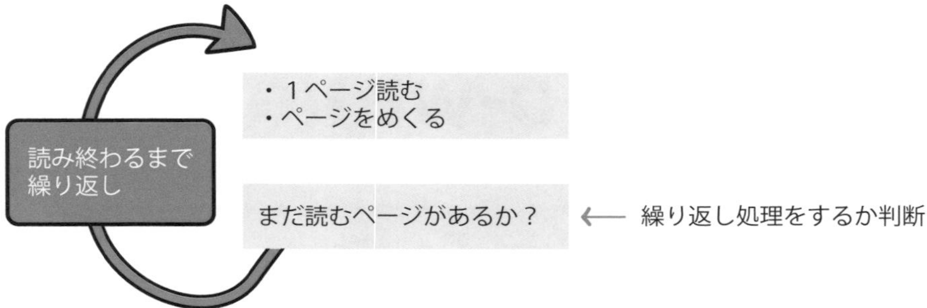

do-while 文の構文を覚えよう

do-while 文は**構文 6-2** を使用します。

構　文　6-2　do-while 文

```
do {
    // ここに繰り返し実行したい処理を記述
} while ( 条件式 ) {
```

do while 文は、「do」というキーワードで始め、最低でも 1 回は実行したいコードをブロック {} で囲みます。最後に while の条件式が評価されます。条件式の評価結果が true の場合は、再び do に戻ってブロック {} を実行します。条件式の評価結果が false になった場合は、do-while ループを抜けます。

while 文と同様に、繰り返し処理が永遠に続く無限ループになることもあるため、注意が必要です。

do-while 文を使ってみよう

リスト 6-4 に do-while 文の使用例を示します。

▼リスト 6-4 do-while 文の使用例

```
let currentPage = 1;    // 現在読んでいるページの番号
const totalPages = 10; // 全体のページ数

do {
    console.log(`${currentPage}/${totalPages} ページ読みました`);
    currentPage++;
} while (currentPage <= totalPages);
console.log("完了!");
```

論文は全 10 ページあり、はじめに 1 ページ目を読んでから、残りのページが 10 ページ以下であれば、繰り返し読み進めるというものです。**リスト 6-4** の各変数の値の遷移を**表 6-2** に示します。

▼表 6-2 リスト 6-4 の変数の値の遷移

変数 / 繰り返し回数	メッセージ出力時の currentPage	メッセージ出力後の currentPage	totalPages	currentPage <= totalPages
1	1	2	10	true
2	2	3	10	true
3	3	4	10	true
4	4	5	10	true
5	5	6	10	true
6	6	7	10	true
7	7	8	10	true
8	8	9	10	true
9	9	10	10	true
10	10	11	10	false

初期値として currentPage に 1 が代入されている状態から始まり、do-while 文で currentPage が totalPages 以下の場合に繰り返し処理が行われます。繰返し回数が 10 のときに「currentPage <= totalPages」は false になり、ループ処理が終了し「完了!」というメッセージが表示されます。

for 文ってなんだろう？

for 文は、指定された回数分、任意の処理を繰り返し実行する場面で利用されます。

例えば、5 人分の国語の点数の合計を計算して、最後に平均点を出力するプログラムを作成する場合は、for 文を使って次のように表現することができます。③～⑤が for 文の処理に相当します。for 文のイメージを図 6-4 に示します。

① 合計を代入する変数を宣言する
② 5 人の国語の点数を配列に代入する
③ 繰り返し回数が 5 人分に達していなければ、次の処理を繰り返す
④ N 人目の点数を合計の変数に加算代入する
⑤ ③に戻って次の処理をする
⑥ 平均点を求めて出力する

▼図 6-4 for 文のイメージ

for 文の構文を覚えよう

for 文は**構文 6-3** を使用します。

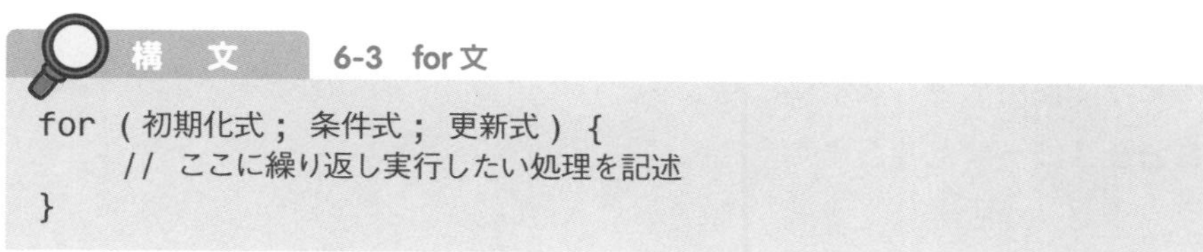
構文 6-3 for 文

```
for ( 初期化式 ; 条件式 ; 更新式 ) {
    // ここに繰り返し実行したい処理を記述
}
```

for 文は、初期化式、条件式、更新式、そして繰り返し実行したい処理を記述したブロック{}から構成されています。**リスト 6-5** と**図 6-5** を参照しながら理解を深めましょう

▼リスト 6-5 for 文のシンプルな例

```
for (let i = 0; i < 10; i++) {
  // 処理
}
```

▼図 6-5　初期化式、条件式、更新式の実行タイミング

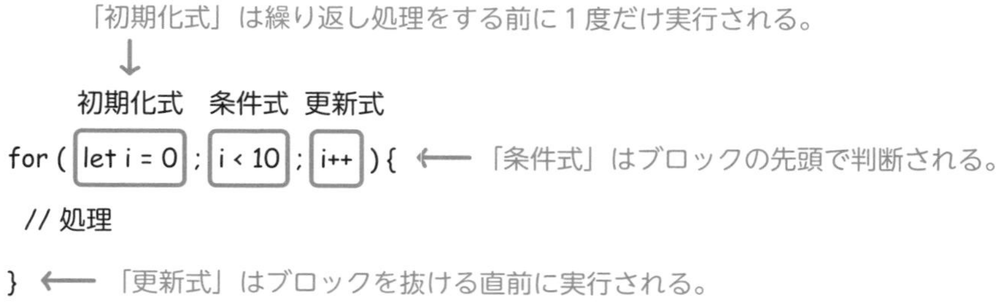

「初期化式」は繰り返し処理をする前に１度だけ実行される。

初期化式　条件式　更新式

```
for ( let i = 0 ; i < 10 ; i++ ){  ←― 「条件式」はブロックの先頭で判断される。
  // 処理
}  ←― 「更新式」はブロックを抜ける直前に実行される。
```

● 初期化式

for 文の最初に 1 回だけ実行される式です。この式は、何回繰り返したのかの回数を記憶する変数を宣言し、初期値を設定します。この例では変数 i を宣言し、さらに 0 で初期化していますので、繰返し回数は「0 回目」から数え始めることになります。初期化式で宣言した変数は for 文のブロックの中だけで使用できる変数になります。このように、変数が使用可能な範囲のことをスコープと呼びます。

● 条件式

繰り返しを継続するかどうかを判断するための式です。条件式は true または false を返す式を指定し、for 文のブロックに突入するときに評価されます。条件式が true である間は、繰り返し処理が続行されます。この例では、変数 i が 10 未満である場合に繰り返し処理を継続します。条件式が false の場合は、繰り返し処理をせずにブロック {} の外側に移動して、後続の処理を継続します。

● 更新式

繰り返し処理の最後（ブロック {} を抜ける直前）に実行される式で、変数の値を更新することができます。一般的に、変数をインクリメントまたはデクリメントします。この例では「i++」と書いていますので、ブロックを抜

ける直前で、変数iを1つインクリメントしています。

for 文を使ってみよう

リスト 6-6 に for 文の使用例を示します。

▼リスト 6-6　for 文の使用例

```
 // 5人の国語の点数を配列に格納
const kokugo = [80, 65, 90, 75, 85];

let sum = 0;                              // 合計点記憶用の変数
for (let i = 0; i < 5; i++) {             // 5回ループ
    sum += kokugo[i];                     // 合計値に加算
}

const average = sum / 5;                  // 平均値を計算

console.log(`5人の国語の合計点数は${sum}点で、平均点数は
${average}点です。`);
```

このプログラムは、5人分の国語の点数を配列に格納し、for 文を使って合計点数を計算し、最後に合計点数と平均点数を出力するプログラムです。

リスト 6-6 の繰り返し処理で使用されている変数の値の遷移を**表 6-3** に示します。

▼表 6-3　リスト 6-6 の変数の値の遷移

変数 繰返し回数	i	kokugo[i]	sum
1	0	80	80
2	1	65	145
3	2	90	235
4	3	75	310
5	4	85	395

変数kokugoには5人の国語の点数が配列として格納されています。また、合計点は変数sumに記憶するものとします。

for文の初期化式は「let i = 0」ですので、変数iで繰返し回数をカウントするということがわかります。条件式は「i < 5」ですのでカウント値が5未満の間、繰り返し処理を行います。更新式は「i++」ですので、1ずつカウントアップすることがわかりますね。よって、変数iは0, 1, 2, 3, 4と変化し、全部で5回繰り返し処理が行われます。

1回目のループでは、iに0が代入され、kokugo[0]の値である80がsumに加算されます。

2回目のループでは、iに1が代入され、kokugo[1]の値である65がsumに加算されて145になります。ここで、加算代入演算子「+=」を使用していることに注意してください。加算代入演算子は、元の値に指定した値を加算するという機能がありますので、順番に値が加算されていくというわけです。

同様に、3回目、4回目、5回目のループでも、kokugo配列から順番に値を取り出して、それぞれsumに加算していきます。

5回目のループが終わると、for文の先頭に戻るのですが、変数iの値が5になるため、条件式「i < 5」がfalseになり、for文を抜けます。

最後に、合計点が入ったsumを5で割って平均点を求め、変数averageに代入します。

sumの最終値は395点なので平均点は79点となり、「5人の国語の合計点数は395点で、平均点数は79点です。」を出力します。

for-of文

Keyword　for-of　反復可能オブジェクト

for-of 文ってなんだろう？

for-of 文は、配列や文字列などの反復可能オブジェクトの各要素を取り出すための繰り返し処理です。for 文は決められた回数分繰り返し処理を行うのに対し、for-of 文は要素数分だけ繰り返し処理を行うという点で異なります（図 6-6）。

▼図 6-6　for-of による要素取得イメージ

配列は先頭から最後の要素まで
全要素を取得し終わるまでループする

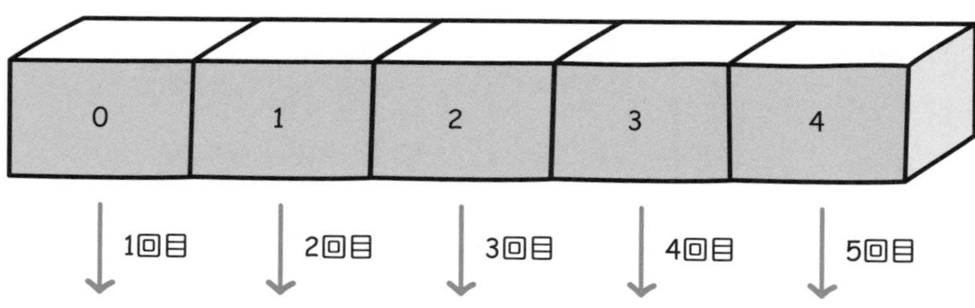

文字列は1文字ずつ順に
全文字を取得し終わるまでループする

「反復可能オブジェクト」とは、繰り返し処理を行うことができるオブジェクトのことを指します。

例えば、配列は反復可能オブジェクトの 1 つです。配列の中に複数の要素があり、それぞれに順番があるため、for-of 文などを使って 1 つ 1 つの要素に順番にアクセスすることができます。また、文字列も反復可能オブジェクトの 1 つです。文字列の中には、文字が 1 つ 1 つに順番に並んでいますので、for-of 文を使って 1 文字ずつアクセスすることができます。

繰り返し処理が必要な場面では、反復可能オブジェクトが使われることが多くあります。TypeScript や JavaScript などのプログラミング言語では重要な概念ですので覚えておきましょう。

for-of 文の構文を覚えよう

for-of 文は**構文 6-4** を使用します。

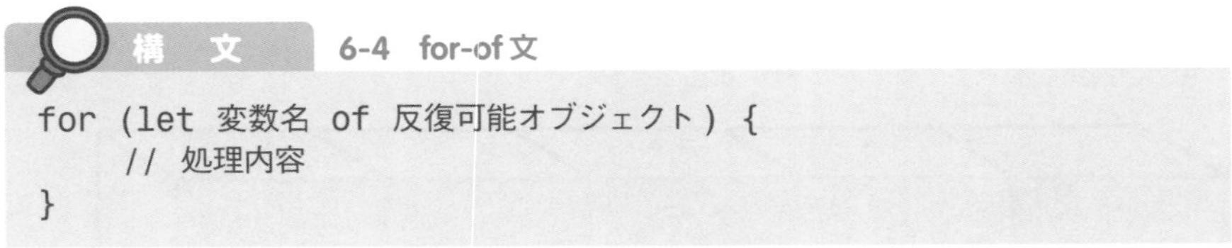

構文　6-4　for-of文

```
for (let 変数名 of 反復可能オブジェクト) {
    // 処理内容
}
```

すでに説明をしたとおり、反復可能オブジェクトとは、1 つ 1 つ順番にアクセスが可能な配列や文字列などを指します。繰り返し処理を 1 回行うごとに、反復可能オブジェクトから 1 つの要素を取得して、指定した変数に代入しながら処理を実行します

for-of 文を使ってみよう

リスト 6-7 に for-of 文の使用例を示します。

▼リスト 6-7　数値配列の要素をすべて取得して合計を求める例

```
// 5人の国語の点数を配列に格納
const kokugo = [80, 65, 90, 75, 85];
let sum = 0;

for (const num of kokugo) {
    sum += num;
}

const average = sum / 5; // 平均値を計算
console.log(`5人の国語の合計点数は${sum}点で、平均点数は${average}点です。`);
```

このプログラムは**リスト 6-6** で示した for 文の例を、for-of 文で書き換えたものです。5 人分の国語の点数の合計点数を計算し、最後に合計点数と平均点数を出力します。

リスト 6-7 で使用されている変数の値の遷移を**表 6-4** に示します。

▼表 6-4　リスト 6-7 の変数の値の遷移

変数 繰返し回数	num	sum
1	80	80
2	65	145
3	90	235
4	75	310
5	85	395

5 人の国語の点数が配列 kokugo に格納されています。for-of 文を用いることで、配列の要素を先頭から 1 つずつ取り出して、sum に加算しています。

配列 kokugo から取り出された要素は num という変数に格納されます。

また、sum は処理が繰り返されるごとに num の値が加算されていきます。何回繰り返すかは、反復オブジェクトが持つ要素の数で決まります。この例では kokugo の要素数分、つまり 5 回繰り返し処理を行います。

最終的に点数の合計は変数 sum に記憶され、sum を人数で割って平均点を計算しています。最後に、合計点数と平均点数を出力しています。

動作イメージを図 6-7 に示します。

▼図 6-7　リスト 6-7 の繰り返し処理の実行イメージ

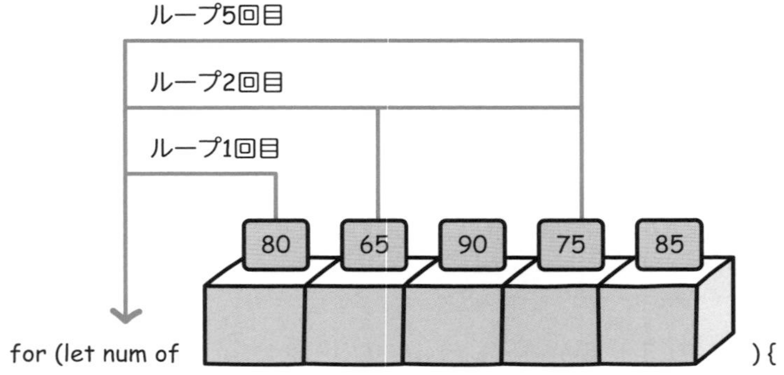

繰り返し処理の終了と継続

Keyword　break　continue

繰り返し処理の終了と継続ってなんだろう？

繰り返し処理の中断と継続は、繰り返し処理中に処理を中断したり、処理をスキップして繰り返し処理の先頭に戻ったりすることを指します。繰り返し処理の中で、ある条件を満たした場合に繰り返し処理を終了することで、処理の効率化ができます。また、条件によっては特定のループを中断し、先頭に戻って繰り返し処理を再開することで、不要な処理を省略できます。

繰り返し処理の終了と継続の構文を覚えよう

繰り返し処理に for 文や while 文を使用することはすでに学習したとおりです。この「繰り返し処理」の中で処理を終了したり、スキップしたりする場合には、break 文や continue 文を使用します。

break 文は繰り返し処理を終了するための文です。break 文が実行されると、その時点で処理を終了して、繰り返し処理の外に抜けます（**構文 6-5**）。

構文　6-5　break 文

```
繰り返し処理 {
  break;
}
```

continue文は繰り返し処理を途中で中断して、再び繰り返し処理の先頭に戻るための文です（**構文6-6**）。continue文が実行されると、その時点以降の処理をスキップし、繰り返し処理の先頭に戻ります。

構　文　6-6　continue文

```
繰り返し処理 {
  continue;
}
```

繰り返し処理の終了と継続を使ってみよう

繰り返し処理の終了と継続を使ってみましょう。まずはbreak文を使用して繰り返し処理を終了する例から見ていきましょう。

リスト6-8にbreak文の使用例を示します。

▼リスト6-8　break文の使用例

```
for (let i = 0; i < 5; i++) {
  console.log(i);
  if (i === 2) {
    break; // iが2になったらループ処理を終了する
  }
}
```

この例ではfor文を使用してiが0～5未満までの4回の繰り返し処理を行う例ですが、途中でbreak文を実行して繰り返し処理を終了します。

リスト6-8の繰り返し処理で使用されている変数の値の遷移を**表6-5**に示します。

▼表 6-5　リスト 6-8 の変数の値の遷移

繰り返し回数＼変数	i	break の実行
1	0	
2	1	
3	2	break
4		
5		

この繰り返し処理では、変数 i が 0 から始まり、繰り返しを行うたびに 1 ずつ増加していきます。ループ条件として i < 5 が設定されているため、i の値が 5 になると繰り返し処理を終了します。

繰り返し処理内に条件分岐があり、i の値が 2 になった場合には break 文が実行されて、繰り返し処理が終了します。よって、本来であれば 5 回の繰り返し処理をする for 文ですが、実際には 3 回繰り返し処理を行い、break 文に到達した以降の処理は行われません。

次に continue 文を使用して繰り返し処理を継続する例を見て見ましょう。**リスト 6-9** に continue 文の使用例を示します。

▼リスト 6-9　continue 文の使用例

```
for (let i = 0; i < 5; i++) {
  if (i === 2) {
    continue; // iが2の場合は処理をスキップする
  }
  console.log(i);
}
```

この例では for 文を使用して i が 0 ～ 5 未満までの 4 回の繰り返し処理を行う例ですが、途中で continue 文を実行して先頭に戻り、繰り返し処理を継続します。

リスト 6-9 のコード実行イメージを**表 6-6** に示します。

▼表 6-6　リスト 6-9 の変数の値の遷移

変数 繰り返し回数	i	continue の実行	console.log(i)
1	0		0
2	1		1
3	2	continue	
4	3		3
5	4		4

for 文の中で、i の値が 0 から始まり、1 ずつ増えていきます。ただし、i の値が 2 になると、continue により処理がスキップされ、次の繰り返し処理に進みます。そのため、i が 2 のときに console.log が実行されることはありません。その後は通常どおり、i が 1 ずつ増加していきます。

COLUMN

break 文と continue 文の利用シーン

break 文は、ループを強制的に終了させ、continue 文はループの次の繰り返しをスキップしますが、どのようなシーンで利用できるのでしょうか？

健康診断前の問診回答の例で考えてみましょう。質問は配列変数に記憶されており、繰り返し処理で順番に質問するものとします。例えば、「女性の場合は、以下の質問に回答してください」と質問された場合、男性であればこの質問をスキップすることができます。よって continue 文を使用して次の質問に移動します。

また、質問が「最後に先生に聞きたいことがあれば記入してください」の場合、特に質問がなければ処理を終了できます。そのため、break 文を使用して繰り返し処理を終了します。

この例以外にも、break 文と continue 文はさまざまなシーンで利用できます。上手に活用して効率的にアプリを作成しましょう。

多重ループ

Keyword ☑ 多重ループ

多重ループってなんだろう？

多重ループとは、繰り返し処理の中にさらに繰り返し処理を入れ、複雑な操作やデータ処理を行う方法です。

例えば、2次元配列の要素を取得する場合は、1つの繰り返し処理だけでは取得することはできません。すでに説明したとおり、2次元配列は横方向と縦方向にデータがある構造ですので、横方向の繰り返しと縦方向の繰り返しをすることで、データを取得することができます（図 6-8)。

▼図 6-8　2次元配列のデータ取得

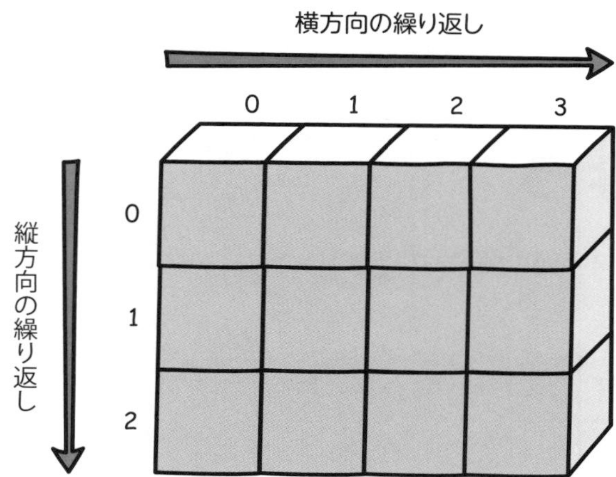

よって２次元配列の全てのデータを取り出したい場合は、２つの繰り返し処理を使用します。

多重ループの構文を覚えよう

多重ループは**構文 6-7** を使用します。

構　文　6-7　多重ループ

```
繰り返し処理 {
   繰り返し処理 {

   }
}
```

「多重ループ」は、構文に示したように複数の繰り返し処理をネスト（日本語では入れ子ともいいます）させることで実現します。「ネスト」とは、あるものの中にそれと同じ形や種類のものが入っている状態や構造のことを指します。例えば、ある for 文の中に別の for 文を入れ子にすることで、多重ループを実現することができます。

サンプルプログラムで確認しよう

リスト 6-10 に多重ループの使用例を示します。

▼リスト 6-10　多重ループの例

```
const array = [[1, 2, 3, 4], [5, 6, 7, 8], [9, 10, 11, 12]];

for (let i = 0; i <= 2 ; i++) {
```

次へ ↗

```
  for (let j = 0; j <= 3; j++) {
    console.log(array[i][j]);
  }
}
```

このコードで使用している２次元配列 array のイメージを**図 6-9** に示します。横方向はインデックスが０～３の４列、縦方向は０～２の３列で構成されている２次元配列です。

▼図 6-9　2 次元配列 array のイメージ

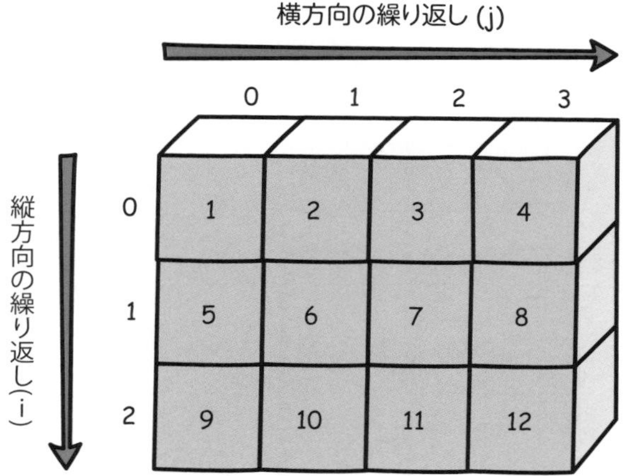

２次元配列 array の要素すべてを表示するには、縦方向の繰り返しと横方向の繰り返しの２重ループ構造にする必要があります。

array から 1,2,3,4,…10,11,12 のように、すべての要素を取り出して表示するには、はじめに１行目（インデックスが０の行）にアクセスしてから、１列目、２列目のようにアクセスし、次に２行目の１列目、２列目のようにアクセスする必要がありますね。ですので、２重ループの最初の繰り返し処理は、行方向にアクセスできるようにし、内側の繰り返し処理では列方向にアクセスできるようにします。

リスト 6-10 の変数の値の遷移を**表 6-7** に示します。

外側の for 文は縦方向の繰り返し処理です。i が 0 の状態で、内側の for 文処理に移動します。内側の for 文は列方向の繰り返し処理になっており、j が 0 から 3 になるまで繰り返し処理が行われます。ですので ,配列 array[0][0], array[0][1]、array[0][2]、array[0][3] を順に出力した後に、外側の for 文に戻ります。i の値は 1 になった状態で、内側の for 文に移りますので、今度は配列 array[1][0], array[1][1]、array[1][2]、array[1][3] を順に出力した後に、外側の for 文に戻ります。

同様にして最後の行になるまで処理が行われます。

このように、配列の次元数に合わせて多重ループを使用すると、すべての値にアクセスすることができます。

▼表 6-7　リスト 6-10 の変数の値の遷移

変数 繰り返し回数	i	j	console.log(array[i][j])
1	0	0	1
2	0	1	2
3	0	2	3
4	0	3	4
5	1	0	5
6	1	1	6
7	1	2	7
8	1	3	8
9	2	0	9
10	2	1	10
11	2	2	11
12	2	3	12

《章末復習問題》

復習問題 6-1　while 文

0 から 10 までの整数を順番に表示する while 文を書いてください。

復習問題 6-2　do-while 文

1 から 5 までの整数を順番に表示する do-while 文を書いてください。

復習問題 6-3　for 文

0 から 4 までの整数を順番に表示する for 文を書いてください。

復習問題 6-4　for-of 文

以下の配列を for-of 文を用いてすべての要素を console.log で表示してください。

```
const array = ['a', 'b', 'c', 'd', 'e'];
```

復習問題 6-5　break 文

1 から 10 までの数字を出力する for 文を作成し、数字が 5 になったら繰り返し処理を終了するプログラムを作成してください。このとき、break 文を使用してください。

復習問題 6-6　continue 文

1 から 10 までの数値をコンソールに出力するプログラムを作成してください。ただし、3 の倍数の場合は出力しないようにしてください。このとき continue 文を使用してください。

3 の倍数は「任意の値を 3 で割って余りが 0」になる数字です。例えば「9 % 3 === 0」は「9 ÷ 3 は余りが 0 か」ということを表していますね。これを応用して条件式を作成してください。

7章

関数

「関数」とは、一連のコードをまとめて処理するための便利な仕組みです。同じような処理が何度も必要な場合、関数を使ってその処理をまとめることができ、コードの再利用が可能になります。この章では、関数の作成方法と使用方法を学び、プログラムをより効率的に作成する方法を学習します。

関数ってなんだろう？

「関数」とは、「一連のコードをまとめて処理するための便利な仕組み」と説明しましたが、関数を作成するには、この「一連のコード」に名前を付けて定義をする必要があります。これを関数の定義といいます。関数の定義を行うには**構文 7-1** を使用します。

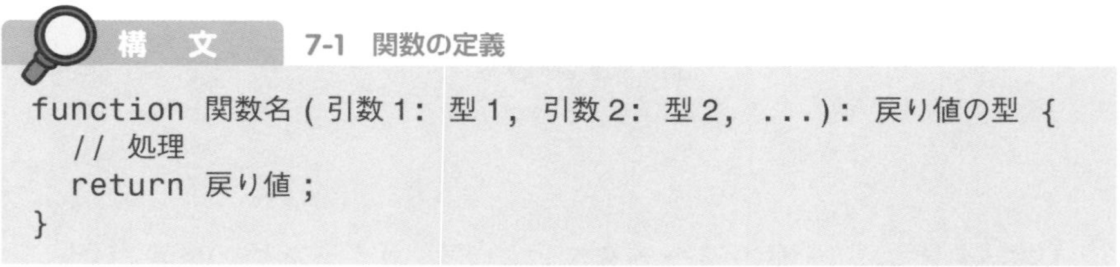

構　文　7-1　関数の定義

```
function 関数名(引数1: 型1, 引数2: 型2, ...): 戻り値の型 {
  // 処理
  return 戻り値;
}
```

関数を定義するには、キーワード function を使用し、任意の関数名を付けます。また、関数本体（ひとまとめにしたい処理）を {} で囲みます。

まずは、シンプルな関数の作り方から学んでいきましょう。引数、戻り値の型、戻り値については後述します。

関数を作ってみよう

リスト 7-1 は、三角形の面積を求めて表示する関数の定義例です。

function キーワードの後ろに getTriArea という名前を書いて関数を定義しています。関数名の後ろには () が必要ですので忘れずに書いてください（**構文 7-1** の「戻り値の型」の箇所に書いてある「:void」については「**7-03 戻り値のある関数の作成**」で説明します）。また、関数の処理はブロック {} の内側に書いています。

三角形の面積を求める公式は「底辺×高さ÷ 2」です。これに合わせて、面積は area、底辺は base、高さは height という変数を宣言しています。

次に、三角形の面積を計算して変数 area に代入し、最後に console.log を使用して、求めた面積を表示しています。

▼リスト 7-1　三角形の面積を求めて表示する関数の定義

```
function getTriArea() : void {
    let area : number = 0;      // 面積
    let base : number = 4;      // 底辺
    let height : number = 3;    // 高さ

    // 三角形の面積を求める
    area = base * height / 2;
    // 求めた面積を表示する
    console.log(`面積は${area}です。`);
}

// リスト7-2の記述場所
```


以上で関数の定義ができました。しかし、このままでは関数は実行されません。

関数を実行するには、関数を使用したい場面で、**リスト 7-2** のように「関数名 ();」のように書いて呼び出します。**リスト 7-2** に示したコードは、リスト 7-1 の最後に追記してください。

関数の呼び出しは、関数の定義よりも後ろに書きます。

▼リスト 7-2 関数の呼び出し

```
getTriArea();
```

リスト 7-2 を実行すると以下のように「面積は 6 です」と表示されます。

```
面積は6です。
```

リスト 7-1 とリスト 7-2 の実行時のイメージを図 7-1 に示します。

すでに説明したように、プログラムは上から順番に 1 行ずつ読み込みながら実行をします。しかし、関数の定義は、呼び出されて初めて実行対象となるので、はじめに実行されるのは①の getTriArea(); になります。getTriArea が呼び出されると、関数の定義部分②に移動して一行ずつ実行します。関数内の処理をすべて実行した後は、③の位置（関数の呼び出しの次の行）に移動します。

▼図 7-1 リスト 7-1 とリスト 7-2 の実行イメージ

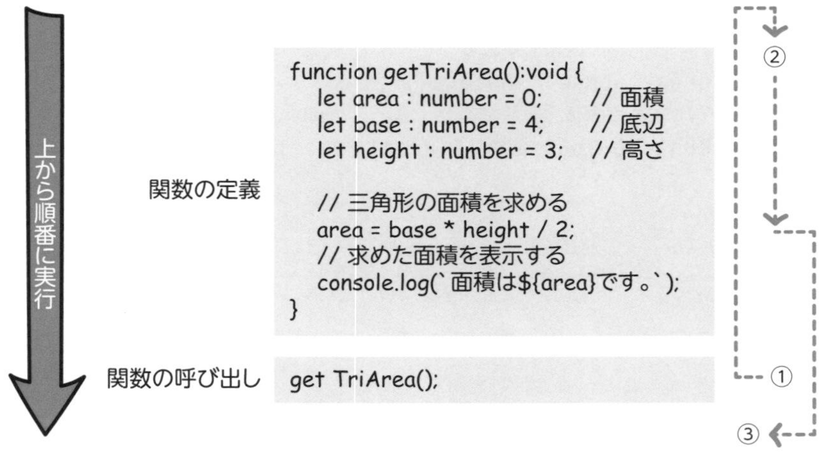

引数のある関数の作成

Keyword 引数 引数リスト デフォルト引数 可変長引数

引数ってなんだろう？

先ほど作成した**リスト 7-1** の getTriArea 関数は、何回実行しても同じ答えしか出しません。しかし、底辺や高さを変えることができるようにすれば、いろんな三角形の面積を求めることができる関数になりますね。

そこで使用するのが引数（ひきすう）です。引数とは関数に渡す数字や文字といった値のことです。引数は**構文 7-2** を使用し、関数名の後ろの () の中に書きます。複数指定する場合はカンマ (,) で区切ります。

構文　7-2　引数

```
引数1: データ型1, 引数2: データ型2, 引数3: データ型3,…
```

引数 1、引数 2、引数 3 は関数が受け取る引数の名前を表します。データ型 1、データ型 2、データ型 3 は、引数 1、引数 2、引数 3 のデータ型を表します。引数の数に制限はありません。このような関数が受け取る引数の一覧のことを引数リストといいます。

引数のある関数を作成してみよう

それでは引数のある関数を作成してみましょう。

リスト 7-3 は getTriArea 関数に、base（底辺）と height（高さ）の 2 つの引数を渡せるようにした例です。底辺も高さも数値で受け取りたいので number 型にしています。

▼**リスト 7-3　引数を渡せるようにした getTriArea 関数**

```
function getTriArea(base : number, height : number) : void {
    let area : number = 0;        // 面積


    // 三角形の面積を求める
    area = base * height / 2;
    // 求めた面積を表示する
    console.log(`面積は${area}です。`);
}

// リスト7-4の記述場所
```

引数を持つ getTriArea 関数を作成したら、呼び出し処理を書いてみましょう。

この関数を呼び出すには、**リスト 7-4** のように関数名の後ろに () を書き、その中に引数に渡す値や変数を指定します。**リスト 7-4** は**リスト 7-3** の後ろに追記してください。

この例では、関数に渡す teihen（底辺）と takasa（高さ）を 4 と 3 で初期化した後に、関数を呼び出しています。引数を省略するとエラーになるので注意してください。

▼リスト 7-4　引数のある関数の呼び出し

```
let teihen : number = 4;      // 底辺4
let takasa : number = 3;      // 高さ3
getTriArea(teihen, takasa);
```

リスト 7-4 を実行すると以下のように「面積は 6 です」と表示されます。

```
面積は6です。
```

リスト 7-3 とリスト 7-4 の実行時のイメージを図 7-2 に示します。

プログラムは①②③の順で動作します。このとき①で getTriArea に渡した teihen の 4 と takasa の 3 は、関数本体の base と number にそれぞれコピーされます。関数内部では、引数で受け取った値で「base * height / 2」を計算して「面積は 6 です。」を表示し、③の位置（関数の呼び出しの次の行）に移動します。

▼図 7-2　リスト 7-3 とリスト 7-4 の実行イメージ

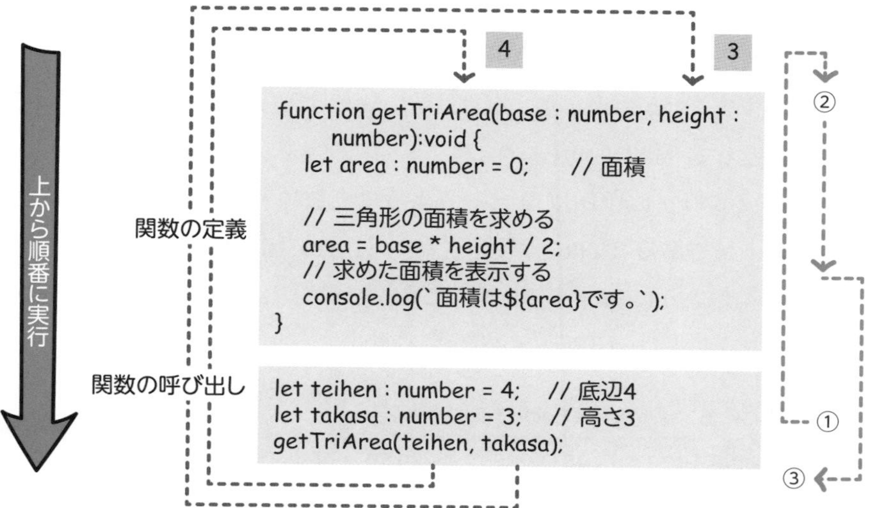

7
関数

デフォルト引数を使ってみよう

関数の引数には、あらかじめデフォルト値（初期値）を設定しておくことができます。このような引数のことをデフォルト引数といいます。デフォルト引数がある関数は、呼び出す際に引数を省略することができます。引数が省略された場合は、デフォルト値が使用されます。

デフォルト引数は**構文 7-3** を使用し、カンマで区切って複数指定することができます。

構文 7-3　デフォルト引数

```
引数 : データ型 = デフォルト値
```

リスト 7-5 にデフォルト引数を使用する例を、**図 7-3** に実行イメージを示します。①の greet 関数は、引数として name（名前）と greeting（挨拶）を受け取り、挨拶文を表示するためのものです。第一引数には必ず値（名前）を渡す必要がありますが、第二引数にはデフォルト値が与えられていますので、省略することができます。第二引数に値が与えられなかった場合、デフォルト値として "Hello" が使われます。

例えば、②の greet("HIRO") というように引数に名前だけを指定すると、デフォルト値である "Hello" が使用されて「Hello, HIRO!」が表示されます。一方で、③のように greet("HIRO", " こんにちは ") というように引数を指定すると、「こんにちは , HIRO!」が表示されます。

▼リスト 7-5　デフォルト引数を使用する例

```
function greet(name : string, greeting : string = "Hello"):void {
    console.log(`${greeting}, ${name}!`);
}
```

次へ

```
greet("HIRO");                  // 「Hello, HIRO!」を表示
greet("HIRO", "こんにちは"); // 「こんにちは, HIRO!」を表示
```

▼図 7-3 リスト 7-5 の実行イメージ

こんにちは

Hello

引数「greeting」に
デフォルト値
"Hello"が設定されている。

greeting

①関数の定義

```
function greet( name : string, greeting : string = "Hello" ):void {
    console.log(` ${greeting}, ${name}!` );
}
```

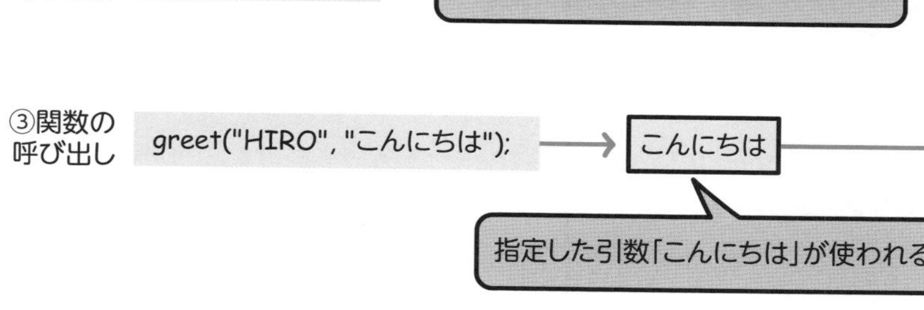

7
関数

可変長引数を使ってみよう

通常の関数は引数の数が決まっています。このほかに、実行時に必要な分だけ引数を渡すことができる可変長引数というものがあります。

可変長引数は**構文 7-4** を使用します。可変長引数は先頭にピリオド記号を3つ「...」書いて、その後ろに「引数 : データ型 []」を書きます。

構　文　7-4　可変長引数 []

```
...引数：データ型[]
```

可変長引数は、通常の引数と併用することができますが、引数リストの最後に置くというルールがあります。また、可変長引数は関数呼び出し時に自動的に配列が作成されます。

リスト 7-6 に可変長引数を使用する例を、**図 7-4** にその実行イメージを示します。

▼リスト 7-6　可変長引数を使用する例

```
function sum(...nums: number[]) : void {
    let total = 0;
    for (let num of nums) {
        total += num;
    }
    console.log(`合計は${total}です`);
}

sum(1, 2, 3, 4);      // 合計は10です
sum(5, 10);           // 合計は15です
```

▼図 7-4 リスト 7-6 の実行イメージ

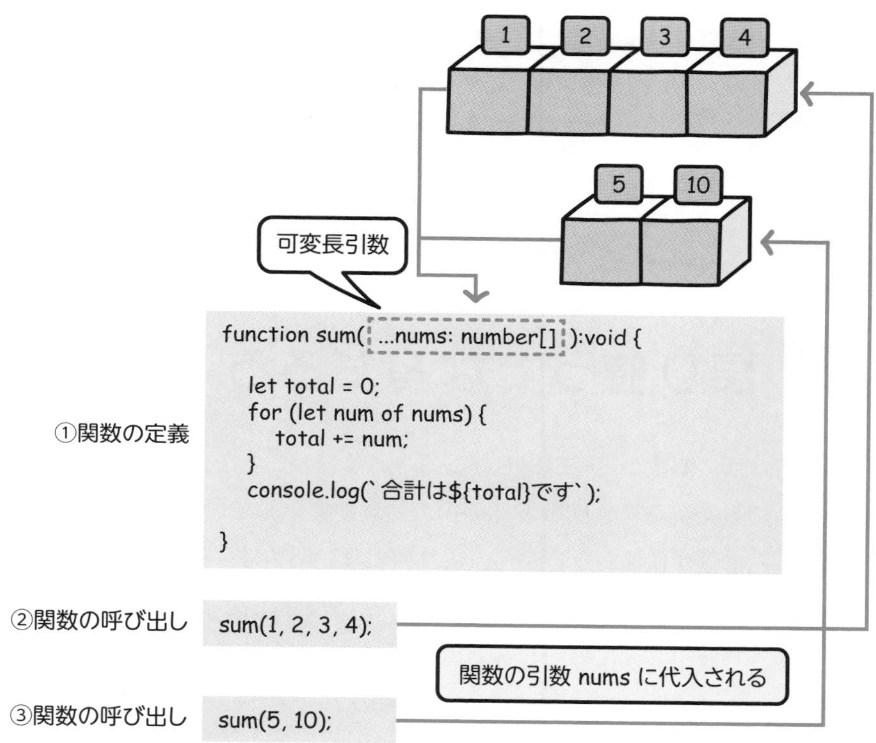

この例では、sum 関数（①）の引数に可変長引数として ...nums: number[] という構文が使用されています。これにより、引数の数が可変的になります。

関数内部では、for-of 構文を使って、可変長引数の各要素にアクセスし、合計値を計算しています。関数呼び出し（②）では、4 つの引数を渡していますので、関数 sum では 4 つの値が格納された nums 配列が作成されて処理が行われます。同様に関数呼び出し（③）では 2 つの引数を渡していますので、関数 sum では 2 つの値が格納された nums 配列が作成されて処理が行われます。

このように、可変長配列を使用すると、任意の数の引数を渡して、関数に処理をさせることができます。

戻り値のある関数の作成

Keyword ☑戻り値 ☑return

戻り値ってなんだろう？

戻り値とは、関数から呼び出し元に返される値のことを指します。これまで学習してきた関数は、関数本体の中で処理が完結していました。よって、呼び出し元に返す値はありません。戻り値のない関数は、**構文 7-1** の「戻り値の型」の部分に「void（ボイド）」という特別なデータ型を指定します。

一方で、呼び出し元に何かしらの値を返す必要がある場合は、**構文 7-1** の「戻り値の型」の部分に呼び出し元に返す値のデータ型を指定します。

呼び出し元に値を返すには、**構文 7-5** を使用します。return キーワードの後ろに書いた値が呼び出し元に返されます。

構　文　7-5　戻り値

```
return 呼び出し元に返す値;
```

ここでは**リスト 7-3** で作成した getArea 関数を修正して、計算で求めた三角形の面積を呼び出し元に返すようにしてみましょう。戻り値を返す getArea 関数を定義して使用する例を**リスト 7-7** に、実行時のイメージを**図 7-5** に示します。

▼リスト 7-7　戻り値のある関数の例

```
function getTriArea(base : number, height : number) : number {
    let area : number = 0;        // 面積

    // 三角形の面積を求める
    area = base * height / 2;
    // 求めた面積を呼び出し元に返す
    return area;
}

let menseki = getTriArea(4, 3);
console.log(`面積は${menseki}です。`);
```

▼図 7-5　リスト 7-7 の実行イメージ

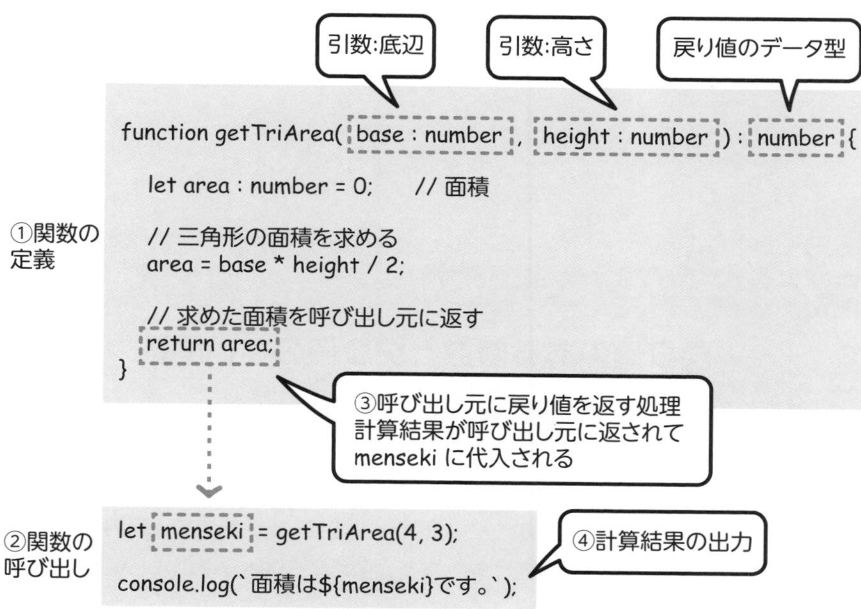

getTriArea 関数の定義（①）は、base（底辺）と height（高さ）の 2 つの引数受け取ります。戻り値にする面積の値は数値型ですので、引数の後ろに「:number」を記述しています。

関数の内部では、引数 base と height を使用して三角形の面積を計算して変数 area に代入しています。 最後に「return area;」とすることで、計算した面積を呼び出し元に返すようにしています。

関数の呼び出し部分（リストの 10 行目、図の②）を見てみましょう。

getTriArea の引数に 4 と 3 を渡すと、関数の内部で「4 ＊ 3 / 2」を計算して return 文で計算結果 area（中身は 6）を返します（③）。呼び出し元は、計算結果を変数 menseki に代入するように記述しています。最後に console.log() で計算結果を出力しています（④）。

COLUMN

戻り値のある関数と戻り値のない関数

関数には、戻り値のある関数と戻り値のない関数があります。

戻り値のない関数は、関数内部で処理を完結させたい場合に使用します。例えば、何かしらのメッセージを出力することだけを目的とするなら、戻り値のない関数を作成します。一方、何かしらの計算をさせて、その結果を汎用的に使用したい場合は戻り値のある関数を作成します。例えばリスト 7-7 のように計算結果を返すようにすれば、その値をメッセージ出力にも使用できますし、さらに別の計算にも使用することができますね。

このように、利用シーンに合わせて戻り値のある関数にするかどうかを決定するようにしましょう。

関数式とアロー関数

Keyword
- 関数式
- コールバック関数
- アロー関数
- 匿名関数
- 無名関数

関数式ってなんだろう？

関数を作成するもう 1 つの方法として関数式があります。関数式は、その名が表すとおり「式」ですので、変数に代入できるという特徴があります。

関数式を作成するには**構文 7-6** を使用します。関数式は、関数名がないことから匿名関数や無名関数ともいいます。function キーワードの後ろは、**構文 7-1** で示した関数の定義から関数名を除いた書式と同じです。

構文 7-6 関数式

```
変数 = function(引数リスト): 戻り値のデータ型 {
  // 処理
}
```

リスト 7-8 に関数式の例を、**図 7-6** に実行時のイメージを示します。

関数式（①）は、n という 1 つの引数を受け取り、その引数に 1 を加算して呼び出し元に返すという機能を持ちます。この関数式は、変数 increment に代入しています (②)。

変数を「increment(2)」として使用することで（③)、関数式の引数 n に 2 を渡すことができます。その結果、関数本体で 2 + 1 を計算して呼び出し元に返し（④)、最終的 3 が出力されます。

▼リスト 7-8　関数式の例

```
// インクリメントを行う関数式
const increment = function (n: number) {
    return n + 1;
};

console.log(increment(2));  // 3を出力
```

▼図 7-6　リスト 7-8 の実行イメージ

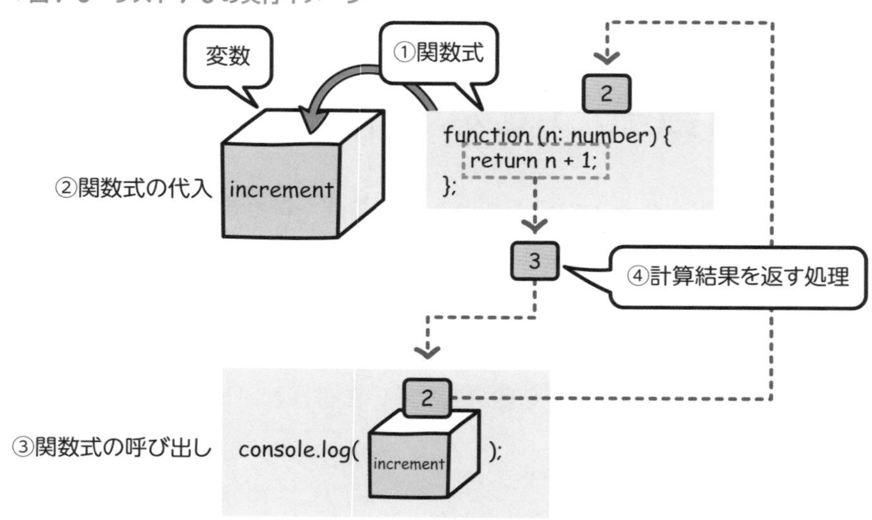

 関数に関数式を渡してみよう

関数式は変数に代入できるので、関数の引数として渡すことも可能です。関数の引数として渡される関数はコールバック関数といいますので覚えておきましょう。

それでは、関数に関数式を渡せるようになるとどのようなメリットがあるのかをエアコンを例に考えてみましょう（図 7-7）。エアコンは、空気の温度調節をするという機能を持ちますが、暑ければクーラーとして、寒ければ暖房として機能しますよね。このようにその時々に応じて用途を変更することができます。

関数式を引数に渡せることは、エアコンと同様に、場面に合わせて機能を変更できる関数を作成できることを意味します。

▼図 7-7　エアコンの機能

それでは関数に関数式を渡すプログラムを作成してみましょう（**リスト 7-9**）。

この例では applyOperation という関数を定義して、引数で関数式を受け取って実行します。関数式は 2 つ定義しており、引数で受け取った値に 1 を加算する increment と、受け取った値から 1 を減算する decrement 関数式を定義しています。

▼リスト 7-9　関数に関数式を渡して利用する例

```
// 引数に関数を取る関数
function applyOperation(n : number, action : Function) : void {
    console.log(action(n));
}

// インクリメントを行う関数式
const increment = function (n: number) {
    return n + 1;
};

// デクリメントを行う関数式
const decrement = function (n: number) {
    return n - 1;
```

次へ

```
};

// applyOperation 関数 に increment 関数を渡して結果を表示
applyOperation(5, increment); // 結果：6

// applyOperation 関数 に decrement 関数を渡して結果を表示
applyOperation(5, decrement); // 結果：4
```

それではコードのイメージを詳しく見ていきましょう（**図 7-8**）。

はじめに、引数に関数式を取る関数 applyOperation（①）を定義しています。

1 つ目の引数で数値を受け取り、2 つ目の引数 action 変数に関数式を受け取ります。その後、action 変数に数値を渡した結果を console.log で表示しています。

次に increment 関数式（②）を見てみましょう。関数式の内部は、引数で受け取った値に 1 を加算して呼び出し元に返すように定義されています。

続いて、実際に applyOperation を使用している部分を見てみましょう（③）。引数に 5 と increment 関数式を渡していますので、①の applyOperation の定義は、5 と increment を受け取ることになります。したがって action 変数に increment 関数式が代入されます（④）。結果として②で定義した increment 関数式に 5 が渡されて、5+1 の計算結果である 6 が呼び出し元に返されます（⑤）。したがって、「6」が出力されます。

同様に、applyOperation 関数に 5 と decrement 関数式を引数として呼び出すと、5-1 の計算結果「4」が出力されます。

この例の applyOperation 関数のように、関数式を変更することで、場面に応じた処理を行うことが可能になります。

▼図 7-8　関数に関数式を渡す例

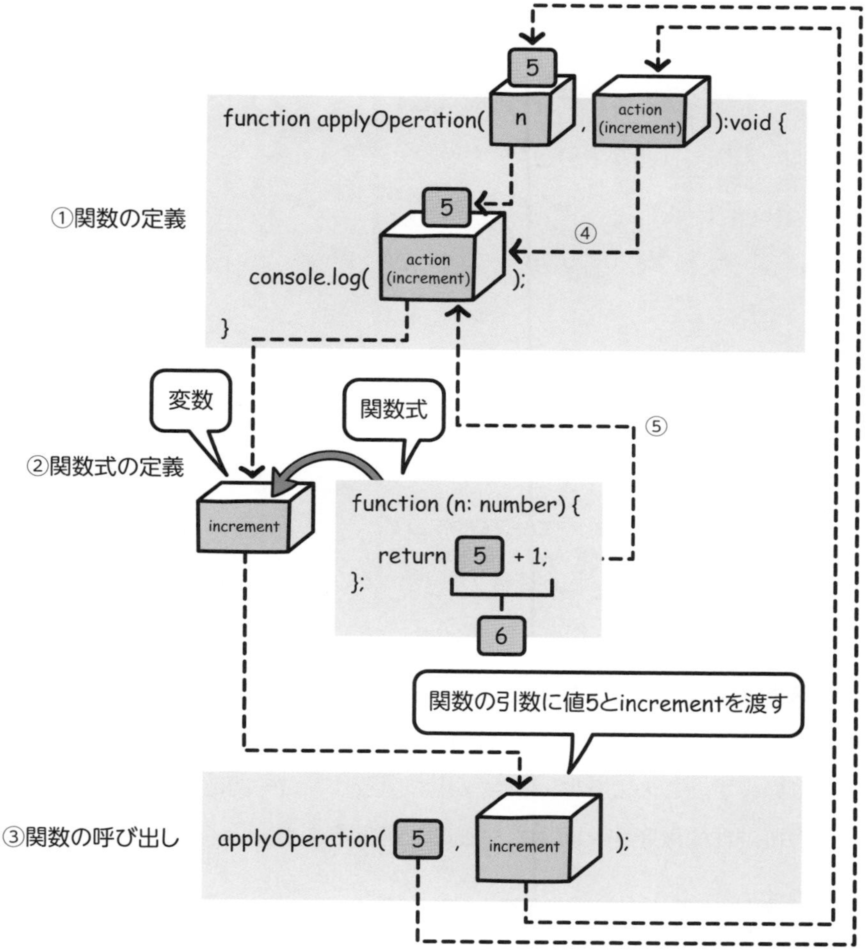

アロー関数ってなんだろう？

　アロー関数は、関数式数を簡略化するために導入された構文で、通常の関数定義よりも簡潔に記述できるため、コードの可読性や保守性を向上させることができます。

アロー関数を定義するには、**構文 7-7** を使用します。function キーワードが不要で、「=>（アロー）」を用いて関数を定義します。

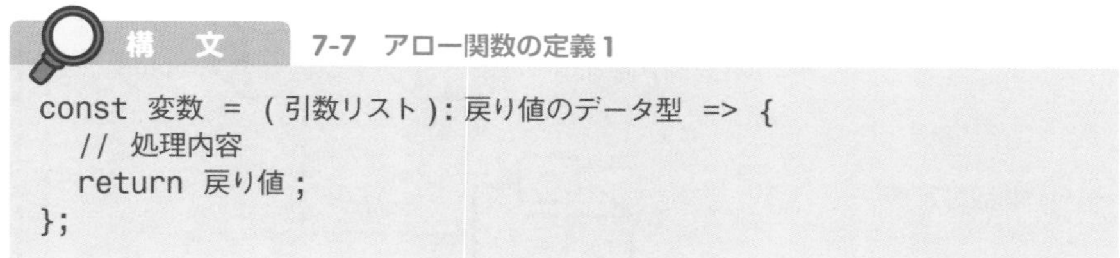

構文 7-7 アロー関数の定義 1

```
const 変数 = (引数リスト): 戻り値のデータ型 => {
  // 処理内容
  return 戻り値;
};
```

アロー関数はさらに短縮して書くことができます。処理内容が 1 行の場合はブロックを表す {} と return キーワードを省略して書くことができます。この場合は**構文 7-8** を使用します。

構文 7-8 アロー関数の定義 2

```
const 変数 = (引数リスト): 戻り値のデータ型 => 戻り値;
```

リスト 7-10 にアロー関数を使用する例を示します。この例は**リスト 7-9** で定義した increment と decrement を**構文 7-7** と**構文 7-8** を使用して書き換えています。このように、シンプルな関数はアロー関数で書き換えるとコードの可読性や保守性を向上させることができます。

▼**リスト 7-10 関数式をアロー関数で書き換えた例**

```
// 構文7-7を使用したincrement関数
const increment = (n: number) : number => {
    return n + 1;
};
// 構文7-8を使用したdecrement関数
const decrement = (n: number) : number => n - 1;
console.log(increment(2));  // 3
console.log(decrement(2));  // 1
```

ジェネリクス

Keyword ☑ジェネリク関数

ジェネリクスってなんだろう？

ジェネリクスは、関数やクラス（**第8章**で説明します）内で使用する変数や引数のデータ型を、必要なときに任意に指定できる仕組みです。ジェネリクスの仕組みを用いて定義する関数を、特に**ジェネリック関数**と言います。

ジェネリック関数を定義するには、**構文7-9**を使用し、関数名の後に <T> を付けます。「T」以外の文字を使用することもできますが、一般的にはTを採用して、<T> と書きます。

構　文　7-9　ジェネリック関数

```
function 関数名<T>(引数: T): T {
  // 関数の実装
}
```

それではジェネリック関数を使用するプログラムを作成してみましょう。

リスト7-11はジェネリック関数の例として、配列の最初の要素を返す関数 getFirstElement を定義しています。

▼リスト 7-11　ジェネリック関数の定義と使用例

```
// 関数 getFirstElementの定義
function getFirstElement<T>(arr: T[]): T {
    return arr[0];
}

// number型の配列
const numbers: number[] = [1, 2, 3, 4, 5];
const firstNumber = getFirstElement(numbers);
console.log(firstNumber);   // 1

// string型の配列
const strings: string[] = ["リンゴ", "ミカン", "バナナ"];
const firstString = getFirstElement(strings);
console.log(firstString);   // "リンゴ"
```

getFirstElement の関数定義は、関数名の後ろに <T> を書いていますので、「データ型 T を扱いますよ」ということを宣言しています。引数 arr は、T 型の配列を取りますし、関数の戻り値も T 型となっています（図 7-9）。

▼図 7-9　ジェネリック関数のイメージ

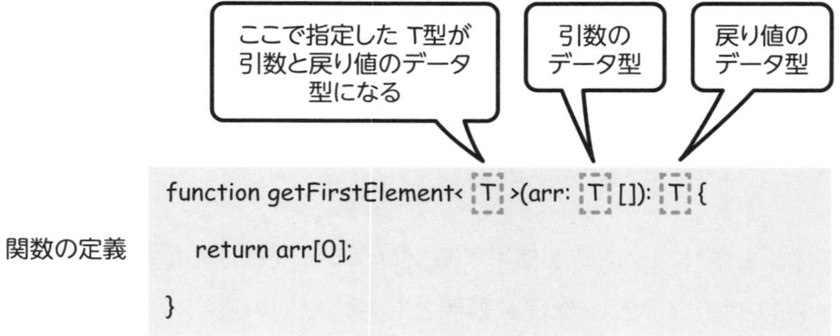

この関数を呼び出す際は、引数には number または string などの具体的な型を指定する必要があります。例えば、numbers 配列には number 型の要素が含まれているため、getFirstElement 関数を number 型で呼び出しています。同様に、strings 配列には string 型の要素が含まれているため、

getFirstElement 関数を string 型で呼び出しています。

このように、ジェネリクスを使用することで、型の汎用化が可能になります。これにより、同じ処理を行う関数を、異なる型に対して汎用的に使用することができます。

COLUMN

文法エラー

プログラミングにおいて、よく発生させてしまうのが文法エラーです。文法エラーは TypeScript の文法に違反している場合に発生します。

例えば、変数の宣言方法が間違っていたり、キーワードが間違っていたりする場合に発生します。

```
let num: number = "Hello";  // 数値型なのに文字列を代入している
lett x = 5;  // letのつもりがlettになっている
```

エラーが発生した場合は、このような文法ミスがないかを確認するようにしましょう。

スコープってなんだろう？

変数には「スコープ」と呼ばれる概念があります。スコープとは、宣言した変数が利用可能な範囲のことです。変数は、そのスコープ内であればどこからでもアクセスできます。スコープの外からは、変数を参照することができません。

スコープの種類には、

- グローバルスコープ
- 関数スコープ
- ブロックスコープ

などがあります。

スコープはプログラムの正しい動作や、変数名の重複を回避するために非常に重要な役割を果たします。

ブロックスコープ

ブロックスコープとは、if 文や for 文など、ブロック {} で囲まれた範囲内でのみ有効なスコープのことを指します。

ブロックスコープを使う場合は、ブロック {} で囲まれた範囲内で変数を宣言します。**リスト 7-12** は、if 文を使ったスコープの例です。イメージを**図 7-10** に示します。

if 文の内部で変数 sum を宣言して使用していますが、この sum のスコープはブロック {} 内になりますので、if 文の外で使用すると「ReferenceError: sum is not defined」というエラーが発生します。これは、「変数 sum が定義されていないので参照できません。」という意味のエラーです。

▼リスト 7-12　if 文内の変数スコープ

```
if (true) {
    let sum : number = 0;
    sum = 3 + 5;
    console.log(sum);
}

console.log(sum);   // エラーになる
```

▼図 7-10　if 文内の変数スコープのイメージ

```
if (true) {

    let sum : number = 0;
    sum = 3 + 5;
    console.log(sum);

}

console.log(sum);
```

変数 sum のスコープ

変数 sum のスコープ範囲外なので
ブロック{}の範囲外で使用するとエラーになる

もう 1 つ、for 文で変数のスコープを見てみましょう（**リスト 7-13**、**図 7-11**））。

この例では、for 文の初期化式の部分で変数 i を宣言し、ブロック内で変数 sum を宣言しています。変数 i と sum のスコープはブロック {} 内になりますので、for 文の外で使用すると、**リスト 7-12** の if 文の例と同様に「ReferenceError: sum is not defined」エラーが発生します。

▼リスト 7-13　for 文の内の変数スコープ

```
for (let i = 0; i < 10; i++) {
    let sum : number = 0;
    sum = i + 10;
    console.log(`${i}:${sum}`);
}

console.log(sum);   // エラーになる
console.log(i);     // エラーになる
```

▼図 7-11　for 文内の変数スコープのイメージ

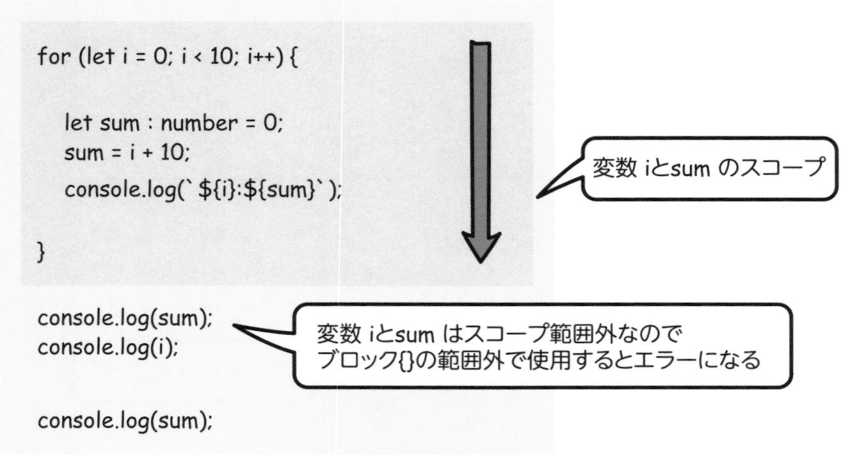

```
for (let i = 0; i < 10; i++) {

    let sum : number = 0;
    sum = i + 10;
    console.log(` ${i}:${sum}` );

}

console.log(sum);
console.log(i);


console.log(sum);
```

変数 iとsum のスコープ

変数 iとsum はスコープ範囲外なので
ブロック{}の範囲外で使用するとエラーになる

関数スコープ

関数スコープは、関数内で宣言された変数がその関数内でのみ有効であるというスコープのことを指します。つまり、関数の外側で同じ変数名を宣言しても、別の変数として扱われます。

リスト 7-14 は、関数を使ったスコープの例です。イメージを**図 7-12** に示します。

関数 sampleFunction の内部で変数 x を宣言して使用していますが、この x のスコープは関数の中だけですので、sampleFunction の外で使用すると「ReferenceError: x is not defined」というエラーが発生します。

▼リスト 7-14　関数スコープの例 1

```
function sampleFunction() : void {
  const x = 1;
  console.log(x); // 1
}

sampleFunction();  // 関数の呼び出し
console.log(x);    // ReferenceError: x is not
defined
```

▼図 7-12　関数スコープのイメージ 1

```
function sampleFunction():void {

  const x = 1;
  console.log(x);

}

sampleFunction();
console.log(x);
```

変数 x のスコープ

関数 sampleFunction のスコープ範囲外で
使用するとエラーになる

続いて、**リスト 7-15** で、関数内で if 文や for 文を使用している場合のスコープを見てみましょう。イメージを**図 7-13** に示します。

▼リスト 7-15 関数スコープの例 2

```
function sampleFunction2() : void {
    const x = 1;

    if (x == 1) {
        const y = 2;

        console.log(x);      // 1
        console.log(y);      // 2
    }

    for (let i = 0; i < 1; i++) {
        const x = 4;
        const z = 3;

        console.log(x);      // 4
        //console.log(y);    // スコープがif文なのでエラーになる
        console.log(z);      // 3
    }
}

sampleFunction2();
```

COLUMN

プログラミングをマスターするコツ

筆者はプログラミングをマスターするコツは「楽しむこと」だと考えています。

本書では、短いサンプルコードたくさん載せています。一回で実行させられる場合もあれば、入力ミスを何度も修正してやっと実行できる場合もあるでしょう。うまくいかない時はつまらなく感じるものですが、短いコードでも思いどおり動いたときには「やった！」という実感があり、プログラミングを楽しいと感じるのではないでしょうか。

▼図 7-13 関数スコープのイメージ 2

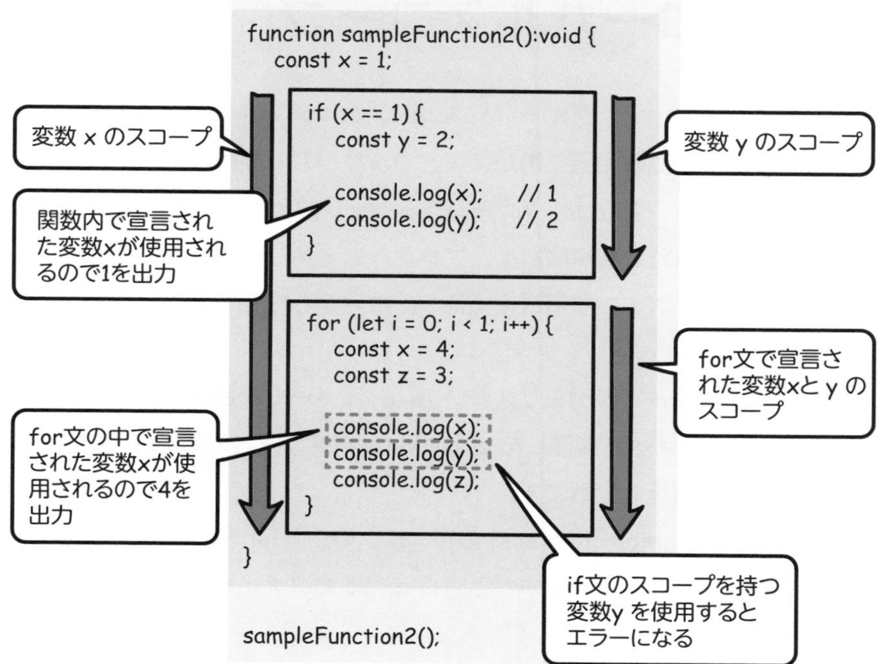

関数 sampleFunction2 内で宣言された変数 x は、19 行目の波括弧「}」までの有効範囲を持ちます。ですので、if 文の中からも for 文の中からも参照することができます。

if 文の中で宣言された変数 y は、if 文のブロックスコープ内で有効です。関数スコープを持つ変数 x を使用していますが、x は先述したとおり関数内であれば使用可能ですので、ここでは 1 が出力されます。

for 文の中でも変数 x を宣言していますね。関数スコープを持つ x と for 文のスコープを持つ x のように、同じ名前の変数がある場合は、より内側のスコープを持つ変数が採用されます。よって、for 文の中では、for 文内で宣言した変数 x が使用されますので「4」が出力されます。

このようにスコープが異なる場合は、同一名の変数を使用することができますが、バグにつながるので、変数名は重複しないようにしましょう。

グローバルスコープ

プログラムにおいて、グローバルスコープとは、プログラム全体でアクセス可能な変数や関数の範囲を指します。つまり、どの関数の中でもない場所で宣言された変数や関数は、グローバルスコープに属します。グローバルスコープで定義された変数や関数は、プログラム全体で使用できるため、複数のファイルに分かれている場合や、他の関数内からでもアクセスすることができます。

グローバルスコープの例を**リスト7-16**に、イメージを**図7-14**に示します。関数の外（20行目）で宣言したglobalVariableは、このリストの中であればどこでも使用可能な変数です。

よって、関数sampleFunction3の中、if文の中、for文の中、関数の外からでも参照することができます。さらには、他のファイルからも参照することができます。

▼リスト7-16　グローバルスコープの例

```
01: function sampleFunction3() : void {
02:     const x = 1;
03:
04:     if (x == 1) {
05:         const y = 2;
06:
07:         console.log(y);      // 2
08:         console.log(`if文内:${globalVariable}`);
09:     }
10:
11:     for (let i = 0; i < 1; i++) {
12:         const z = 3;
13:
14:         console.log(z);      // 3
15:         console.log(`for文内:${globalVariable}`);
16:     }
```

次へ

```
    console.log(`関数内:${globalVariable}`);
}

const globalVariable : number = 10;
console.log(`グローバルスコープ:${globalVariable}`);

sampleFunction3();
```

▼図 7-14 グローバルスコープのイメージ

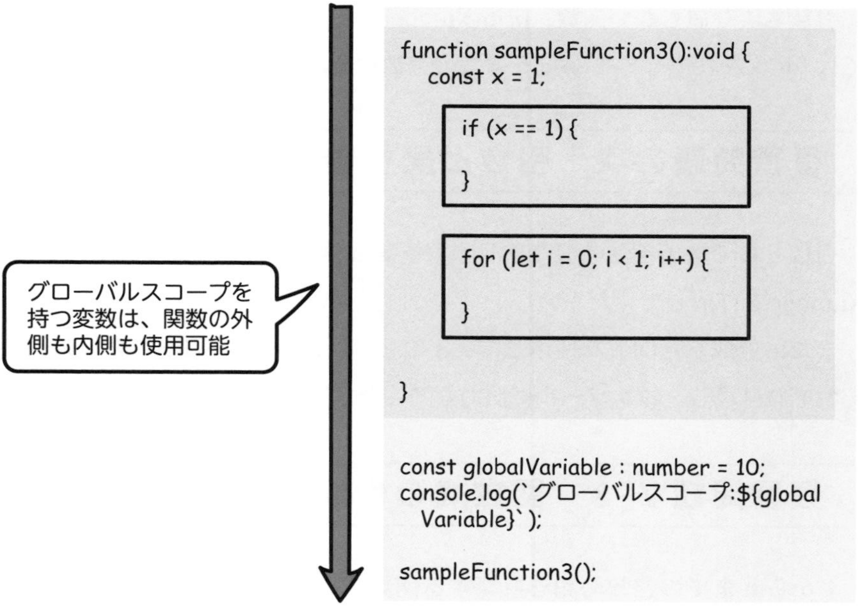

グローバルスコープを持つ変数は、関数の外側も内側も使用可能

```
function sampleFunction3():void {
  const x = 1;
    if (x == 1) {

    }

    for (let i = 0; i < 1; i++) {

    }

}

const globalVariable : number = 10;
console.log(`グローバルスコープ:${global
  Variable}`);

sampleFunction3();
```

《章末復習問題》

復習問題 7-1　関数の作成

引数も戻り値もない関数、printNumbersを作成してください。関数内部ではfor文を使用して1から5までの整数を順に表示してください。

復習問題 7-2　引数と戻り値のある関数の作成

引数として数値を受け取り、その数値を2倍にした値を返す関数doubleNumberを作成してください。

また、作成した関数を使用して、3の2倍、5の2倍、10の2倍の値をそれぞれ計算し、コンソールに出力してください。

復習問題 7-3　関数式の作成

1からnまでの整数の和を計算する関数式を作成して、変数sumNに代入してください。関数式sumNの引数に10を渡して、1から10までの足し算結果を出力してください。

復習問題 7-4　アロー関数の作成

名前を引数として受け取り、" Hello, ${name}!"という文字列を返すアロー関数を作成してください。

8章

クラスの基本

TypeScriptにおけるクラスは、コードをより構造化し、保守性や再利用性を向上させるために使用されます。クラスを学ぶことで、より複雑で強力なアプリケーションを効率よく開発できるようになります。また、クラスの概念は他のプログラミング言語でも共通して使われており、一度理解してしまえば他の言語への移行もスムーズに行えます。本章でクラスの基本的な使い方や考え方を習得し、プログラミングのスキルをより高めていきましょう。

クラスってなんだろう？

クラスとは、現実世界に存在する「モノ」に着目し、それがどのような要素（性質や特徴）を持っているのか、どのような動作ができるのかをプログラムで表現するためのものです。プログラミングの世界では、この「モノ」のことをオブジェクトといいます。また、オブジェクトに着目した考え方をオブジェクト指向といい、オブジェクト指向でプログラムを作成することをオブジェクト指向プログラミングといいます。

例えば、クラスを使用して家を表現することを考えてみましょう（図8-1）。

家にはたくさんの要素があります。部屋の数や広さ、色やデザイン、家具の配置などがその要素です。これらの要素をクラスで表現するときには、プロパティと呼ばれるものを使います。プロパティは、物の特徴や情報を表すのに使われます。

また、家にはいろんな動作があります。例えば、セキュリティシステムを作動させたり、お風呂を沸かしたりすることができますよね。これらの動作をクラスで表現するときには、メソッドと呼ばれるものを使います。メソッドは、モノが行う動作や操作を表すのに使われます。

このように、クラスを使用することで、現実世界における物事を、プログラムとして柔軟に表現することができます。

▼図 8-1 クラスのイメージ

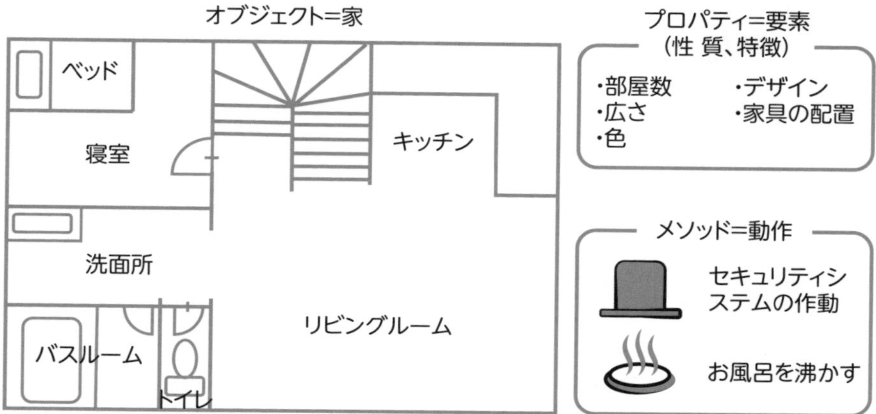

クラスを定義しよう

クラス構成を構成する要素には、性質や特徴といった要素を表現するプロパティ、動作を表すメソッドがあることを学びました。このような、クラスを構成する要素のことをメンバといいます。

それでは、TypeScript におけるクラスの定義方法を確認しましょう。クラスは**構文 8-1** に示すように「class」キーワードの後に任意のクラス名を書き、そのブロック内にプロパティやメソッドを定義します。具体的なプロパティやメソッドの書き方については後述します。

構文 8-1 クラスの定義

```
class クラス名 {
  // プロパティの定義
  // メソッドの定義
}
```

クラスを定義して使用できるようにしてみよう

クラスの定義方法がわかりましたので、実際に「家」をクラスとして定義してみましょう。

家は英語で「House」ですので、クラス名をHouseとして定義する例を**リスト8-1**に示します。キーワード「class」の後に、クラス名「House」を書き、ブロックを使って定義しています。

▼**リスト8-1　クラスの定義例**

```
class House {
      // プロパティの定義

      // メソッドの定義
}
```

クラスは家を建築をするときの設計図と同じ役割をしますので、そのままでは使用することができません。「家」と同様に、設計図から実際に住むための家を造る必要があります。

クラスでは、設計図から作成した実際のモノのことをインスタンスといい、インスタンスを作成することをインスタンス化といいます。

1枚の設計図があれば、赤い家、青い家、緑の家など、様々な家を建てられるように、1つのクラスを作成すれば、いくつものインスタンスを作成することができます（**図8-2**）。

クラスのインスタンス化は、**構文8-2**を使用します。通常の変数を宣言するときに似ていますが、クラスのインスタンス化は、newキーワードの後ろに「クラス名()」を書くという点で異なります。

▼図 8-2　インスタンス化のイメージ

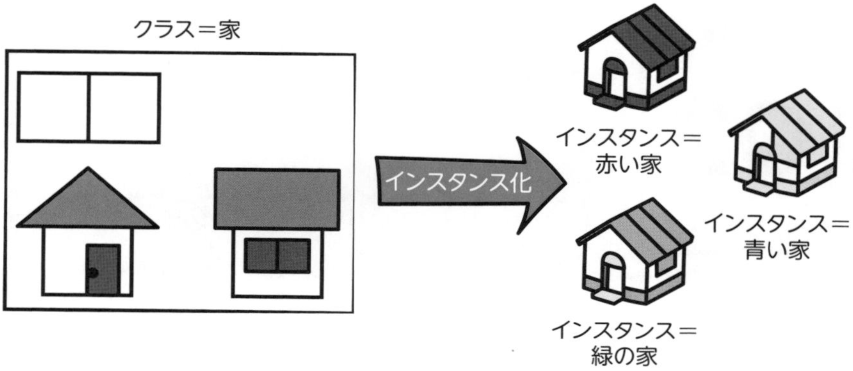

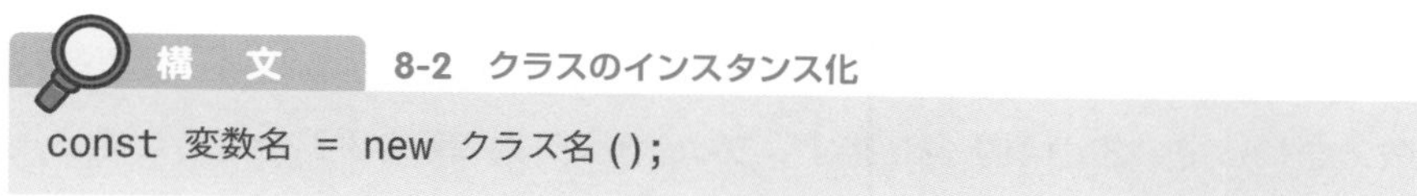

構文　8-2　クラスのインスタンス化

```
const 変数名 = new クラス名();
```

リスト 8-2 にクラスをインスタンス化する例を示します。この例では**リスト 8-1** で作成したクラス House から、redHouse、blueHouse、greenHouse という 3 つのインスタンスを作成しています。

今は House クラスにプロパティやメソッドを定義していないので、何も操作をすることができません。次節以降でプロパティやメソッドの定義の仕方を学習して、クラスを使えるようにしていきます。

▼リスト 8-2　クラスをインスタンス化する例

```
class House {
    // プロパティの定義

    // メソッドの定義
}

const redHouse = new House();
const blueHouse = new House();
const greenHouse = new House();
```

プロパティを定義してみよう

プロパティは、すでに説明したとおり、モノがどのような要素（性質や特徴）を持っているのかを表します。プロパティは、**構文 8-3** を使用して定義します。

任意のプロパティ名の後ろに、そのプロパティを表すデータ型を書き、初期値を代入します。

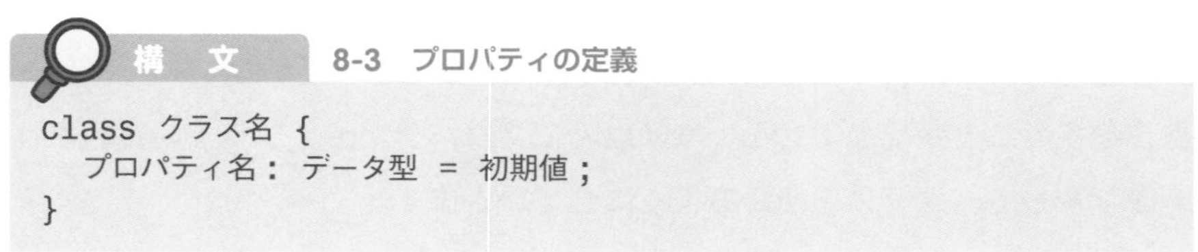

構文 8-3 プロパティの定義

```
class クラス名 {
  プロパティ名: データ型 = 初期値;
}
```

「プロパティ名 : データ型 = 初期値 ;」という書式は、変数の宣言によく似ていますね。プロパティも変数と同じで、データを記憶したり取り出したりすることができます。

リスト 8-1 で作成した House クラスにプロパティを追加してみましょう。**リスト 8-3** に家の色と部屋数のプロパティを定義する例を示します。

color は家の色を表すプロパティです。データ型として string を指定し、文字列の値を記憶することができます。初期値として空文字列を設定しています。また rooms は部屋数を表すプロパティです。データ型として number

を指定し、数字の値を記憶することができます。初期値として0を設定しています。

▼リスト 8-3 プロパティの定義例

```
class House {
    color : string = "";      // 家の色
    rooms : number = 0;       // 部屋数
}
```

プロパティを使ってみよう

プロパティを使用するには、**構文 8-4** を使用します。インスタンス化した後に「インスタンス名 . プロパティ名」という書式で、値を代入したり参照したりすることができます。

構 文 8-4 プロパティの使用

インスタンス名 . プロパティ名

それでは、プロパティを使用するプログラムを作成してみましょう。**リスト 8-4** は、House クラスから redHouse と blueHouse という 2 つのインスタンスを作成しています。

プロパティ color は「redHous.color」のようにして使用します。使い方は、これまでに学んだ変数と同様です。ちなみに「.」は日本語の「の」と読み替えると理解が進みます。

例えば、「redHouse.color」は「赤い家の色」、「redHouse.rooms」は「赤い家の部屋数」のようにするとコードを読み解きやすくなります (**図 8-3**)。

▼リスト 8-4　プロパティの使用例

```
class House {
    color : string = "";        // 家の色
    rooms : number = 0;         // 部屋数
}

const redHouse = new House();    // House のインスタンス化

redHouse.color = "赤";           // 赤の代入
redHouse.rooms = 3;              // 3の代入

console.log(redHouse.color);     // 赤
console.log(redHouse.rooms);     // 3
```

▼図 8-3　プロパティのイメージ

セッターとゲッターってなんだろう？

プロパティを使用することで、クラスにデータを記憶したり取り出したりできることがわかりました。でも、ちょっと待ってください。先ほど定義したプロパティ rooms は部屋数を記憶することができますが、number 型ですので、「redHouse.rooms = -3;」のように、マイナスの部屋数も設定できてしまいますね。

このように、プロパティに不正な値が記憶されないようにする仕組みとして、セッターとゲッターという機能を持たせることができます。

セッター（Setter）は、プロパティの値を記憶するための機能で、ゲッター（Getter）はプロパティの値を取得するための機能です。セッターとゲッターを介して、プロパティにデータを記憶したり取り出したりすることで、正しいデータを扱えるようにします。

House クラスに定義した rooms を例に、**図 8-4** でセッターとゲッターのイメージを確認しましょう。

セッターは、プロパティにデータを記憶しに行くための「橋」と考えることができます。この橋の入り口には信号機があって、正しいデータの場合は青信号に変わり、プロパティにデータを記憶することができます。例えば、「データが正の値のとき」に青信号になるように設定しておけば、部屋数にマイナスの値をすることはできなくなります。

もう一方のゲッターは、プロパティから値を取り出すための橋です。プロパティには、セッターの橋を通って正しい値が記憶されていますので、取り出すときも正しい値を取り出すことができます。

▼図 8-4　セッターとゲッターのイメージ

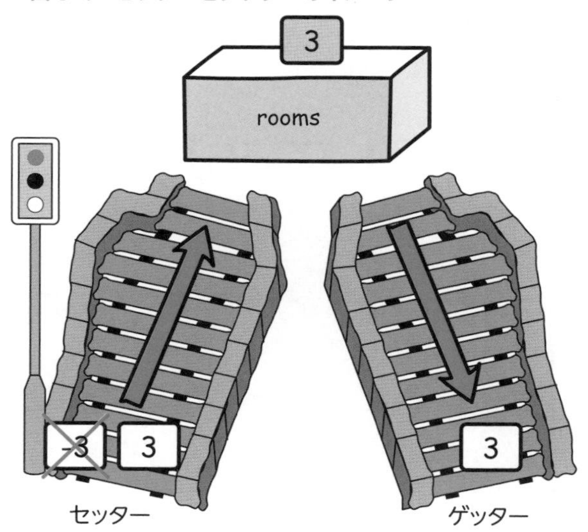

それではセッターとゲッターの定義方法を見ていきましょう。

セッターとゲッターは**構文8-5**を使用します。書式はすでに学習した関数に似ており、function キーワードが set か get に代わっています。

set はセッターの定義です。引数で受け取った値をプロパティに代入する処理を記述します。

get で始まるのはゲッターの定義です。プロパティの値を get（得る）するための関数と覚えましょう。したがって、return キーワードを使用して戻り値を返します。

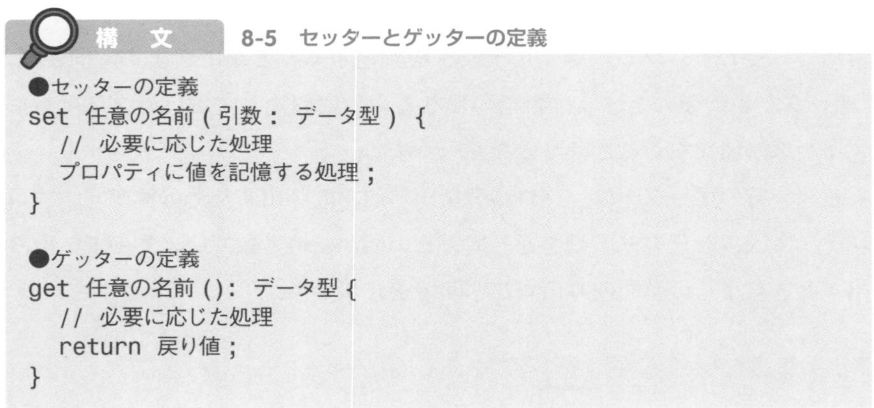

構　文　8-5　セッターとゲッターの定義

```
●セッターの定義
set 任意の名前 ( 引数 : データ型 ) {
   // 必要に応じた処理
   プロパティに値を記憶する処理;
}

●ゲッターの定義
get 任意の名前 (): データ型 {
   // 必要に応じた処理
   return 戻り値;
}
```

セッターを定義してみよう

はじめにセッターの定義例を見てみましょう。

リスト8-5は House クラスにセッター rooms を定義する例です。実際に部屋数を記憶するプロパティは _rooms としました。この _rooms には、セッター rooms を介してデータを記憶します。

セッターの定義は set キーワードから始まり、その後にプロパティ名 rooms が続きます。また、引数として count という変数が指定されています。この引数はセッターを呼び出す際に渡される値です。

▼リスト 8-5 セッターの定義例

```
01: class House {
02:     private _rooms : number = 0;      // 部屋数
03:
04:     // セッターの定義
05:     set rooms(count: number) {
06:         if (count < 0) {
07:             this._rooms = 0;
08:         } else {
09:             this._rooms = count;
10:         }
11:     }
12: }
13:
14: const redHouse = new House();   // House のインスタンス化
15:
16: redHouse.rooms =  - 3;               // 値の代入
```

セッター内部では、渡されたcountの値をチェックしています。もしcountが0未満の場合は、this._roomsに0を設定し、それ以外の場合はcountの値をthis._roomsに記憶します。

_roomsに付いている「this」はクラス内で定義されたプロパティを使用する際に付けるキーワードです。この「this」は、「このクラス内で定義された」と訳すとコードの理解が進むでしょう。

最後に2行目の_roomsの前に記述されているprivateキーワードについて説明します。

クラス内のメンバにprivateキーワードを付けると、そのクラス内でしか使用できなくなります。これは、インスタンスからそのメンバを使用できないことを意味します（図8-5）。

このおかげで、直接プロパティにアクセスすることはできなくなり、セッターを通して安全にデータを記憶ができるようになります。

▼図 8-5　private キーワードが付いたプロパティのイメージ

```
class House {
  private _rooms : number = 0;
    // 部屋数


}
```

private キーワードが付いたプロパティは
クラス内でのみ使用可能

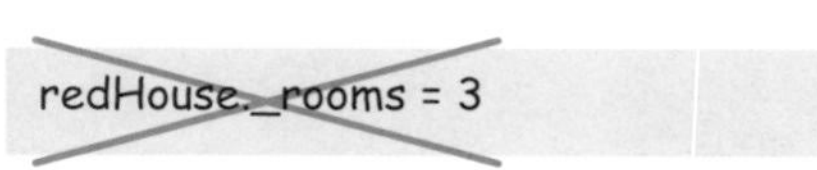

private キーワードが付いたプロパティは
クラスの外(インスタンス)では使用不可

ゲッターを定義してみよう

プロパティ _rooms から値を取り出すためゲッターの定義例を**リスト 8-6**に示します。

▼リスト 8-6　ゲッターの定義例

```
class House {
    private _rooms : number = 0;        // 部屋数

    // セッターの定義
    set rooms(count: number) {
        if (count < 0) {
            this._rooms = 0;
        } else {
            this._rooms = count;
        }
    }

    // ゲッターの定義
    get rooms(): number {
        return this._rooms;
    }


}
```

次へ ↗

```

const redHouse = new House();   // House のインスタンス化

redHouse.rooms =  - 3;              // 値の代入
console.log(redHouse.rooms);     // 0が表示される
```

ゲッターの定義は get キーワードで始まり、その後にゲッター名 rooms が続きます。コロンの後には戻り値のデータ型 number が指定されています。ゲッター内部では、return キーワードを使用して this._rooms を返しています。これにより、redHouse.rooms のようにアクセスすると、_rooms の値を取得できます。

ゲッターは、単純にプロパティの値を返すだけでなく、計算や加工をすることもできます。例えば、小数のデータを扱うプロパティの場合、小数点以下 2 桁に切り捨てたり、小数点以下すべてを切り捨てて整数値にして返すこともできます。

また、アルファベットのみが格納されたプロパティであれば、すべて大文字に変換して返すようなこともできます。

このように、工夫次第で必要に応じた値に変換して返すことができます。

メソッドを定義してみよう

クラスで定義される関数を「メソッド」と呼びます。メソッドは、モノが行う動作や操作を表すために使用し、**構文 8-6** を使用して定義します。

function キーワードがないことを除けば、関数の定義と同じであることがわかります。

構文 8-6 メソッドの定義

```
メソッド名 ( 引数 1: 型 1, 引数 2: 型 2, ...): 戻り値の型 {
  // 処理
  return 戻り値 ;
}
```

リスト 8-1 で作成した House クラスにメソッドを追加してみましょう。**リスト 8-7** にセキュリティの作動と停止をするメソッドを定義する例を示します。

メソッド名は activateSecurity としました。また isOn という boolean 型の引数を持たせています。isOn はセキュリティのスイッチに見立てていて、true を受け取ると「セキュリティを作動しました」を出力し、false を受け取ると「セキュリティを停止しました」を出力します。

▼**リスト 8-7　メソッドの定義**

```
class House {
    activateSecurity(isOn: boolean) {
        if (isOn) {
            console.log("セキュリティを作動しました");
        } else {
            console.log("セキュリティを停止しました");
        }
    }
}
```

メソッドを使ってみよう

メソッドは、**構文 8-7** のように呼び出します。インスタンス化した後に「インスタンス名 . メソッド (値)」という書式で、メソッドを使用することができます。

構　文　8-7　メソッドの使用

```
インスタンス名 . メソッド ( 値 );
```

それでは、実際にメソッドを使用するプログラムを作成してみましょう。**リスト 8-8** は、House クラスに定義した activateSecurity メソッドを使用する例です。

はじめに、House クラスから redHouse というインスタンスを作成しています。

メソッド activateSecurity は「redHouse. activateSecurity(値)」のようにして使用します。使い方は、プロパティやセッター、ゲッターと同様です。「.」は日本語の「の」と読み替えて「赤い家 " の " セキュリティ作動」と訳すと理解が進みます。

13、14 行目では、redHouse. activateSecurity に true と false を渡して正しく動作するかを確認しています。実行してみると「セキュリティを作動しました」と「セキュリティを停止しました」が表示されます。

▼リスト 8-8　メソッドの使用例

```
01: class House {
02:     activateSecurity(isOn: boolean) {
03:         if (isOn) {
04:             console.log("セキュリティを作動しました");
05:         } else {
06:             console.log("セキュリティを停止しました");
07:         }
08:     }
09: }
10: const redHouse = new House();    // Houseのインスタンス化
11: 
12: // セキュリティを作動しました
    redHouse.activateSecurity(true);
13: // セキュリティを停止しました
    redHouse.activateSecurity(false);
```

COLUMN

文末のセミコロンの省略

TypeScript は、文末のセミコロンを省略することができます。セミコロンは、文の終わりを示す記号ですが、省略しても文法的には問題ありません。人によって感じ方は様々ですが、コードの見た目がスッキリする、文字数が減り可読性があがるという声があります。

セミコロンは文の終わりを意味しますので「i++; x+=1;」のように 2 つの命令を 1 行で書くこともできます。ただし、セミコロンを省略した場合は「i++ x +=1」のように書くとエラーになりますので注意しましょう。

コンストラクタ

Keyword ☑コンストラクタ

コンストラクタを定義してみよう

コンストラクタは、クラスのインスタンス（オブジェクト）が作成される際に自動的に呼び出される特別なメソッドです。このため、コンストラクタには初期化処理を記述しておくのが一般的です。

これまでに作成したHouseクラスで考えてみましょう。

例えば「家の色」を表すcolorプロパティは「""」を書いて、何の色も設定していませんでしたので、このままでは色のない家になってしまう可能性もあります。ですので、コンストラクタ内で「color="白"」のように初期値を設定しておけば、インスタンス化後に色を設定しなかったとしても、あらかじめ設定している「白い家」になります。

また、「部屋数」を表すroomsは0に設定していました。このままでは部屋のない家になってしまいますね、コンストラクタ内で部屋数を1に設定するのもよいでしょう。

コンストラクタの定義は**構文8-8**のようにconstructorキーワードを使用して定義します。また、引数を渡すこともできます。

構文 8-8 コンストラクタの定義

```
constructor(引数リスト) {
// 初期化処理
}
```

コンストラクタの定義例を**リスト 8-9** に示します。この例は、これまでに作成したプロパティ、セッターとゲッター、メソッドを記述した House クラスの全貌です。

5 行目のコンストラクタ内では、プロパティ color を「白」で初期化し、_rooms を「1」で初期化しています。「this.」は、すでに説明したとおり、「このクラス内で定義された」と訳してください。

▼リスト 8-9　コンストラクタ

```
01: class House {
02:     color : string;     // 家の色
03:     private _rooms : number;     // 部屋数
04:
05:     constructor() {
06:         this.color = "白";
07:         this._rooms = 1;
08:     }
09:
10:     // Getter宣言
11:     get rooms(): number {
12:         return this._rooms;
13:     }
14:
15:     // Setter宣言
16:     set rooms(count: number) {
17:         if (count < 0) {
18:             this._rooms = 0;
19:         } else {
20:             this._rooms = count;
21:         }
22:     }
23:     activateSecurity(isOn: boolean) {
24:         if (isOn) {
25:             console.log("セキュリティを作動しました");
26:         } else {
27:             console.log("セキュリティを停止しました");
```

次へ ↗

```
        }
    }
}
```

コンストラクタを使ってみよう

それでは、コンストラクタが定義されたHouseクラスを使用してみましょう。

リスト8-10に使用例を示します。

この例ではredHouseという名前でHouseクラスをインスタンス化した後に、colorプロパティとroomsプロパティの値を出力しています。コンストラクタでプロパティの値を初期化していますので、colorは「白」、roomsは「1」が出力されます。

このように、コンストラクタはクラスのインスタンス化と同時実行されて、必要な初期化処理を行うことができます。

▼リスト8-10　コンストラクタが定義されたHouseクラスの使用例

```
// リスト8 - 9で定義したHouseクラスをここに記述

const redHouse = new House();    // House のインスタンス化

console.log(redHouse.color);     // 白
console.log(redHouse.rooms);     // 1
```

アクセス修飾子ってなんだろう？

アクセス修飾子は、プログラムの中で定義されたクラスやメンバ（プロパティやメソッド）へのアクセス範囲を制限するための仕組みです。つまり、どの範囲からそのクラスやメンバを使用できるのかを制御する役割を持っています（図8-6）。

アクセス修飾子には、public、private、protectedの３つがあります。

● public

public修飾子が指定されたクラスやメンバは、どの場所からでも使用することができます。

publicは公開するという意味を持っており、publicが付いたメンバは、そのクラス内部およびインスタンス化したオブジェクト、継承したクラスから使用することができます。継承については次章で説明します。なお、アクセス修飾子を付けなかったメンバはpublicとみなされます。

● private

private修飾子が指定されたクラスやメンバは、そのクラスの内部でのみ使用可能です。privateは非公開という意味を持っており、privateが付いたメンバは、他のクラスやインスタンス化したオブジェクトから使用することはできません。

● protected

protected 修飾子が指定されたメンバは、そのクラスの内部や継承クラスの内部から使用することができます。インスタンス化したオブジェクトからは使用できません。protected は保護するという意味を持っており、protected が付いたメンバは、継承関係のあるクラスでのみ使用されることが一般的です。

▼図 8-6　アクセス修飾子のイメージ

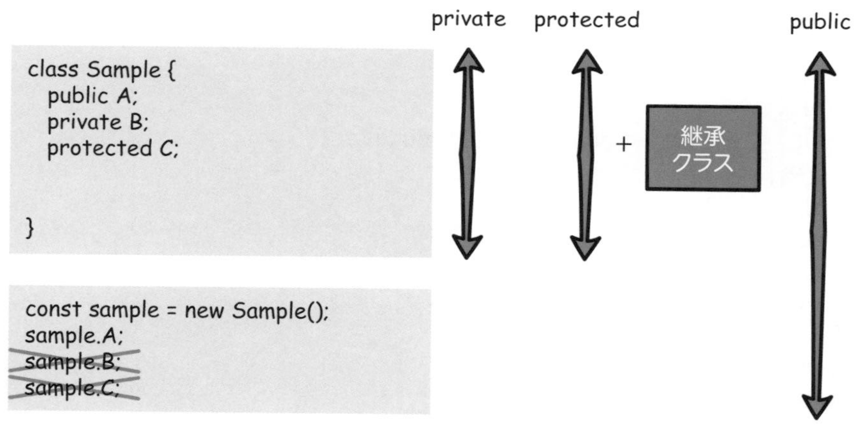

アクセス修飾子を使ってみよう

それではアクセス修飾子を使用するプログラムを作成してみましょう。

リスト 8-11 はこれまで作成した House クラスを修正してアクセス修飾子を使用する例です。

▼リスト 8-11　アクセス修飾子の使用例

```
01: class House {
02:   public color: string;       // 家の色（どこからでもアクセス可能）
03:   private rooms: number;      // 部屋数（同じクラス内からのみアクセス可能）
04:   // 住所（同じクラスおよび継承クラス内からのみアクセス可能）
      protected address: string;
05:
06:   constructor(color: string, rooms: number, address: string) {
07:     this.color = color;
08:     this.rooms = rooms;
09:     this.address = address;
10:   }
11:
12:   public displayColor(): void {
13:     console.log(`この家の色は${this.color}です。`);
14:   }
15:
16:   private countRooms(): number {
17:     return this.rooms;
18:   }
19:
20:   protected getAddress(): string {
21:     return this.address;
22:   }
23: }
24:
25:
26: const redHouse = new House("白",1,"東京都");   // House のインスタンス化
27:
28: redHouse.color = "赤";
29: redHouse.displayColor();
30:
31: // 以下はアクセス不可
32: //redHouse.rooms = 2;
33: //redHouse.countRooms();
34: //redHouse.address = "千葉県";
35: //redHouse.getAddress();
```

2行目のプロパティ color と 12行目の displayColor メソッドは、public

修飾子が付いているので、クラスの内部と26行目で作成したインスタンスredHouseから使用できます。したがって28行目のredHouse.colorや29行目のredHouse.displayColor()のように記述してアクセスできます。

3行目のプロパティroomsと16行目のcountRoomsメソッドはprivate修飾子が付いているので、クラスの内部からのみ使用できます。そのため32行目のredHouse.roomsや33行目のredHouse.countRooms()のようにアクセスすることはできません。VS Code上では、

```
プロパティ'rooms'はプライベートで、クラス'House'内でのみアクセスできます
```

というエラーが表示されます。

4行目のプロパティaddressと20行目のgetAddressメソッドはprotected修飾子が付いているので、クラスの内部からと継承したクラスからのみ使用できます。インスタンス化変数redHouseからは使用することができません（継承クラスの例は**第9章**にて示します）。34行目のように「redHouse.address="千葉県";」のようにアクセスしようとすると、VS Code上では、

```
プロパティ'address'は保護されているため、クラス'House'とそのサブクラス内で
のみアクセスできます
```

というエラーが表示されます。

このように、アクセス修飾子を使用することで、プロパティやメソッドの利用範囲を適切に管理できます。

《章末復習問題》

復習問題 8-1　プロパティ

House クラスに string 型のプロパティ address を追加してください。

復習問題 8-2　メソッド

House クラスに新たなメソッド openDoor を追加してください。このメソッドが実行された時は「ドアを開けました」というメッセージを出力してください。

復習問題 8-3　セッターとゲッター

House クラスの color プロパティにセッターとゲッターを通して値を保存できるように変更してください。

復習問題 8-4　コンストラクタ

House クラスのコンストラクタに引数 color と rooms を追加して、インスタンス作成時に値を指定できるようにしてください。

9章

クラスの応用

前章では、クラスの基本について学習しました。本章ではさらに、クラスを拡張する方法として、クラスの継承や派生クラスへのメンバの追加、さらにメソッドのオーバーロードといった技術について詳しく解説します。これらを理解することで、より効果的なクラスの設計と開発が可能となります。一緒にクラスの応用について探求していきましょう。

継承ってなんだろう？

クラスの継承とは、既存のクラスを基にして新しいクラスを作ることです。継承を使うことで、既存のクラスの特性（性質や特徴）や振る舞い（動作）を引き継ぎながら、新しいクラスを作成することができます。このような仕組みは、既存のコードの再利用や保守性の向上に大きく貢献します。

継承は、基本クラスと派生クラスの２つの役割を理解する必要があります。

基本クラスは、**第８章**で学習したクラスで、親クラスやスーパークラスとも呼ばれます。派生クラスは、基本クラスを継承したクラスで、子クラスやサブクラスとも呼ばれます。本書では、基本クラスと派生クラスという言葉に統一します。

継承を利用すると、基本クラスのプロパティやメソッドが派生クラスに自動的に引き継がれます。これにより、基本クラスの機能を継承した新しいクラスを派生クラスとして作成できます。

例えば、**第８章**で作成したHouseクラスを元にして、車庫付きモデルの家を派生クラスとして定義するとしましょう（**図9-1**）。この派生クラスは、基本クラスのプロパティやメソッドを受け継ぐので、車庫に関する特性や機能を追加するだけで済みます。したがって、車庫付きの家クラスは、基本クラスのメンバに加えて、車庫のプロパティや車庫の開閉メソッドなど、派生クラスで独自に定義したメンバも使用できます。

▼図 9-1 継承のイメージ

Houseクラス

基本クラスのメンバ

継承

車庫付きの家クラス

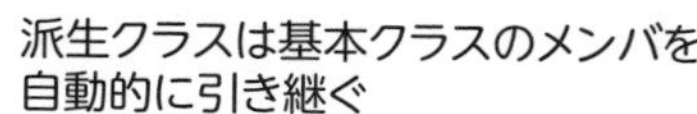

車庫 プロパティ
車庫開閉 メソッド

派生クラスのメンバ

派生クラスを定義してみよう

派生クラスは**構文 9-1** に示すように「派生クラス名 extends 基本クラス名」のように記述して定義します。{} の中には、派生クラスのメンバを定義します。

派生クラスに追加できるメンバは、基本クラスと同様ですので説明は割愛します。

構 文 9-1 派生クラスの定義

```
class 派生クラス名 extends 基本クラス名 {
  // 派生クラスのメンバ
}
```

House クラスを継承して「車庫付きの家クラス」を定義する例を**リスト 9-1** に示します。

▼リスト 9-1 派生クラス「車庫付きクラス」の定義例

```
class House {
    public color: string = "白";     // 家の色
    public rooms: number = 1;    // 部屋数

    public activateSecurity(isOn: boolean) {
        if (isOn) {
            console.log("セキュリティを作動しました");
        } else {
            console.log("セキュリティを停止しました");
        }
    }
}

class GarageHouse extends House {
    // 車庫の有無を表すプロパティ (true:車庫あり/false:車庫なし)
    public hasGarage: boolean = false;
    // 車庫の開閉をするメソッドの定義 (true:車庫を開ける/false:車庫を閉める)
    public openGarage(isOpen: boolean):void {
        if (this.hasGarage) {    // 車庫があるか?
            if (isOpen) {          // 車庫を開ける場合
                console.log("車庫を開けました");
            } else {               // 車庫を閉じる場合
                console.log("車庫を閉じました");
            }
        } else {      // 車庫がない場合
            console.log("車庫はありません");
        }
    }
}

const gh = new GarageHouse();     // インスタンスの生成
gh.hasGarage = true;              // 車庫を「あり」に設定
gh.openGarage(true);              // 車庫を開ける
gh.openGarage(false);             // 車庫を閉める
gh.activateSecurity(true);        // セキュリティを作動させる
```

このコードでは、基本クラスとしてHouseクラスが定義されています。

Houseクラスには、colorとroomsという2つのプロパティがあり、activateSecurityというメソッドも定義しています。activateSecurityメソッドは、引数に渡された値に応じてセキュリティを作動または停止します。

次に、14行目で派生クラスGarageHouseが定義されています。GarageHouseクラスはHouseクラスを継承しており、新たにhasGarageプロパティとopenGarageメソッドを追加しています。hasGarageプロパティは、車庫の有無をboolean型（trueかfalse）で表しています。openGarageメソッドは、車庫が存在する場合に車庫を開閉するという動作を行います。

31～35行目は、派生クラスを実際に利用している部分です。

31行目で、派生クラスのインスタンスを生成しています。

32行目では、hasGarageにtrueを代入して、車庫を「あり」の状態に設定します。

33行目でopenGarageにtrueを渡すと、18行目のopenGarageメソッドはtrueを受け取ります。次に、19行目のif文は、32行目で設定したhasGarageの値trueで評価するので20行目が実行されます。20行目は、openGarageメソッドの引数で受け取ったtrueで評価するので、「車庫を開けました」が出力されます。

34行目はopenGarageにfalseを渡しているので、18行目のopenGarageメソッドはfalseを受け取ります。次に、19行目のif文は、32行目で設定したhasGarageの値trueで評価するので20行目が実行されます。20行目は、openGarageメソッドの引数で受け取ったfalseで評価するので、22行目のelseが実行されて「車庫を開けました」が出力されます。

35行目は基本クラスのactivateSecurityメソッドを呼び出しており、引数にtrueを渡しています。これにより、5行目でtrueを受け取ります。その結果6行目のif文がtrueで評価され、「セキュリティを作動しました」を出力します。

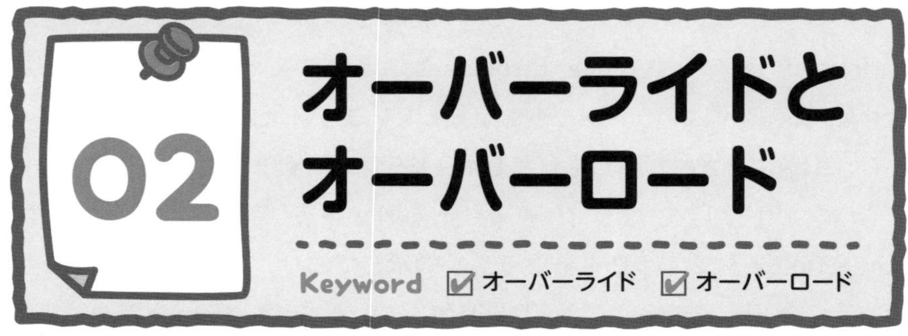

オーバーライドってなんだろう？

オーバーライドとは、基本クラスのメソッドを派生クラスのメソッドで置き換えることを指します。派生クラスでは基本クラスのメソッドを再定義することで、同じメソッド名を使用しながらも、基本クラスと異なる独自のメソッドを作成できるようになります。メソッドをオーバーライドするには**構文9-2**を使用します。派生クラスの内部で、基本クラスで定義されている名前と同じ名前のメソッドを定義します。

構　文　9-2　メソッドのオーバーライド

```
class 派生クラス名 extends 基本クラス名 {
    基本クラスと同じメソッド名() {
        // 独自の実装
    }
}
```

リスト9-2は、**リスト9-1**で定義したHouseクラスを継承して、派生クラスGarageHouseクラスを定義し、インスタンス化してメソッドを呼び出す例です。

▼リスト 9-2　メソッドをオーバーライドする例

```
01: // リスト9-1のクラスの定義をここに記述
02:
03: class GarageHouse extends House {
04:     activateSecurity(isOn: boolean) {
05:         if (isOn) {
06:             console.log("セキュリティを作動しました");
07:             console.log("ガレージのセキュリティも作動します");
08:         } else {
09:             console.log("セキュリティを停止しました");
10:             console.log("ガレージのセキュリティも停止します");
11:         }
12:     }
13: }
14:
15: const gh = new GarageHouse();
16: gh.activateSecurity(true);
    // 「セキュリティを作動しました」「ガレージのセキュリティも作動します」
17: gh.activateSecurity(false);
    // 「セキュリティを停止しました」「ガレージのセキュリティも停止します」
```


GarageHouse クラスは House クラスを継承しており、activateSecurity メソッドをオーバーライドしています（**図 9-2**）。オーバーライドされた activateSecurity メソッドでは、引数として受け取った isOn の値に応じてセキュリティの状態を出力します。isOn が true の場合、"セキュリティを作動しました" と "ガレージのセキュリティも作動します" のメッセージを出力します。isOn が false の場合は、"セキュリティを停止しました" と "ガレージのセキュリティも停止します" のメッセージを出力します。

15 行目以降で、GarageHouse クラスのインスタンスを作成し、activateSecurity メソッドを呼び出しています。インスタンス gh の activateSecurity(true) を呼び出すと、セキュリティの作動メッセージとガレージのセキュリティの作動メッセージが順に表示されます。同様に、activateSecurity(false) を呼び出すと、セキュリティの停止メッセージとガレージのセキュリティの停止メッセージが順に表示されます。

このように、派生クラスで基本クラスのメソッドをオーバーライドすることで、異なる動作を実現できます。

▼図 9-2　オーバーライドのイメージ

オーバーロードってなんだろう？

オーバーロードは、同じ名前を持ちながら異なる引数を受け取る複数のメソッド（または関数）を定義することを指します。これにより、1つのメソッド名を覚えるだけで、異なる機能を利用できます。

オーバーロードメソッドを定義するには、同じメソッド名を使用し、各メソッドのシグネチャ（引数の型や個数）を異ならせる必要があります。異なるシグネチャを持つメソッドはそれぞれ異なるメソッドとして扱われます。

例えば、House クラスのセキュリティ作動メソッド（activateSecurity）を2つオーバーロードする例で考えてみましょう。

1つ目のメソッドはスイッチのオン／オフ情報のみを受け取り、セキュリティを作動させるメソッドを定義します。このメソッドの定義は以下のようになります。

```
activateSecurity(isOn: boolean): void;
```

2つ目のメソッドはセキュリティのオン／オフ情報とガレージのオン／オフ情報を引数として受け取ることを考えましょう。このメソッドの定義は以下のようになります。

```
activateSecurity(isOn: boolean, hasGarage: boolean): void;
```


2つのオーバーロードの定義ができましたので、最後にこの2つのシグネチャが共通するメソッド定義を書き、メソッド本体を記述する{}を書きます。

ここで、1つ目の引数 isOn はどちらのメソッドにも存在するため、同じように記述します。一方、2つ目の引数 hasGarage は1つ目のメソッドには存在せず、2つ目のメソッドにだけ存在します。このような場合、引数の後ろに「?」を付けて「hasGarage?」のように書きます。この「?」を付けた引数は、値を渡しても渡さなくても良いことを示します。

```
// 2つのシグネチャが共通するメソッドの定義
activateSecurity(isOn: boolean, hasGarage?: boolean): void {
    //
}
```

シグネチャは様々なパターンが考えられることから、一意な構文で表すことができませんので、オーバーロード定義の一例を、**構文 9-3** に示します。

構文　9-3　メソッドのオーバーロード

```
class クラス名 {
    メソッド名 ( 引数1: データ型1): 戻り値 ;
    メソッド名 ( 引数1: データ型1, 引数2: データ型2): 戻り値 ;
    // 上記2つのメソッドに共通するシグネチャを定義
    メソッド名 ( 引数1: データ型1, 引数2?: データ型2): 戻り値 {
        // メソッドの実装
    }
}
```

リスト 9-3 は、実際に House クラスに activateSecurity メソッドをオーバーロード定義して使用する例です。

▼リスト 9-3　オーバーロードの例

```
class House {
    activateSecurity(isOn: boolean): void;
    activateSecurity(isOn: boolean, hasGarage: boolean): void;

    activateSecurity(isOn: boolean, hasGarage?: boolean): void {
        if (isOn) {
            console.log("セキュリティを作動しました");
            if (hasGarage) {
                console.log("ガレージのセキュリティも作動します");
            }
        } else {
            console.log("セキュリティを停止しました");
            if (hasGarage) {
                console.log("ガレージのセキュリティも停止します");
            }
        }
    }
}

```

次へ ↗

```
const myHouse = new House();
//セキュリティを停止しました
myHouse.activateSecurity(false);
//セキュリティを作動しました/ガレージのセキュリティも作動します
myHouse.activateSecurity(true, true);
```

activateSecurity メソッドは２つのオーバーロードで定義されています。

１つ目のオーバーロードは引数として isOn（セキュリティのオン / オフ情報）を受け取ります。

２つ目のオーバーロードは isOn と hasGarage（ガレージのオン / オフ情報）の２つの引数を受け取ります。これによって、異なる引数の組み合わせに対応したメソッドの動作を実現しています。

３つ目のメソッド定義は「"activateSecurity(isOn: boolean, hasGarage?: boolean)"」であり、先述した２つのメソッドを統合して、シグネチャを共通化しています。このメソッドでは、第１引数は「"isOn"」であり、第２引数の「"hasGarage"」はオプションの引数です。つまり、「"hasGarage"」の値が渡される場合と渡されない場合の両方に対応しています。

このように、activateSecurity メソッドのオーバーロードは、使用方法によって第１引数の isOn のみが渡されることもあれば、第２引数の hasGarage の値も渡す場合があることを表現しています。hasGarage? のように「?」を使用することで、値が渡されない可能性がある引数をオプションとして扱っています（**図 9-3**）。

メソッドの実装部分（実際に機能する部分のコード）では、引数 isOn が true か false かによって異なる動作を行います。isOn が true の場合、セキュリティを作動させる旨のメッセージが表示されます。また、引数 hasGarage が true の場合には、ガレージのセキュリティも作動する旨のメッセージが追加で表示されます。isOn が false の場合には、セキュリティを停止させる旨のメッセージが表示されます。同様に、hasGarage が true の場合にはガレージのセキュリティも停止する旨のメッセージが追加で表示されます。

▼図 9-3　オーバーロードのイメージ

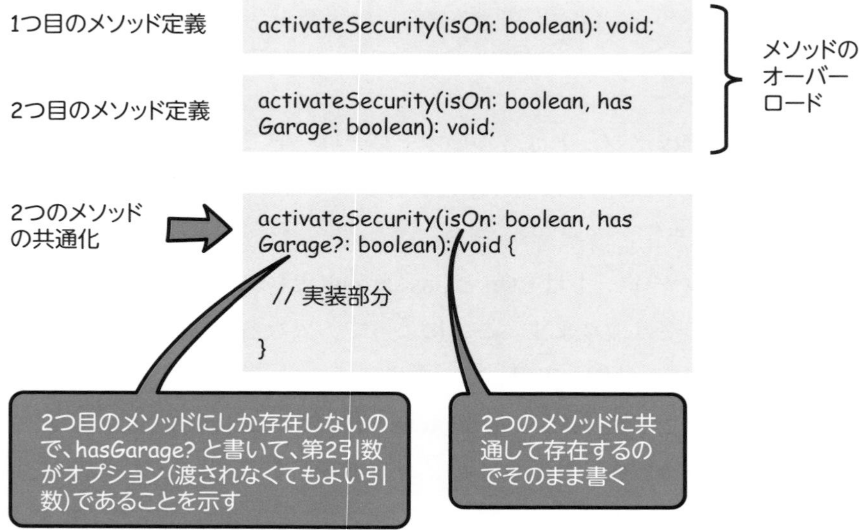

20 行目以降は、House クラスのインスタンス myHouse を生成し、activateSecurity メソッドを呼び出しています。myHouse.activateSecurity(false) ではセキュリティを停止し、myHouse.activateSecurity(true, true) ではセキュリティを作動させるとともにガレージのセキュリティも作動させる動作が行われます。

このように、オーバーロードされた activateSecurity メソッドを使用することで、異なる引数の組み合わせに応じたセキュリティの制御が容易になります。

03 アクセス修飾子 protected

Keyword ☑ protected

protectedキーワードってなんだろう？

protectedは、クラスで定義されたメンバーの有効範囲を示すためのキーワードです。protected修飾子が付けられたメンバー（プロパティやメソッド）は、そのクラス自体とその派生クラス内からのみアクセスすることができますが、インスタンスからは使用することはできません。

例えば、基本クラスで定義したgetRoomsというメソッドがprivateの場合は派生クラスから利用することができませんが、protectedキーワードで修飾されている場合は、派生クラスから利用することができます。

protectedキーワードを使ってみよう

protectedキーワードで修飾されたメンバーは派生クラスから利用できることがわかりました。実際のプログラムを作成して、この概念をより深く理解しましょう。

はじめに、基本クラスであるHouseクラスを定義します（リスト9-4）。

▼リスト9-4　protectedメンバーを持つHouseクラスの定義

```
class House {
    private rooms: number;   // 部屋数

    constructor(rooms: number) {
        this.rooms = rooms;
    }

    // 部屋数を取得するメソッド
    protected getRooms(): number {
        return this.rooms;
    }
}
```

部屋数を記憶するroomsプロパティはprivateキーワードで修飾しています。よって、roomsプロパティはHouseクラス内でのみ使用可能なプロパティです。一方、部屋数を取得するメソッドgetRoomsはprotectedキーワードで修飾しています。よってgetRoomsメソッドは派生クラスからもアクセス可能（参照して利用できる）なメソッドになります。

次に、Houseクラスを継承して、車庫の有無も管理できるGarageHouseという派生クラスを定義します（**リスト9-5**）。

▼リスト9-5　Houseクラスを継承するGarageHouseクラス

```
// リスト9 - 4の定義をここに記載

class GarageHouse extends House {
    // 車庫の有無を管理
    private hasGarage: boolean;

    constructor(rooms: number, hasGarage: boolean) {
        super(rooms);
        this.hasGarage = hasGarage;
```

次へ

```
09:     }
10:
11:     public getHasGarage(): boolean {
12:         return this.hasGarage;
13:     }
14:
15:     public getHouseDetails(): void {
16:         console.log(`部屋数は${this.getRooms()}です`);
17:         if (this.hasGarage) {
18:             console.log("車庫があります");
19:         }
20:     }
21: }
```


6行目はコンストラクタの定義です。引数でrooms（部屋数）とhasGarage（車庫の有無）を受け取って、クラスのプロパティを初期化します。7行目の「super(rooms);」という記述は、基本クラスのコンストラクタにroomsの値を渡す処理です。「super」は派生クラスから基本クラスのコンストラクタを呼び出す記述方法です。「super(rooms);」と記述していますので、基本クラスのroomsプロパティが初期化されます。

11行目のgetHasGarageメソッドは、この派生クラス専用のメソッドで、車庫の有無状態を取得するメソッドです。publicキーワードで修飾していますので、インスタンスから呼び出すことができます。さらに、15行目でgetHouseDetailsメソッドを定義しています。このメソッドは、どのような家なのか示す情報を出力します。

16行目は、基本クラスの中にあるprotectedキーワードが付いたgetRooms()メソッドを呼び出している処理です。このように、派生クラスは親クラスのprotetedメンバを利用することができます。

最後に、定義したGarageHouseクラスを利用する例を示します。**リスト9-6**は、GarageHouseクラスからインスタンスmyHouseを作成して、getHouseDetailsメソッドを呼び出しています。インスタンス化するときに

GarageHouseのコンストラクタに3とtrueを渡していますので、「部屋数は3です」と「車庫があります」という表示がされます。

▼リスト9-6　GarageHouseクラスの利用

```
const myHouse = new GarageHouse(3, true);
myHouse.getHouseDetails();
```

アクセス範囲を理解しよう

リスト9-4～リスト9-6で定義した、Houseクラス、GarageHouseクラス、およびそれらのインスタンスを利用するコードを振り返り、public、private、protectedキーワードで修飾されたメンバーのアクセス範囲を確認しましょう（**図9-4**）。

Houseクラスのroomsはprivateキーワードで修飾されているため、Houseクラス内でのみ使用可能です。一方、protectedキーワードで修飾されたgetRoomsはHouseクラスを継承しているGarageHouseクラスでも利用できますが、インスタンスからは利用できません。

GarageHouseクラスで定義されたgetHasGarageメソッドとgetHouseDetailsメソッドはpublicキーワードで修飾されています。したがって、GarageHouseクラスの内部およびインスタンスから利用することができます。

このように、必要に応じてアクセス修飾子を使用することで、クラスのメンバーを安全に利用することが可能になります。

▼図 9-4　アクセス修飾子ごとのスコープイメージ

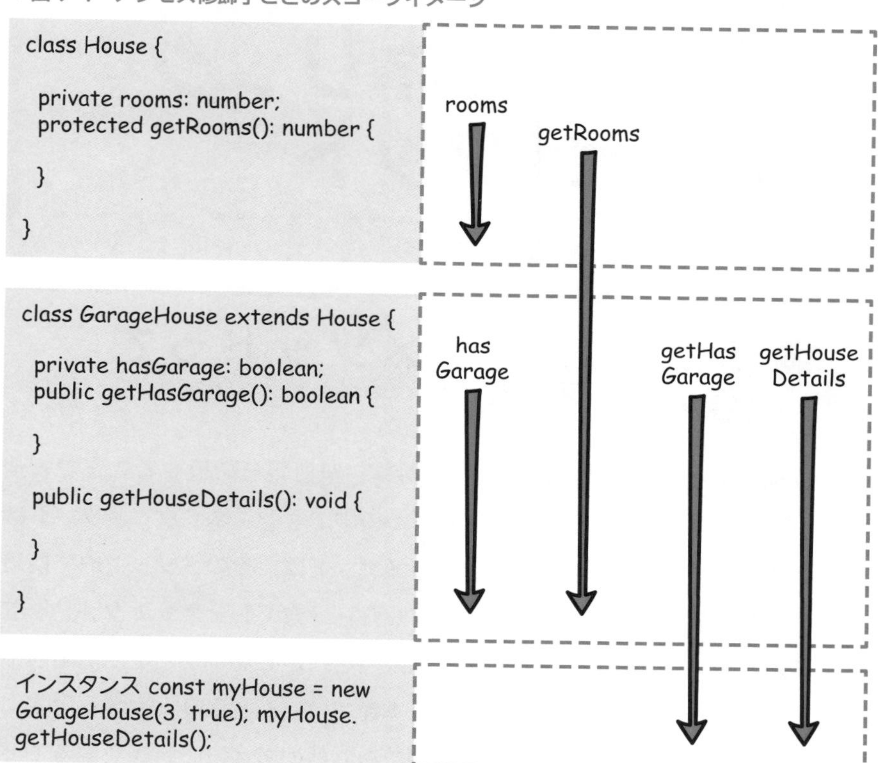

ジェネリックメソッド

Keyword ☑ジェネリックメソッド

ジェネリックメソッドってなんだろう？

TypeScriptはデータ型を持つ言語であり、型情報を活用することで安全性や柔軟性を向上することができます。その中でもジェネリックメソッドは強力な機能の一つです。すでに学習したメソッドは、そのメソッド内で使用するデータの型はあらかじめ決めていました。一方でジェネリックメソッドは、あえてメソッド内で使用するデータの型を指定しないことで、汎用的に処理を行わせることができます。なお、本節では、ジェネリックメソッドについて説明をしますが、ジェネリック関数も同様の考え方で定義をすることができます。

ジェネリックメソッドを使ってみよう

例えば、数値配列を引数で受け取ってすべての値を表示するprintNumberArrayメソッドと、文字配列を引数として受けとってすべての値を表示するprintStringArrayメソッド定義する場合、リスト9-7のように書くことができます。

▼リスト 9-7 数値を表示するメソッドと文字列を表示するメソッドの例

```
class MyUtility {
    printNumberArray(arr: number[]): void {
        for (const val of arr) {
            console.log(val);
        }
    }

    printStringArray(arr: string[]): void {
        for (const val of arr) {
            console.log(val);
        }
    }
}
```


printNumberArray メソッドと printStringArray メソッドを比較すると、内部のコードが完全に同じであることがわかります。引数のデータ型が異なるだけであり、冗長な状態になっていますね。

そこで、ジェネリックメソッドを使用することで、これらのメソッドを統合することができます。ジェネリックメソッドは**構文 9-4** を使用して定義します。

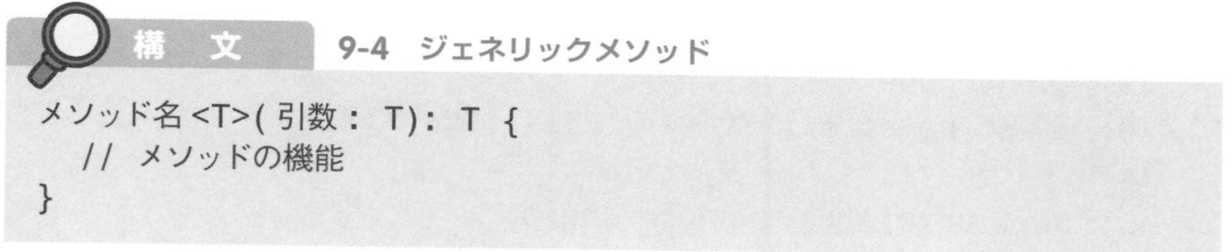

構文 9-4 ジェネリックメソッド

```
メソッド名<T>(引数: T): T {
  // メソッドの機能
}
```

ちなみにジェネリック関数の場合は**構文 9-5** を使用します。

構文 9-5 ジェネリック関数

```
function 関数名<T>(引数: T): T {
  // 関数の機能
}
```

構文では、アルファベットTが使われています。一般的には、データ型"Type"を表す頭文字としてTがよく使われますが、任意の識別子を使用することができます。

定義したメソッドの中でTを使用している部分は、すべて<T>に指定したデータ型で置き換えられることを示しています。したがって、使用するときに<T>の部分にnumberを指定すると、メソッド内のTの部分はnumberに置き換えられます。同様に、<T>の部分にstringを指定すると、メソッド内のTの部分はstringに置き換えられますので、汎用的なメソッドとして使用することができます。

先ほど定義した**リスト9-7**をジェネリックメソッドに書き換えて使用する例を**リスト9-8**に示します。

▼リスト9-8　ジェネリックメソッドを定義して使用する例

```
01: class MyUtility {
02:     printArray<T>(arr: T[]): void {
03:         for (const val of arr) {
04:             console.log(val);
05:         }
06:     }
07: }
08: 
09: const nums = [1,2,3,4,5];
10: const names = ["Steve","Bill","Mark"];
11: const util = new MyUtility();
12: util.printArray<number>(nums);
13: util.printArray<string>(names);
```

ジェネリックメソッドprintArrayは、配列の要素を順番に取り出してコンソールに出力するというものです。printArrayはジェネリック型Tを使用して定義されています。また、引数arrのデータ型もTにしています。

9行目以降で、定義したMyUtilityクラスを使用しています。

12行目は、printArrayを数値型で使用するために、データ型を

<number> にしています。また、13 行目は printArray を文字列型で使用するために、データ型を <string> にしています。

このように、使用するタイミングでデータ型を指定すると、T の部分がそのデータ型に置き換わった上で、実行されます（**図 9-5**）。

▼図 9-5　prinArray メソッドの使用イメージ

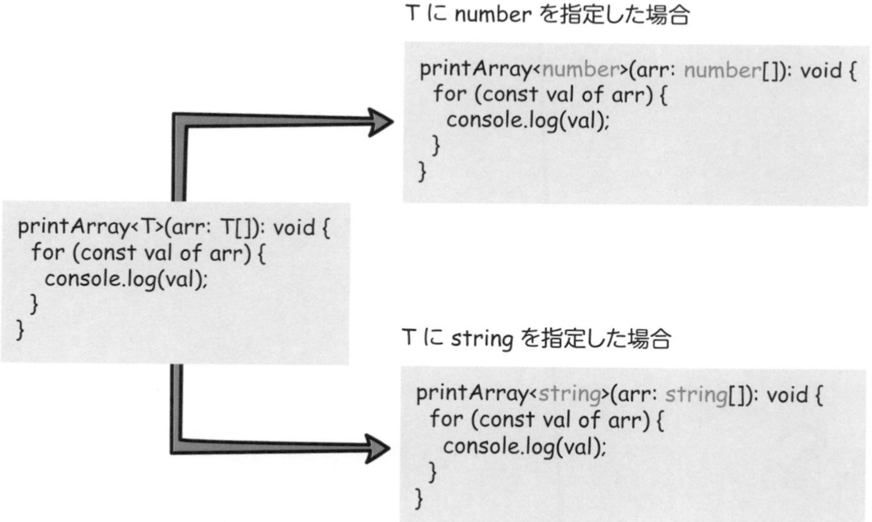

実際に**リスト 9-8** を実行すると、printArray メソッドが呼び出されて配列の要素が順番に表示されます。

結果として、以下のような結果が得られます。

```
1
2
3
4
5
Steve
Bill
Mark
```

このように、ジェネリックメソッドを使用することで、異なる型に対しても同じメソッドを使い回すことができます。

ジェネリックの型引数名に使用する文字について

ジェネリックの型引数名はなぜTなのでしょうか？ これは、TがTypeの略語であるというのが理由のようです。

型引数名は1文字でなければならないという制限はありません。また、必ずしもTを使わなければいけないというわけでもありません。型引数名は<A>でも構いませんし、<Foo>のように単語にすることもできます。ただし、forやclassなどの予約後や<1>のように数字は型引数名にすることはできません。一般的には<T>、<U>、<V>が多く使われるようです。

型引数を複数使用する必要がある場合は<T1>、<T2>、<T3>のように連番を振ることもあります。個人開発の場合は自由に型引数名を付けても構いませんが、チーム開発の場合は、そのチームの開発ルールに沿って命名する用にしましょう。

ジェネリッククラス

Keyword　☑ジェネリッククラス

ジェネリッククラスとは？

ジェネリックメソッドとジェネリッククラスは、どちらも型情報を柔軟に扱うための機能ですが、それぞれ異なる用途で使われます。すでに学習したジェネリックメソッドは、メソッド内で引数や戻り値の型を動的に変えることができます。

一方、ジェネリッククラスは、クラス内のコンストラクタ、プロパティ、メソッドなどクラス全体にわたって型の柔軟性を提供します。ジェネリッククラスを使うと、クラスを使用する際に異なる型のデータを格納したり、異なる型でクラスのメソッドを呼び出したりできます。

ジェネリック型Tをすべてのメンバで使用する必要はなく、必要な箇所のみに適用することもできます。ジェネリッククラスを定義するには、**構文9-6**を使用します。これにより、クラス内のさまざまな場所で型情報を柔軟に扱うことができます。

構　文　9-6　ジェネリッククラス

```
class クラス名 <T>
{
  プロパティ名: T;

  constructor(引数: T) {
  }

  メソッド: T {
  }
}
```

ジェネリッククラスを使ってみよう

リスト 9-9 は MyData というジェネリッククラスを定義して利用する例です。このクラスは、任意のデータ型の配列を準備して、データを記憶したり取り出したりできるという機能を持ちます。

1 行目で、ジェネリッククラスを定義しています。クラス名 MyData の後ろに <T> がありますので、クラス内の T はすべて指定されたデータ型に置き換わります。

続いて 2 行目は、vals という T 型の配列プロパティを宣言していますね。このプロパティには、クラス内で定義されたメソッドを介してアクセスされます。

4 行目は addValue という名前のメソッドを定義しています。引数は item という T 型の値を受け取ります。メソッド内部ではプロパティ vals の push メソッドを使用して、値を追加しています。

8 行目は getValue という名前のメソッドを定義しています。引数は index という名前で、number 型の値を受け取ります。メソッド内部では、プロパティ vals から index の位置にあるデータを参照して呼び出し元に返します。

クラスの定義内容を理解できたら実際に使用してみましょう。

13行目はMyDataクラスのインスタンスdataNumを作成します。このとき、ジェネリクス型Tはnumberですので、このインスタンスは数値型のデータを格納および操作します。14行目はaddValueで5を、15行目では3を記憶しています。16行目は、引数に1を渡して、インデックスが1の位置にあるデータ「3」を出力しています。

18行目はMyDataクラスのインスタンスdataStrを作成します。このとき、ジェネリクス型Tはstringですので、このインスタンスは文字列型のデータを格納および操作します。19行目はaddValueでappleを、20行目ではorangeを記憶しています。21行目は、引数に1を渡して、インデックスが1の位置にあるデータ「orange」を出力しています。

▼リスト9-9　ジェネリッククラスの使用例

```
01: class MyData<T> {
02:     private vals: T[] = [];
03:
04:     addValue(item: T) {
05:         this.vals.push(item);
06:     }
07:
08:     getValue(index: number): T {
09:         return this.vals[index];
10:     }
11: }
12:
13: const dataNum = new MyData<number>();
14: dataNum.addValue(5);
15: dataNum.addValue(3);
16: console.log(dataNum.getValue(1));   // 3
17:
18: const dataStr = new MyData<string>();
19: dataStr.addValue("apple");
20: dataStr.addValue("orange");
21: console.log(dataStr.getValue(1));   // orange
```

《章末復習問題》

復習問題 9-1　派生クラスの作成

基本クラス House を作成し、派生クラス FlyingHouse を作成してください。

基本クラスはリスト 9-1 で定義した House クラスを使用してください。

派生クラス FlyingHouse には、FlyingHouse には Fly というメソッドを定義し、実行した場合は「空を飛びます」というメッセージが表示されるようにしてください。

派生クラスを定義したら、fh という名前でインスタンスを作成して、Fly メソッドを実行してみましょう。

復習問題 9-2　メソッドのオーバーロード

Calculator という名前のクラスを作成して、add という名前のオーバーロードメソッドを定義してください。1 つ目の add メソッドは 2 つの number 型の引数を取り、メソッド内部で加算して返すメソッドにしてください。もう 1 つの add メソッドは 3 つの number 型の引数を取り、メソッド内部で 3 つの値を加算して返すメソッドにしてください。

10章

抽象クラスとインターフェース

ソフトウェア開発において、クラスの抽象化とインタフェースの設計は柔軟性と拡張性を提供する上で重要な役割を果たします。本章では、抽象クラスとインターフェースの特徴について説明するとともに、実際のコード例を用いて学習をします。ぜひ、抽象クラスとインターフェースを使いこなせるようにしましょう。

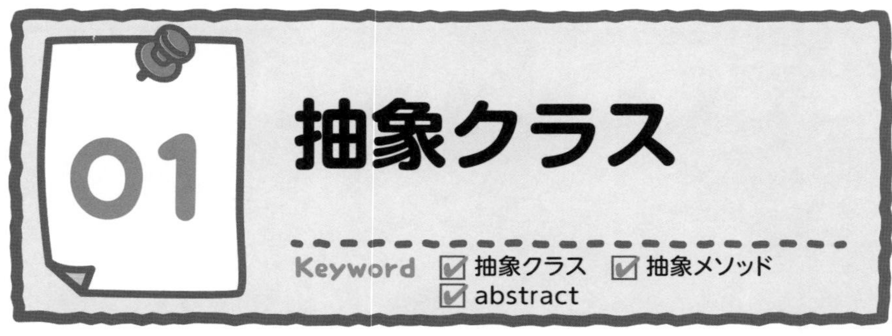

抽象クラスってなんだろう？

第９章で学んだオーバーロードは、基本クラスのメソッドを派生クラスで上書きする機能でしたね。しかし、上書きされるメソッドであるならば、機能を実装すること自体が不要です。そこで、抽象クラスと抽象メソッドを使うことで、このような無駄な実装を回避できます。

抽象クラスは、複数のクラスに共通するメソッドを定義するために使用されます。また、抽象メソッドと呼ばれる、中身のない（機能を持たない）メソッドを定義することができます。抽象メソッドを含む抽象クラスを継承した派生クラスは、必ずその抽象メソッドを実装する必要があります。

例えば、図形クラスを抽象クラスとして定義し、抽象メソッド「描画する」を定義すると、三角形クラスでは必ずその抽象メソッドを実装し、図形を描画する機能を実装する必要があります（図 10-1）。

このように、抽象クラスは、共通の性質を持つクラスをまとめ、メソッドのオーバーライドを強制することで、ソフトウェア設計の柔軟性や効率性を向上させることができます。

▼図 10-1　抽象クラスのイメージ

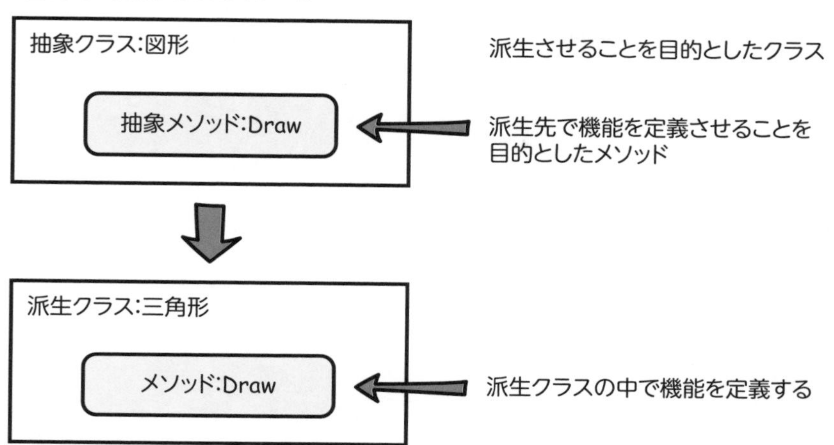

抽象クラスを定義しよう

抽象クラスは**構文 10-1** を使用して定義をします。

抽象クラスは abstract キーワードの後ろにクラス名を記述し、抽象メソッドは abstract キーワードの後ろに、メソッド名、引数、戻り値のみを記述し、メソッドの中身は記述しません。

抽象クラスには、抽象メソッド以外にコンストラクタやプロパティ、中身を実装した通常のメソッドも記述することもできます。

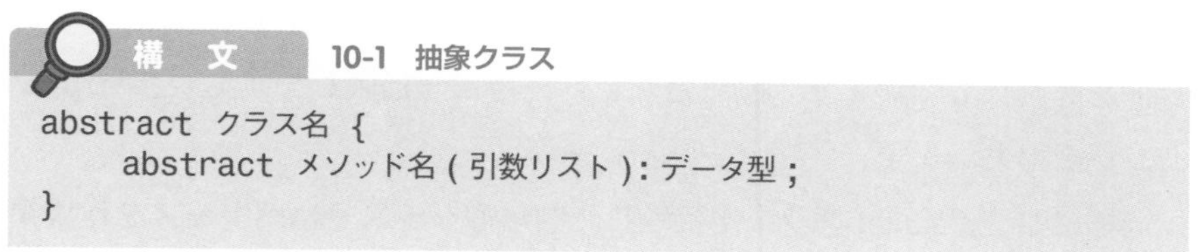

構文　10-1　抽象クラス

```
abstract クラス名 {
    abstract メソッド名 ( 引数リスト ): データ型 ;
}
```

それでは実際に抽象クラスを定義して、派生クラスに継承させてみましょう（リスト 10-1）。

▼リスト 10-1　抽象クラスを定義して利用する例

```
01: abstract class Zukei {
02:     abstract Draw(): void;
03: }
04:
05: class Triangle extends Zukei {
06:     Draw(): void {
07:         console.log("三角形を描画します。");
08:     }
09: }
10:
11: const tri = new Triangle();
12: tri.Draw(); // 三角形を描画します
```

リスト 10-1 の 1 行目では、Zukei という名前の抽象クラスを定義しています。また抽象クラス内部には図形を描画することを目的とした抽象メソッド Draw を定義しています。Draw メソッドは、派生クラス内で処理内容を実装するため、ここではメソッドの定義だけを記述しています。

次に、5 行目で三角形を描画することを目的とした Triangle というクラスを定義しています。このクラスは抽象クラス Zukei を継承していますので、Draw メソッドを持つことになります。しかしながら、継承した Draw メソッドは中身がありませんので、オーバーライドをして三角形クラスにふさわしい Draw メソッドの機能を実装します。この例では、「三角形を描画します。」というメッセージを出力しています。

最後に、11 行目 Triangle クラスのインスタンス tri を生成し、Draw メソッドを呼び出しています。結果として「三角形を描画します。」というメッセージを出力します。

同様にして、Zukei クラスを継承した四角形クラスや楕円クラスを作成することができます。Zukei クラスを継承しているので、四角形クラスも楕円クラスも Draw メソッドを持つことになり、図形描画方法を統一することができます。

インターフェースとは

Keyword　interface　implements

インターフェースってなんだろう？

　前節では、抽象クラスは処理を持たない抽象メソッドを定義し、派生クラスの中でオーバーライドをして使用するということを学びましたね。

　本節では、抽象クラスによく似たインターフェースという機能について学びます。

　インターフェースとは、異なるオブジェクトやシステムがやり取りするために必要な仕様やルールを指します。例えば、ユーザーインターフェースは、アプリケーションとユーザーがやり取りするための仕様やルールを意味します（図 10-2）。

▼図 10-2　インターフェースのイメージ

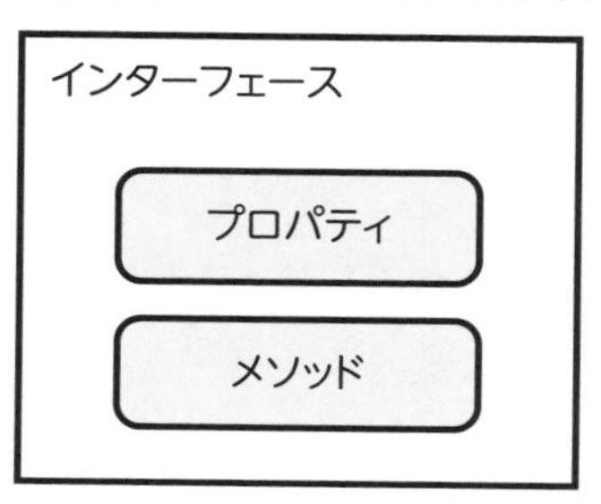

インターフェースは、任意のクラスに実装させる
プロパティやメソッドをルール化する仕組み

一方 TypeScript のインターフェースは、クラスのプロパティやメソッドの定義を記述するための仕組みです。インターフェースを定義しておくと、そのインターフェースを実装するクラスは、必ずそのインターフェースで定義されたプロパティやメソッドを定義する必要があります。これにより、クラス間の互換性や統一性を保つことができます。

抽象クラスとインターフェースの違い

抽象クラスとインターフェースは、メソッドの具体的な実装を定義しないという点では同じですが、以下の点で異なります。

まずは継承の観点から見ていきましょう。

クラスは、抽象クラスを 1 つだけ継承できますが、インターフェースは複数のインターフェースを実装できます。これにより、クラスに複数の機能を持たせることができます。

次に実装の観点で見てみましょう。

抽象クラスは、抽象メソッドと実装済みメソッドの両方を含めることができます。一方、インターフェースは、メソッドの実装を定義できません。インターフェースは、プロパティやメソッドの定義のみに使用されます。

最後にインスタンス化の観点で見てみましょう。

抽象クラスもインターフェースもインスタンス化できないという点で同じです。

まとめると、抽象クラスとインターフェースは、どちらも共通の性質を持つクラスをまとめるために使用されます。抽象クラスは、オーバーライドを強制する機能を持ち、インターフェースは、クラス間の互換性を保つ機能を持ちます。

インターフェースを定義しよう

インターフェースは**構文 10-2** を使用して定義します。前述のとおり、インターフェース内のメソッドは定義のみであり、実際の機能コードはここには含まれません。

構 文 **10-2 インターフェースの定義**

```
interface インターフェース名 {
    プロパティ名: データ型;
    メソッド名(引数リスト): データ型;
}
```

またクラスにインターフェースを実装するには、**構文 10-3** を使用します。

クラスの継承とは異なり、クラス名の後に implements キーワードを付け、その後にインターフェース名を指定します。

構 文 **10-3 インターフェースの実装**

```
class クラス名 implements インターフェース名 {
    // インターフェースで定義したプロパティやメソッドの実際の定義を記述
}
```

それでは実際にインターフェースを定義して、クラスに実装してみましょう。

リスト 10-2 は、音楽の再生機能を持つインターフェース「PlaySound」を定義し、「MusicPlayer」クラスに音楽再生機能を実装する例です。

▼リスト 10-2　音楽再生のインターフェースを実装する例

```
01: interface PlaySound {
02:     name: string;
03:     play():void;
04:     stop():void;
05: }
06:
07: class MusicPlayer implements PlaySound {
08:     name : string = "sample";
09:
10:     play() {
11:         console.log(`${this.name}を再生しました。`);
12:     }
13:
14:     stop() {
15:         console.log(`${this.name}を停止しました。`);
16:     }
17: }
18:
19: const mp = new MusicPlayer();
20: mp.play();
21: mp.stop();
```

1～5行目はPlaySoundというインターフェースを定義しています。このインターフェースには、音楽の再生機能に必要なname（再生名）プロパティと、play（再生）メソッド、stop（停止）メソッドを定義しています。メソッドの中身は実装時に記述するため、ここではメソッドの機能だけを定義しています。

次に7行目でMusicPlayerクラスを定義しています。クラス名の後ろに「implements インターフェース名」と記述することでインターフェースを実装できます。

それではどのように実装しているかを見ていきましょう。

nameプロパティは「"sample"」という値で初期化していますね。またplayメソッドは、nameプロパティの値を使用して、「○○を再生しました」

という文字列を出力します。stop メソッドも同様に name プロパティの値を使用して、「○○を停止しました」という文字列を出力します。

最後に、19 行目以降の実際に利用している部分を見ていきましょう。

19 行目は MusicPlayer クラスのインスタンス mp を作成しています。この mp インスタンスを利用して、mp.play() メソッドを呼び出すと、「"sample を再生しました。"」というメッセージが表示されます。また mp.play() メソッドを呼び出すと、「"sample を再生しました。"」というメッセージが表示されます。

このように、クラスにインターフェースを実装させることで、ルールに従ったクラスを定義することができます。

ポイント

プログラミングにおける「実装」とは、仕様や設計に基づいて、実際にプログラムを作成することを指します。具体的には、プログラミング言語でソースコードを書くことを意味します。

03 インターフェースの継承

Keyword ☑ interface ☑ extends

インターフェースを継承してみよう

前節で学習したインターフェースは、さらにインターフェースを継承して新しいインターフェースを定義することができます。

例えば、先ほど作成したインターフェースは音楽を再生するという機能を持っていました。

この音楽再生のインターフェースを壊すことなく、動画再生の機能も持たせたいような場合を考えてみましょう。

このような場合は、新たに動画再生用のインターフェースを準備し、既存の音楽再生用のインターフェースを継承させれば、解決します（**図 10-3**）。

インターフェースの継承は**構文 10-4** を使用します。クラスの継承と同様に extends キーワードを使用します。

構　文　10-4　インターフェースの継承

```
interface インターフェース名 extends 継承するインターフェース名 {
    プロパティ名: データ型;
    メソッド名(引数リスト): データ型;
}
```

▼図 10-3　インターフェースの継承イメージ

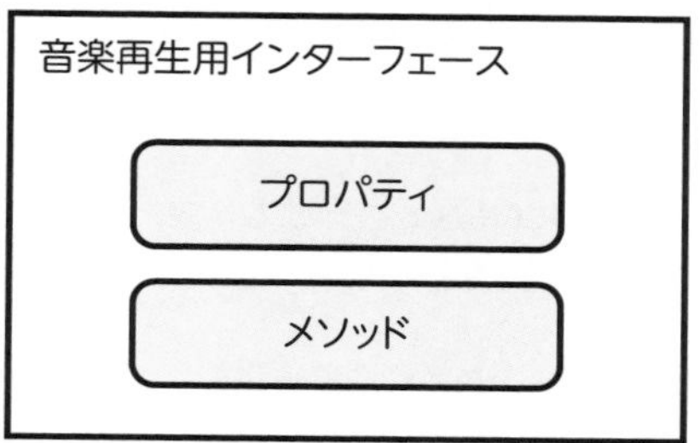

継承

インターフェースが任意のインターフェースを継承することで、新たな機能を作り出すことができる

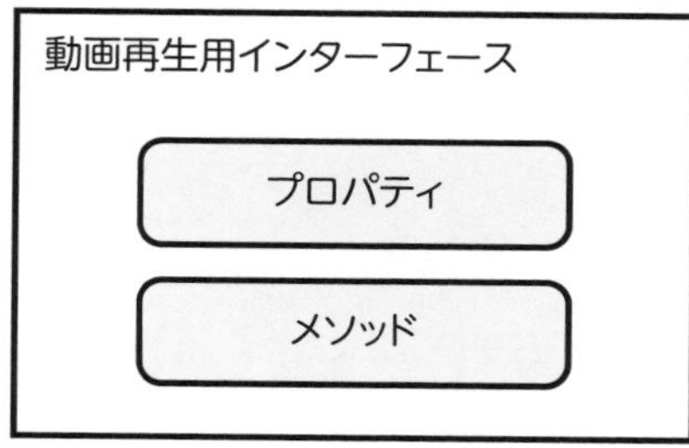

リスト 10-3 は、動画再生機能を持つ PlayVideo というインターフェースを定義し、音楽再生機能を持つ PlaySound というインターフェースを継承させる例です。

▼リスト 10-3　インターフェースの継承例

```
interface PlaySound {
    name: string;
    play():void;
    stop():void;
}

interface PlayVideo extends PlaySound {
    videoName: string;
    playVideo():void;
    stopVideo():void;
}

```

次へ ↗

```
13: class VideoPlayer implements PlayVideo {
14:     videoName: string = "Sample Video";
15:
16:     playVideo(): void {
17:         console.log(`${this.videoName}を再生しました。`);
18:     }
19:     stopVideo(): void {
20:         console.log(`${this.videoName}を停止しました。`);
21:     }
22:
23:     name : string = "sample";
24:
25:     play() {
26:         console.log(`${this.name}を再生しました。`);
27:     }
28:
29:     stop() {
30:         console.log(`${this.name}を停止しました。`);
31:     }
32: }
33:
34: const vp = new VideoPlayer();
35: vp.playVideo();
36: vp.stopVideo();
37: vp.play();
38: vp.stop();
```

PlaySoundインターフェースについては前節で説明済みですので省略します。

7行目のPlayVideoインターフェースは、PlaySoundを継承しています。さらに、videoNameという文字列型のプロパティと、playVideoとstopVideoというメソッドを追加しています。これにより、動画を再生する機能を持つインターフェースを定義しています

13行目以降のVideoPlayerクラスは、PlayVideoインターフェースを実装しています。7行目のPlayVideoインターフェースが1行目のPlaySound

インターフェースを継承していますので、VideoPlayer クラス内には双方のインターフェースのプロパティとメソッドを定義する必要があります。

インターフェース PlayVideo から、14 行目の videoName プロパティ、16 行目の playVideo メソッド、19 行目の stopVideo メソッドを実装しています。

また、インターフェース PlaySound からは、23 行目の name プロパティ、25 行目の play メソッド、stop メソッドを実装しています。

最後に、VideoPalyer クラスの利用部分を見てみましょう。

34 行目で vp という名前でインスタンスを作成したあと、vp.playVideo、vp.stopVideo、vp.play、vp.stop のメソッドを呼び出しています。

このように、インターフェースは継承して機能を増やすことができます。

《章末復習問題》

復習問題 10-1　抽象クラスの作成

Zukei という名前の抽象クラスを作成して、描画機能を持つ Draw という名前の抽象メソッドを作成してください。

復習問題 10-2　抽象クラスの継承と利用

復習問題 10-1 で作成した Zukei クラスを継承して、Ellipse というクラスを作成してください。また、Draw メソッドは、オーバーライドして「楕円を描画します」というメッセージを表示するする機能にしてください。

また、作成した Ellipse クラスから、ep という名前のインスタンスを作成し、Draw メソッドを実行してください。

復習問題 10-3　インターフェースの作成

Telephone という名前のインターフェースを定義して、メソッド call を定義してください。

11章

例外処理

例外処理とは、プログラム実行中に発生するエラーを適切に処理する仕組みです。エラーが発生する可能性のある箇所を事前に推測し、エラーが発生した場合の対応処理をコードで定義しておくことでプログラムの安定性と信頼性を向上させることができます。
エラー処理の重要性を理解し、適切なエラー処理の実装方法を学ぶことで、プログラムの信頼性と安全性を高めることができます。

例外処理とは

Keyword　例外　例外処理

例外処理ってなんだろう？

TypeScriptは、トランスパイル時に型チェックやエラーチェックを行います。これにより、プログラムを実行する前にエラーを見つけて修正することができます。ただし、すべてのエラーをトランスパイル時に検出できるわけではありません。トランスパイル時にはエラーがなくても、実行時にエラーになってしまうケースも存在します。このような、プログラムの実行中に発生するエラーや異常状態のことを例外といいます。

例えば、プログラムの起動時に、「"settings.json"」ファイルから特定の値を読み取って変数に格納する処理があるとします。もし、ファイルを読み込むタイミングで、誰かが「"settings.json"」ファイルを削除してしまった場合はどうなるでしょうか？

この場合は、ファイルを読み込むことができずに例外が発生し、プログラムが停止してしまいますね（**図11-1左**）。では、例外が発生してもプログラムを停止せずに処理を継続する方法はないでしょうか？

このような状況に対処するために、例外処理という手法があります。例外処理は、発生した例外を適切に対処し、プログラムの継続を保証します（**図11-1右**）。

▼図 11-1　例外処理のイメージ

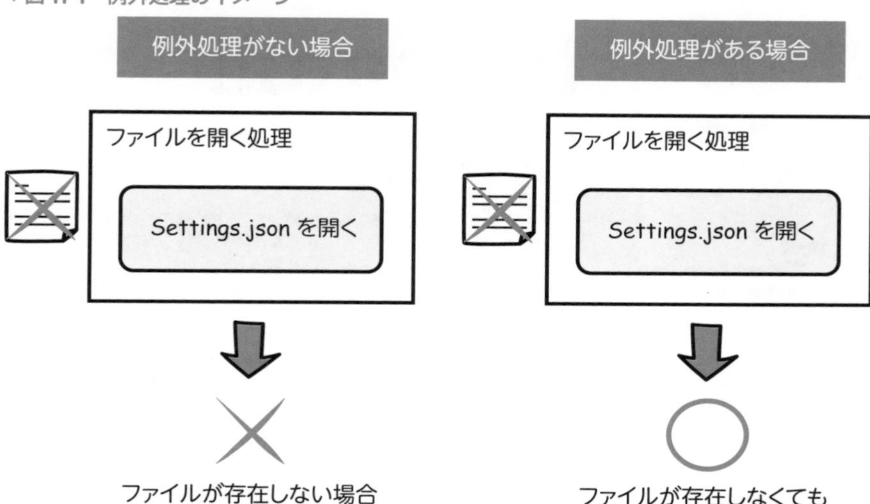

例外処理の例

先ほどの例外は、図 11-2 に示すように、ファイルが存在しない場合に適切なエラー処理をすれば解決できます。しかし、常に例外が発生する場所を特定できる訳ではありません。そこで、次節では例外を専門に処理する構文について学習していきましょう。

▼図 11-2　if 文による例外処理

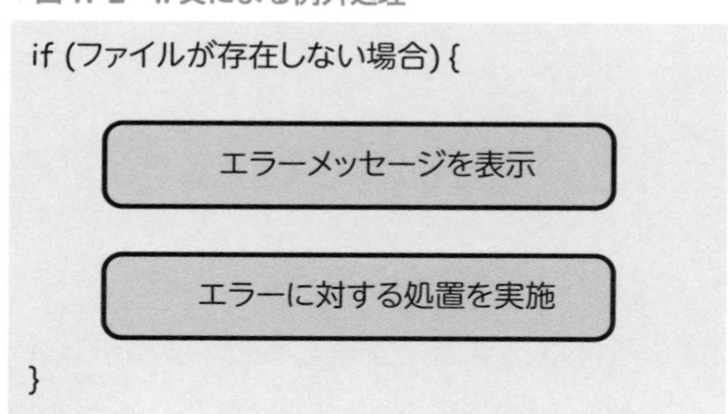

throwによる例外の発生

プログラミングにおいて例外処理をすることは重要な要素です。

throw文を使用すると、意図的に例外を発生させることができ、後に説明するtry〜catch〜finally構文を使用することで、効率的に例外処理を行うことができます。

throw文は**構文11-1**を使用し、throwの後ろにはエラーオブジェクトのインスタンスを置きます。また、エラーオブジェクトのインスタンスを生成するには**構文11-2**を使用します。ちなみに、例外を発生させることを「例外を投げる」または「例外をスローする」といいます。

11-1　throw文

```
throw エラーオブジェクト;
```

11-2　エラーオブジェクト

```
new Error(エラーメッセージ)
```

リスト11-1は、x ÷ yを計算するプログラムです。しかし、数学的には0で割り算をすることはできないため、計算を行う前にyが0かどうかを確認し、0の場合にはthrowを使用して例外を発生させています。この例では「ゼロで割り算はできません」というエラーメッセージを表示します。

▼リスト 11-1　例外を発生させる例

```
const x: number = 5;
const y: number = 0;

if (y === 0) {
    // yが0のときは例外をスローしてプログラムを終了
    throw new Error("ゼロで割り算はできません。");
}

const ans = x / y;
```

try catch finallyってなんだろう？

プログラム中で発生する例外はif文で回避できる場合があることはすでに説明したとおりです。

しかし、単にif文を使うだけでは、すべての例外を回避できるとは限りません。特定の範囲内で何かしらのエラーが発生する可能性もあります。

このような場合に備え、TypeScriptには例外を専用に処理するtry～catch～finallyという構文があります（図11-3）。「try」「catch」「finally」はそれぞれのブロックに分かれています。

「try」は例外が発生する可能性のあるコードを記述するブロックです。tryブロックの中で例外が発生した場合は後続の処理を実行せずにcatchブロック内の先頭のコードに移動します。tryブロック内のコードをすべて正常に実行できた場合はcatchブロックには移動せず、finallyブロックへ移動します。

「catch」はtryブロックで発生した例外の種類を特定し、その例外を適切に処置するためのブロックです。catch ブロック内の処理が完了した場合は finally ブロックへ移動します。

「finally」は例外の発生の有無に関わらず、最後に必ず実施したい処理を記述するブロックです。finally ブロックは省略することができます。

▼図 11-3　try ～ catch ～ finally のイメージ

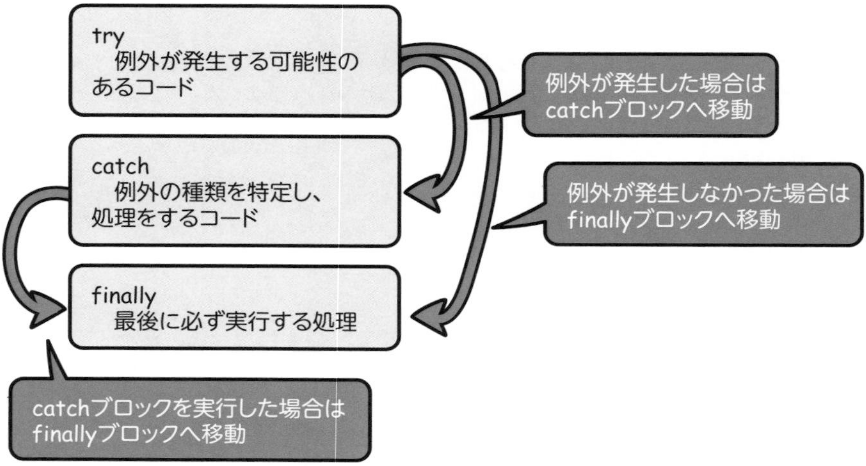

try
例外が発生する可能性のあるコード

例外が発生した場合はcatchブロックへ移動

catch
例外の種類を特定し、処理をするコード

例外が発生しなかった場合はfinallyブロックへ移動

finally
最後に必ず実行する処理

catchブロックを実行した場合はfinallyブロックへ移動

try ～ catch ～ finally を使ってみよう

try ～ catch ～ finally は**構文 11-3** を使用します。

構文を理解したら、実際の使用例を見てみましょう。

リスト 11-2 は try ブロックの中で割り算をする例です。

構文　11-3　try ～ catch ～ finally

```
try {
    // 例外が発生する可能性があるコード
}
catch {
    // 例外を処理するコード
}
finally {
    // 最後の必ず実行する処理
}
```

▼リスト 11-2　try ～ catch ～ finally の使用例

```
01: try {
02:     const x = 10;
03:     const y = 0;
04:     if (y === 0) {
05:         throw new Error("ゼロで割り算はできません");
06:     }
07:
08:     const ans = x / y;  // 例外が発生するのでここは実行されない
09:     console.log(ans);
10: } catch {
11:     console.log("エラーが発生しました。");
12: } finally {
13:     console.log("プログラムを終了します。");
14: }
```


このコード例では、x ÷ y の計算を行い、その結果を出力する処理を通じて、例外処理（エラーハンドリング）の基本的な考え方を説明します。

最初に、変数 x と y を宣言し、4 行目の if 文で y がゼロであるかどうかをチェックしています。y がゼロの場合は、割り算を実行できないため、エラーをスローします。エラーは throw ステートメントを使用して発生させ、エラーメッセージとして、

```
"ゼロで割り算はできません"
```

を指定しています。

なお、このエラーメッセージはコンソールには表示されません。この点については後述します。またエラーをスローした場合は、try ブロック内の残りの処理は実行されません。y が 0 以外の場合はエラーをスローしないので 9、10 行目を実行して計算結果を出力し、finally ブロックに移動します。

エラーがスローされると、プログラムの制御は catch ブロックに移行します。この例では、例外が発生したことを示すメッセージとして、

```
"エラーが発生しました。"
```

をコンソールに出力します。

なお、catch ブロック内のコード実行後は、finally ブロックに移行します。finally ブロックは例外の有無に関係なく、必ず実行されるコードを書きます。この例では、

```
"プログラムを終了します。"
```

というメッセージをコンソールに出力します。

最終的に、このコードは y がゼロであるために割り算が行えず、例外が発生します。そのため、try ブロック内の 10 行目の「console.log(ans);」は実行されず、代わりに catch ブロックが実行されてエラーメッセージが表示されます。最後に finally ブロックが実行されてプログラムが終了します。

例外が発生する可能性があるコードは、try ～ catch ～ finally で処理をしましょう。

Error オブジェクト

Keyword ☑Error ☑catch ☑instanceof

エラーの詳細を取得しよう

すでに説明したとおり、try ブロック内で発生した例外は catch ブロックで処理できます。

構文 11-4 に示すように catch (変数名) と記述することで、try ブロックで発生したエラーの詳細情報を、変数に代入することができます。このエラーの詳細情報は Error オブジェクトと呼ばれます。

構 文 **11-4 エラー詳細の取得**

```
catch ( 変数名 ){
    // 例外を処理するコード
}
```

Error オブジェクトには、name プロパティ（エラーの名前を表す）や message プロパティ（エラーに関する説明が格納される）などがあります。

Error オブジェクトの種類

TypeScript で発生する Error オブジェクトは、**表 11-1** に示されるカテゴリに分類されます。今はすべてを理解する必要はありません。例外が発生する都度確認するようにしましょう。

▼表 11-1　Error オブジェクトの種類

Error オブジェクト	説明
Error	エラーオブジェクト「new Error」構文を使用して発生させた例外を示します
InternalError	JavaScript エンジン内部でのエラーを表し、通常は JavaScript エンジン自体のバグや制約に関するエラーを示します
RangeError	数値やデータの範囲外の操作が行われたときに発生するエラーを示します。例えば配列で範囲外の要素にアクセスしようとしたり、有効範囲外の数値を操作したりする時にこの例外が発生します
ReferenceError	存在しない変数や関数にアクセスしたときに発生するエラーを示します。変数が宣言されていない場合やスコープ内で利用できない場合にこの例外が発生します
SyntaxError	文法誤りに関するエラーを示します。無効なキーワードの使用、括弧の閉じ忘れ、セミコロンの欠落など、文法ルールに違反した場合にこの例外が発生します
TypeError	指定した値が期待された型と互換性がなかった場合に発生するエラーを示します。例えば、関数やメソッドに渡された引数の型が一致していない（互換性がない）場合や変更できない値を変更しようとした場合などにこの例外が発生します
URIError	URI の処理に関するエラーを示します。URI のエンコーディングやデコーディングの問題が発生した場合に例外が発生します

リスト 11-3 は、**リスト 11-2** を修正して、発生した例外の詳細情報を表示する例です。修正箇所は 10 行目の catch (err) に部分です。例外が発生すると err 変数に例外の詳細情報が代入されます。

▼リスト 11-3　Error オブジェクトを利用する例

```
01: try {
02:     const x = 10;
03:     const y = 0;
04:     if (y === 0) {
05:         throw new Error("ゼロで割り算はできません");
06:     }
07:
```

次へ

```
08:     const ans = x / y;  // 例外が発生するのでここは実行されない
09:     console.log(ans);
10: } catch (err){
11:     console.log(err);
12: } finally {
13:     console.log("プログラムを終了します。");
14: }
```

筆者の環境で実際に実行した時の出力結果を以下に示します。

```
Error: ゼロで割り算はできません
    at file:///C:/Work/tsSample/dist/sample1.js:6:15
    at ModuleJob.run (node:internal/modules/esm/module_
job:194:25)
プログラムを終了します。
```


「Error: ゼロで割り算はできません」はエラーメッセージの本体で、エラーの種類や内容を示しています。リストの5行目のthrow構文でセットしたエラーメッセージが出力されていますね。

「At file:///」の部分はエラーの発生箇所を示しています。また「at ModuleJob.run 」の部分はエラーの発生箇所に関連するNode.jsの内部情報を示しています。Node.jsの情報は、直接のエラー原因ではありませんので無視して構いません。最後の「プログラムを終了します」は、finallyブロックで出力したメッセージです。

このようにErrorオブジェクトを利用すると、詳細な情報を取得でき、エラーの解決に役立てることができます。

特定の例外を対処しよう

表11-1に示したようにErrorオブジェクトには様々な種類があります。

構文 11-5 に示す instanceof 演算子を使用することで、発生した例外がどの Error オブジェクトなのかを調べることができます。

instanceof 演算子は、左辺の変数と右辺のオブジェクトが等しいかどうかを調べるものです。変数とオブジェクトが等しいときには true になります。

構文 11-5 instanceof 演算子

```
変数 instanceof オブジェクト
```

リスト 11-4 は、if 文を使用して Error オブジェクトの種類を調べる例です。try ブロックで RangeError オブジェクトをスローし、catch ブロックで err 変数に例外情報を代入します。catch ブロック内では、if 文と instanceof 演算子を使用して Error オブジェクトの種類を比較し、RangeError オブジェクトの場合は「範囲外の操作が行われました。」を表示します。

▼リスト 11-4 例外を種類別に対処する例

```
try {
    throw new RangeError("範囲外エラー");
} catch (err) {
    if (err instanceof SyntaxError) {
        console.log("構文エラーが発生しました。");
    } else if (err instanceof RangeError) {
        console.log("範囲外の操作が行われました。");
    } else {
        console.log("その他の例外が発生しました。");
    }
} finally {
    console.log("プログラムを終了します。");
}
```

カスタム例外クラス

Keyword ☑Error ☑extends

例外クラスを自作しよう

TypeScriptでは、独自の例外クラス（カスタム例外クラス）を作成することができます。

表11-1で説明したErrorオブジェクトは、すべてErrorという基本クラスを継承して作成された派生クラスです。

同様にErrorクラスを継承してカスタム例外クラスを作成することができます。これにより、Errorクラスが持つ機能の他に、独自のプロパティやメソッドを持たせることができます。カスタム例外クラスの基本型を**構文11-6**に示します。

構 文 **11-6 カスタム例外クラス**

```
class クラス名 extends Error {
  constructor(message: string) {
    super(message);
    this.name = " 例外名称 ";
  }
  // カスタム例外クラスに持たせたいプロパティやメソッド
}
```

実際にカスタム例外を定義して使用する例を**リスト11-5**に示します。

▼リスト 11-5　カスタム例外クラスの定義と使用例

```
01: class MyException extends Error {
02:     constructor(message: string) {
03:         super(message);
04:         this.name = "MyException";
05:     }
06: }
07:
08: try {
09:     throw new MyException("カスタム例外が発生しました。");
10: } catch (err) {
11:     console.log(err);
12: }
```

この例では Error オブジェクトを継承して MyException クラスを定義しています。

コンストラクタでは引数で受け取ったエラーメッセージを、基本クラスのコンストラクタに渡しています（3 行目）。また、4 行目は、カスタム例外クラスの名称をセットしています。

カスタム例外クラスの利用方法は、他の例外クラスと同様です（9 行目）。

実行すると例外が発生し、以下のようなメッセージが出力されます。

```
MyException: カスタム例外が発生しました。
    at file:///C:/Work/tsSample/dist/sample1.js:9:11
    at ModuleJob.run (node:internal/modules/esm/module_
job:194:25)
```

この例に示すように、カスタム例外を作成することで、アプリケーション固有のエラーメッセージを出力したり、状況に応じたエラーハンドリングをすることができます。

《章末復習問題》

復習問題 11-1　try ～ catch ～ finally の利用（try ブロック）

try ～ catch ～ finally 構文を使用して例外を処理するプログラムを作成します。

はじめに、try ブロックで Error オブジェクトを使用して、「未知のエラーが発生しました。」という例外をスローするコードを作成してください。

復習問題 11-2　try ～ catch ～ finally の利用（catch ブロック）

catch ブロックでは例外を変数 err で受け取るようにし、スローされた例外のメッセージを出力してください。

復習問題 11-3　try ～ catch ～ finally の利用（finally ブロック）

finally ブロックでは、「処理が正常に終了しました。」というメッセージを出力してください。

復習問題 11-4　カスタム例外クラスの作成

以下の要件に従って、カスタム例外クラスを作成してください。

- MyException という名前のクラスを作成します
- MyException クラスは Error クラスを継承します
- コンストラクタはメッセージを受け取り、親クラスのコンストラクタに渡します
- MyException クラスのインスタンスを作成し、例外をスローしてください

復習問題 11-5　例外クラスの作成

以下の要件に従って、ファイルが存在しないときに発生させる例外クラスを作成してください。

- FileNotFoundException という名前のクラスを作成します
- FileNotFoundException クラスは Error クラスを継承します
- コンストラクタはメッセージを受け取り、親クラスのコンストラクタに渡します
- FileNotFoundException クラスのインスタンスを作成し、例外をスローしてください

12章

モジュール

TypeScriptは、小規模なプログラムでは、これまで学習してきたように、すべてのコードを1つのファイルにまとめることができます。しかし、大規模なプログラムになると、1つのファイルにすべてを含めると可読性が低下し、修正範囲も広範囲に及ぶ可能性があります。また、以前に作成したプログラムの一部を再利用したい場合でも、必要な部分を抽出して利用することは困難です。本章では、モジュールについて学習し、保守性と再利用性の高いプログラムを作成する方法について学びましょう。

モジュールってなんだろう？

プログラミングにおいて、ソフトウェアを構成する要素を個々の独立した部品に分割し、それらを組み合わせて開発することは非常に重要です。モジュールは、この部品化の概念を実現するための仕組みです。

モジュールは、関連するクラスや関数、定数などをグループ化し、他のコードから独立して扱うことができる単位です。つまり、プログラム全体を1つの大きなファイルに書くのではなく、モジュール単位の小さなファイルに分割して管理することができます。

例えば、あるファイルに書かれている個人情報を読み取って、特定の地域に住む年代別の人口を求めるプログラムを作成するとしましょう。このプログラムの作成には、「ファイル操作クラス」「カスタム例外クラス」「個人情報管理クラス」が必要で、これらがすべてAppDefinition.tsという1つのファイル内に定義されているとします。

新しいプログラムを作成するときに、この「個人情報管理クラス」を再利用したいと考えた場合は、AppDefinition.tsから「個人情報管理クラス」を切り出して、新しいファイルに再定義し直す必要がありますね。

モジュールを使用すると、それぞれの要素を別々のファイル（モジュール）に分割することができます。これにより、「プログラムA」を作成するだけでなく、別の「プログラムB」でも再利用することが可能です（図12-1）。

また、モジュールに分割することで、個々のプログラムが短くなり、可読性が向上します。そのため、プログラムの改修が必要な場合でも、特定の範囲に絞って修正を行うことができ、保守性も向上します。

▼図 12-1 モジュールのイメージ

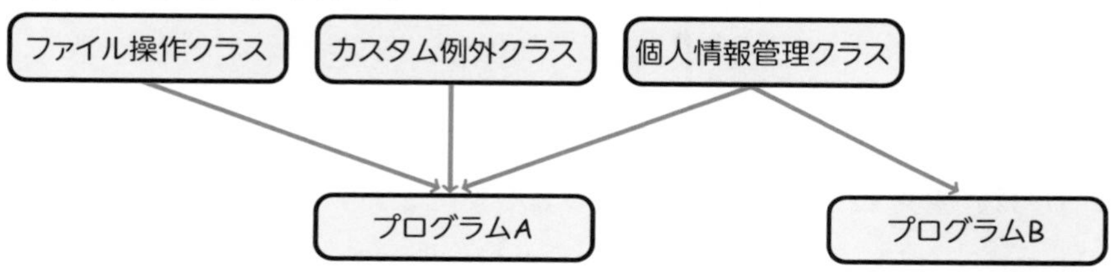

エクスポートとインポート

モジュールを使用するには、複数のファイル間で変数や関数を共有できるようにする必要があります。TypeScriptでは、変数や関数などを他のファイルから再利用できるようにするために、エクスポート（export）という機能が提供されています。エクスポートは、コードの再利用性を高め、大規模なアプリケーションの開発を助ける重要な機能です。

具体的には**構文 12-1**のようにexportキーワードを使って変数または関数を宣言します。

12-1 export宣言

```
export 変数 または 関数;
```

リスト 12-1は変数と関数を1つのモジュール（ここではリスト12-1.ts）にまとめ、エクスポートする例です。この例では、変数msgとversion、関数showMsgの前にexportキーワードを追加することで、これらの要素を外部ファイルから利用できるようにエクスポートをしています。

▼リスト 12-1　変数と関数のエクスポート（リスト 12-1.ts）

```
export const msg = "Hello, TypeScript";
export const version = "5";

export function showMsg() {
    console.log("関数をインポートしました。");
}
```

次に、エクスポートした変数や関数を利用する方法について説明します。これには、**構文 12-2** に示す import 宣言を使用します。

import 宣言は、他のモジュールから変数や関数をインポートするための宣言です。import キーワードの後ろの {} 内に、インポートしたい変数や関数を指定します。また、その後ろには、インポートするモジュールファイルのパスを指定します。

12-2　import 宣言

```
import { 変数1, 変数2, 関数1, 関数2 } from "インポートするモジュールのファイルパス";
```

例えば、**リスト 12-1** でエクスポートした変数 msg と version、関数 showMsg を別のファイルで使用する場合、**リスト 12-2** のように import 宣言を行います。

▼リスト 12-2　変数と関数のインポート（リスト 12-2.ts）

```
import {msg, version, showMsg} from "./リスト12-1.js";

console.log(msg);
console.log(version);
showMsg();
```

import 宣言でインポートする変数や関数の名前は、エクスポートした時の名称と一致する必要があります。また、"./ リスト 12-1.js" は、インポートするモジュールファイルの相対パスを指定しています。なお、TypeScript

で作成したモジュールは、JavaScriptファイルに変換して実行されます。そのため、import宣言のパスには、JavaScriptファイルの拡張子である「.js」を指定する必要があります。

これで、importした変数や関数を別のファイル内で自由に使用できるようになります。この例では、console.logを使用して、msgとversionの値である「Hello, TypeScript」と「5」を表示し、showMsg()関数を実行して「関数をインポートしました。」の文字列を出力しています。

このように、変数や関数を定義したファイルを用意し、エクスポート、インポートを行うことで、再利用性や保守性を向上させることができます。

COLUMN

VS Codeでコードを自動フォーマットする

プログラミングを始めたばかりの方や、TypeScript初心者の方は、コードの入力に慣れていないため、スペースの空け方やインデントの仕方、空白行の使い方がうまくできず、見通しの悪いコードになってしまうことがあります。

そこで、VS Codeの「Prettier」という拡張機能を使用して、コードを自動でフォーマットしましょう。以下に手順を示します。

① VS Codeで「Prettier」拡張機能をインストールします。

② Ctrl + Shift + P を押してコマンドパレットを開き（Macの場合は Command + Shift + P）、「Format」と入力します。

③「Format Document」を選択すると、開いているコードがフォーマットされます。

以降は手順の②と③を実行することで、コードをフォーマットすることができます。

 デフォルトエクスポートとデフォルトインポートってなんだろう？

エクスポートとインポートには、もう 1 つの構文である「export default」と「import default」があります（**構文 12-3**、**構文 12-4**）。構文では「export default」のように「export」を先に書きますが、日本語では「デフォルトエクスポート」や「デフォルトインポート」と呼ばれます。

12-3　デフォルトエクスポート

```
export default 式;
```

12-4　デフォルトインポート

```
import 変数名 from " インポートするモジュールのファイルパス ";
```

「export」と「export default」の違いは、export は複数の変数や関数をエクスポートできるのに対し、export default は 1 つの要素しかエクスポートできない点です。

デフォルトエクスポートを使用する例を**リスト 12-3** に示します。この例では、showName という関数を定義しています。引数 name で受け取った値を使用して「○○さん」と表示するという機能を持つ関数です。この

showName という関数の前に「export default」を記述してデフォルトエクスポートしています。

▼リスト 12-3　デフォルトエクスポートの例（リスト 12-3.ts）

```
export default function showName(name: string) {
    console.log(`${name}さん`);
}
```

デフォルトエクスポートした関数 showName を他のファイルで利用するには、**リスト 12-4** に示すようにデフォルトインポートをするのですが、import とは明確な違いがあります。それは、デフォルトインポートは、エクスポートした変数や関数に別の名前を付けて取り込むことができるという点です。

リスト 12-3 では showName という関数をデフォルトエクスポートしていますが、**リスト 12-4** では callName という別の名前を付けてインポートしています。よって、callName(" スティーブ "); のように実行すると、**リスト 12-3** で定義した showName が呼ばれて、「スティーブさん」を表示します。

▼リスト 12-4　デフォルトインポートの例（リスト 12-4.ts）

```
import callName from "./リスト12－3.js";
callName("スティーブ");
```

もう 1 つ例を見てみましょう。

リスト 12-5 は add（足し算をする関数）と subtract（引き算をする関数）の 2 つの関数をデフォルトエクスポートする例です。デフォルトエクスポートは 1 つの要素しかエクスポートできないと説明しましたが、「export default」の後ろに {} を付けると、複数の変数や関数を 1 つの要素とみなしてエクスポートすることができます。

▼リスト 12-5　2 つの関数をデフォルトエクスポートする例

```
function add(x: number, y: number) {
    return x + y;
}

function subtract(x: number, y: number) {
    return x  -  y;
}

export default {
    add,
    subtract,
};
```

 複数の関数や変数をデフォルトインポートしてみよう

続いて、デフォルトエクスポートした複数の値をデフォルトインポートする方法を見てみましょう。export default{} によってデフォルトエクスポートした変数や関数は、名前を付けてデフォルトインポートすることができます。例えば、**リスト 12-6** では、**リスト 12-5** でデフォルトエクスポートした要素に math という名前を付けてデフォルトインポートしています。

math という名前を付けましたので、それぞれの関数を使用する時は、先頭に「math.」を付けて「math.add(1,3)」や「math.subtract(3,1)」のようにして使用することができます。

▼リスト 12-6　デフォルトインポートの例

```
import math from "./リスト12 - 5.js";

console.log(math.add(1,3));            //4
console.log(math.subtract(3,1));  //2
```

モジュールの分割と階層化

Keyword ☑ 分割 ☑ 階層化

サブディレクトリを使ったモジュールの階層化

プログラムをモジュールに分割することで、可読性や保守性を高めることができる点についてはすでに説明したとおりです。モジュールに分割することで、プログラムを論理的な単位で管理できるだけでなく、各部分を独立して開発、テスト、保守をできるようになります。

ここでは、モジュールをサブディレクトリに配置して、効率よく管理する一例について紹介します。ただし、必ずしもこの方法が唯一の正解ではありません。ご自身が作成するアプリケーションに合わせてカスタマイズすることが重要です。

図 12-2 は、src というディレクトリの下に common、components、utils という 3 つのサブディレクトリを作成してモジュールを管理する例を示しています。

src は "source"（ソース）の略で、ソースコードを置く場所を意味します。次に、「common」は「共通」という意味がありますので、アプリケーションの中で共通的に使用するモジュールを置く場所として使用します。例えば、全ページで共通的に使用するヘッダーやフッターのようなページ部品は、ここに配置します。

▼図 12-2　サブディレクトによるモジュール管理

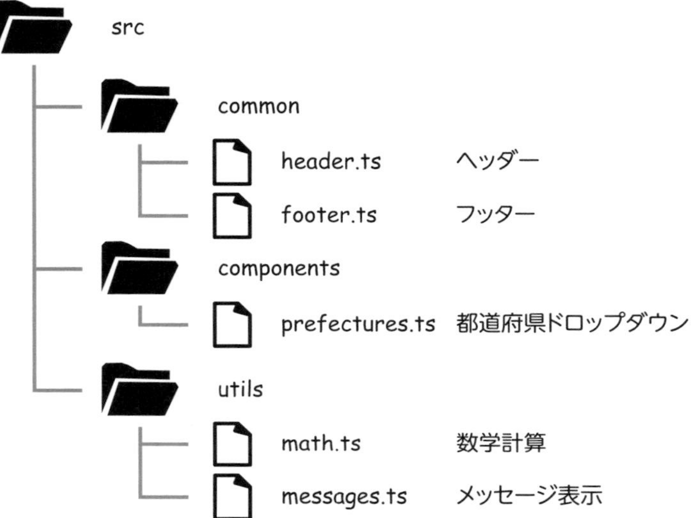

「components」には「部品」という意味があります。ユーザーに都道府県を選択させるような場合は、都道府県ドロップダウンのようなモジュールを作成して配置します。これにより、UIコンポーネントを個別に管理し、再利用できるようになります。

utilsは"utility"の略で「多目的の」や「実用的な」という意味合いがあります。よって、自作の数学計算用のモジュールや、専用のメッセージを表示するためのモジュールなどを配置します。ここには、汎用的な関数やユーティリティが入ります。

このように、必要に応じてサブディレクトリを複数作成し、モジュールを適切に配置することで、プロジェクトの保守性を高めることができます。各モジュールは特定の役割を果たし、個別に開発、テスト、保守をすることができます。これにより、プログラムの見通しが良くなり、柔軟に変更・拡張することが可能となります

VS Code 拡張機能（Visual Studio IntelliCode）

Visual Studio IntelliCode は、Microsoft が開発したコード補完やコード生成を支援する拡張機能です。機械学習を使用して、コードの書式や構造を分析し、入力したコードに合わせて、候補となるコードを補完したり、新しいコードを自動生成したりします。

主な機能は以下のとおりです。

● コード補完

入力したコードに合わせて、候補となるコードを補完します。型ヒントや関数シグネチャも表示します。

● コード生成

新しいコードを自動生成します。メソッドやクラス、関数などのコードを生成できます。

● コード分析

コードの書式や構造を分析し、潜在的な問題を検出します。

● 対応言語

TypeScript、C#、C、Python、Java、JavaScript など、多くの言語に対応しています。

Visual Studio intelliCode は以下から入手可能です。プログラミングの作業効率を向上させるのに役立つ拡張機能です。ぜひ、インストールして活用してみてください。

```
https://marketplace.visualstudio.com/items?itemName=Visual
StudioExptTeam.vscodeintellicode
```

《章末復習問題》

復習問題 12-1　export と import

変数 message を export するモジュールと import をするモジュールを作成してください。export するモジュールには messageModule.ts という名前を付け、import するモジュールには mainMsg.ts という名前を付けてください。

復習問題 12-2　デフォルトエクスポート

以下の要件でデフォルトエクスポートをするモジュールを作成してください。

- モジュールファイル名は「calculator.ts」とします。
- 2 つの数値を足し算して結果を返す「tashizan」関数を作成してデフォルトエクスポートをしてください。

復習問題 12-3　デフォルトインポート

以下の要件でデフォルトインポートをするモジュールを作成してください。

- モジュールファイル名は「mainCalc.ts」とします。
- 復習問題 12-2 で作成した tashizan 関数をデフォルトインポートして add という名前を付けてください。
- add 関数を使用して、2+3 を計算させて、結果を表示してください。

13章

ReactによるWebアプリ開発

前章までで、TypeScriptの基礎学習は終わりです。ここからは、これまでに学習した知識を活用して、React（リアクト）によるWebアプリケーションの開発方法を学んでいきます。Reactとは、Meta社（旧Facebook社）とコミュニティが開発したJavaScriptライブラリで、Webアプリケーション開発に非常に人気があるライブラリです。本章ではReactによる開発環境の構築手順を学習した後に、2つのの小さなアプリケーションを作成します。

 HTMLページの作成

Reactの学習を始めるには、HTMLページの作成方法を理解しておく必要があります。本節では、HTMLページを作成する上での基礎について学んでいきましょう。

HTMLはHyper Text Markup Language（ハイパーテキストマークアップランゲージ）の略で、Webページを作成するためのマークアップ言語です。ハイパーテキストとは、複数の文書を関連付ける仕組みのことです。Webページでは、ハイパーリンクを使用して、別のWebページや内部のコンテンツに移動することができます。また、マークアップ言語とは、タグと呼ばれる印を使用して文字に意味付けをすることを指します。例えば､「見出し用の文字を作成する｣､「段落を作成する」といったことを、タグを使用して意味づけをします。

図13-1はh1タグとpタグの例です。

▼図13-1　タグの例

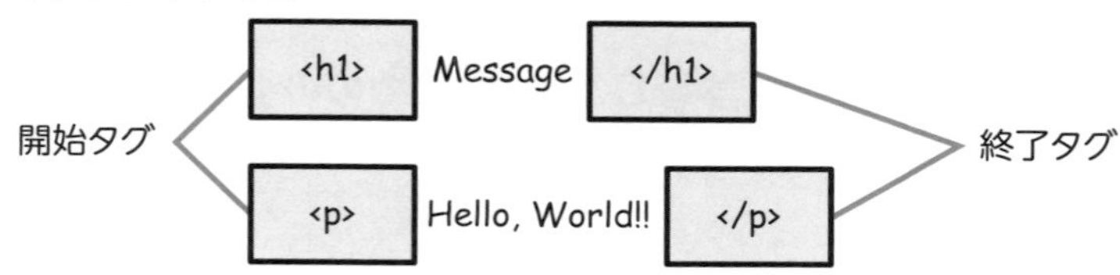

タグには開始タグと終了タグがあり、意味を付けたい部分の先頭に開始タグを置き、終了位置に終了タグを置きます。例えば、<h1>というのは、Webサイトの大見出しを表すためのタグです。終了位置に</h1>を置くことで、「Message」という文字列が大見出しとして表示されます。

また、<p>は段落を表すタグです。開始タグ<p>から終了タグ</p>までが1つの段落となり、ブラウザで表示すると終了タグの位置で改行されます。

このように、タグの多くは開始タグではじまり終了タグで終わります。開始タグは<キーワード>、終了タグはスラッシュ記号を付けて</キーワード>のように表現します。

HTMLのひな形を見てみよう

タグについて理解できたら、実際のHTMLのひな形のコードを見てみましょう。**リスト13-1**は、もっとも基本的なHTMLのコードです。

▼リスト13-1　HTMLの基本コード

```
<!DOCTYPE html>
<html lang="ja">
<head>
    <meta charset="UTF-8">
    <title>ページタイトル</title>
</head>
<body>
    <!-- コンテンツをここに記述 -->
</body>
</html>
```

それぞれのタグがどのような意味を持つのかを見ていきましょう。

HTML には仕様があり、2023 年 8 月時点では HTML Living Standard という仕様が世界標準として採用されています。この仕様は、Apple、Mozilla、Opera の開発者によって設立された組織である WHATWG（Web Hypertext Application Technology Working Group）が策定しています。

● <!DOCTYPE html>

<!DOCTYPE> は文書型宣言（Document Type Declaration）の略で、ファイルが HTML で書かれていることを示す宣言文です。このタグは宣言であるため、通常の HTML 要素のように開始タグと終了タグのペアを持ちません。単独の宣言として文書の先頭に配置されます。

● <html lang="ja">

このタグは文書内に 1 度だけ配置され、文書内のテキストがどの言語で書かれているかをブラウザや検索エンジンに伝えます。「html」の後ろにある「lang」というキーワードは、正しくは属性といいます。lang 属性に「ja」を指定することで、この文書の主要な言語が日本語であることを示しています。

検索エンジンは言語情報を利用して適切な検索結果を提供するので、lang 属性は SEO(Search Engine Optimization) の向上に役立ちます。

● <head>

ページのヘッダー情報を定義する部分です。ここにはページのタイトルやスタイルシートなどを記述します。

● <meta charset="UTF-8">

HTML 文書内で文字エンコーディングを指定するための重要な要素です。このタグの役割は、Web ページがテキストを正しく表示し、文字化けを防ぐことです。

エンコーディングには様々な種類があるのですが、ここでは文字コードのエンコーディングを指しています。charset="UTF-8" は、Web ページ内のテキストが UTF-8 でエンコードされていることを示します。UTF-8 は、世界中の多言語をサポートし、ほとんどのテキスト文字をエンコードできる標準的な文字エンコーディング方式です。

● <title>

HTML 文書内で Web ページのタイトルを定義します。ここで指定したテキストは、Web ブラウザのタブに表示されます。また、ユーザーが Web ページをブックマークするときの名前として使用されたり、検索エンジンの検索結果に表示されるタイトルとして使用されます。

● <body>

HTML 文書内で実際の Web ページのコンテンツを定義する部分です。<body> タグ内で段落（<p>）、見出し（<h1> ～ <h6>）、リスト（<ul>、<ol>、<li>）、テーブル（<table>）、フォーム（<form>）、文章のスタイル（<span>、<div>）、画像（<img>）、ハイパーリンク（<a>）といったタグを使用して、HTML 文書を作成します。

● <!-- -->

HTML 内でコメントを書くための記法です。「<!--」と「-->」の間に記述した文字列がコメントとして扱われます。ここに記述した文字列はブラウザには表示されません。コードの説明などに使用されます。

Webサイトと Webアプリケーションの違い

HTMLページがどのようなものかを理解できたら、WebサイトとWebアプリケーションの違いについて理解しておきましょう（図13-2）。

▼図13-2　WebサイトとWebアプリケーションのイメージ

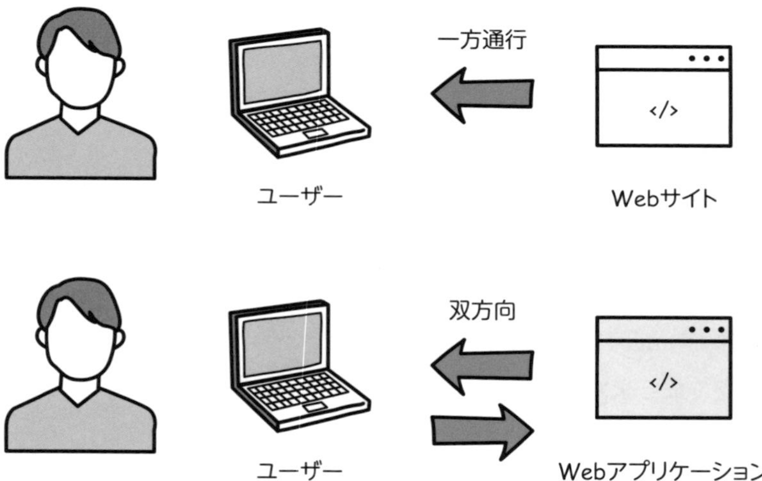

Webサイトは、情報を提供するための静的なコンテンツの集まりです。情報を閲覧させることが主な目的であり、データの入力や特定の操作を行わせることはありません。Webサイトは一般的にHTMLやCSSなどで作成され、ニュースサイトや技術記事など、コンテンツが固定されていることが一

般的です。

Webアプリケーションとは、ユーザーとの双方向のやり取りを可能にするWeb上で使用できるアプリケーションです。ユーザーが入力した情報に基づいて、何かしらの処理を行い、結果を表示します。Webアプリケーションは、データベースと連携して情報の保存や処理を行うことが一般的です。まとめると、Webサイトは一方的な情報の提供を目的とし、Webアプリケーションはユーザーとアプリケーションの双方向でデータのやりとりをして、その場に応じた情報を作成することを目的としています。

Reactってなんだろう？

React（https://ja.react.dev/）は、冒頭でも説明したとおり、Meta社（旧Facebook社）とコミュニティが開発したJavaScriptライブラリで、ユーザーインターフェース（UI）を構築するためのツールです。

Reactは、シングルページアプリケーション（SPA）やWebアプリケーションのフロントエンド開発に非常に人気があります。

シングルページアプリケーションとは、Webアプリケーションの一種で、1つのHTMLページで、動的に（＝必要に応じて）コンテンツを切り替えることで、あたかも複数ページから構成されているような仕組みを持つアプリケーションのことです。

Reactは、コンポーネントベースの開発を得意としています。コンポーネントとは、独立して動作する小さな部品のことです。コンポーネントは、再利用可能で、組み合わせて使用することができます。例えば、ボタンやテキスト入力、ドロップダウンやラジオボタンなどをコンポーネントとして作成し、それらを組み合わせてUIを構築します（図13-3）。

▼図 13-3　コンポーネントのイメージ

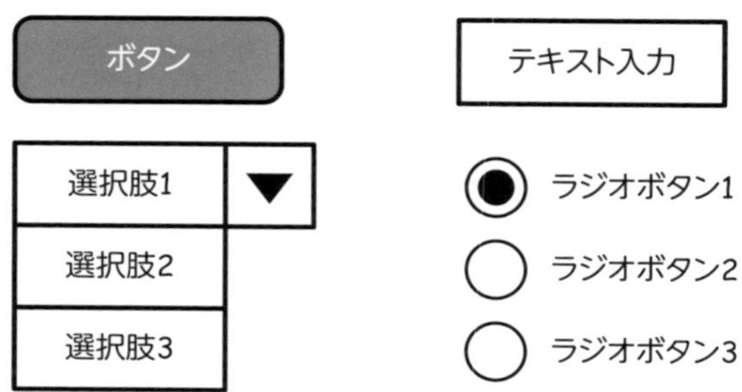

Reactのもう1つの特徴として仮想DOM(Virtual DOM)によるパフォーマンスの効率化があります。

DOMは、WebページやWebアプリケーションの構造をブラウザ内で表現する方法です。DOMを利用することで、JavaScriptなどのプログラミング言語を使ってWebページを動的に変更することが可能です。

DOMはツリー構造を持っており、親子関係を持つ要素で構成されています。HTML文書では<html>タグが基本で、その下に<head>（ヘッダー情報）と<body>（本文コンテンツ）が存在します。さらに、その下にさまざまな要素が配置されます。Webアプリケーションでは、このHTMLの階層構造を、JavaScriptが処理しやすい形のDOMに変換します。しかし、DOMの再描画はコストがかかるため、パフォーマンスの低下を招くことがあります。

そこでReactでは仮想DOMを使用してこの問題を解決します。仮想DOMは、実際のDOMとは別に、メモリ上に存在します。仮想DOMは、実際のDOMに反映される前に、変更の差分のみ計算されます。これにより、変更が最小限に抑えられるため、パフォーマンスの向上が期待できます。

例えば、Webアプリケーション内にテキスト入力欄があるとします（**図13-4**左の<input type="text">の部分）。ユーザー操作によって、テキスト入力欄をラジオボタンに変更する必要がある場合は、実際のDOMをメモリ上にコピーした上で仮想DOM内で**図13-4**右の<input type="radio">を作成します。最後に実際のDOMと仮想DOMとの差分部分を、実際のDOMに反映します。

このように、必要な部分のみを効率的に更新しますので、不要な再描画が少なくなり、アプリケーションのパフォーマンスが向上します。

今は、DOMや仮想DOMを理解できていなくても問題ありません。仮想DOMを使用することでパフォーマンスが向上するということだけは覚えておきましょう。

▼図 13-4　仮想 DOM のイメージ

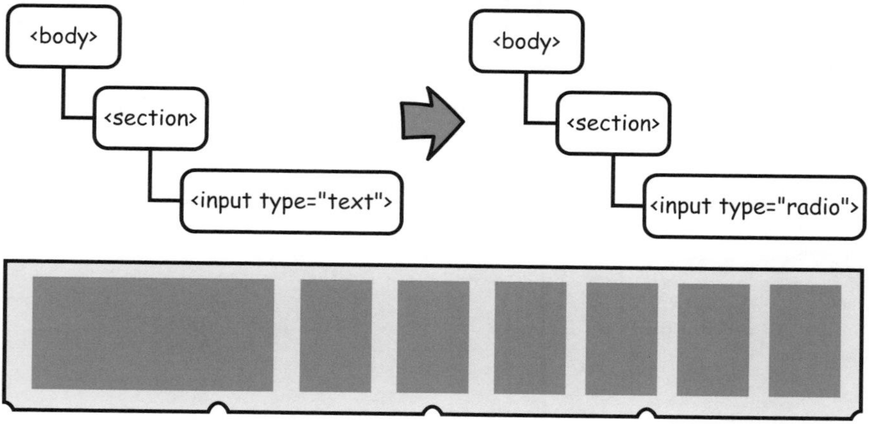

開発用プロジェクトの作成

Keyword ☑ npx ☑ create-react-app

React 用プロジェクトの作成

React の開発をするには、React 用のプロジェクトを作成する必要があります。

React 用プロジェクトを作成するには、**構文 13-1** を使用します。

構文　13-1　React 用プロジェクトの作成

```
npx create-react-app プロジェクト名 --template typescript
```

それでは、実際にプロジェクトを作成してみましょう。

コマンドプロンプトを起動したら、以下のように cd コマンドを使用して、任意のディレクトリ（プロジェクトを作成したいディレクトリ）に移動します。次に「npx create-react-app」という部分を実行して sample-app というプロジェクトを作成します。

```
cd C:\Work
npx create-react-app sample-app --template typescript
```

「npx create-react-app」は、React プロジェクトを作成するためのコマンドです。プロジェクト名を指定するには、コマンドの後にプロジェクト名を書きます。また「--template typescript」というオプションを指定することで、

TypeScript で React アプリを作成するためのファイルが生成されます。なおプロジェクト名は「Sample-App」のように大文字のアルファベットを含めることはできませんので「sample-app」としています。

実際にコマンドを実行すると**図 13-5** ようになり、プロジェクトに必要なファイルがインストールされます。

▼図 13-5　React 用プロジェクトの作成

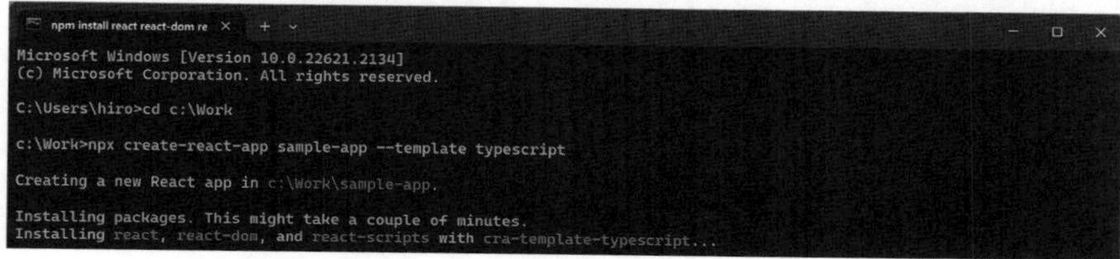

インストールが完了したら、cd コマンドでプロジェクトフォルダに移動します。

```
cd C:\Work\sample-app
```

続いて、次のコマンド「npm start」を実行すると、Web ブラウザが起動して React アプリケーションが表示されます（**図 13-6**）。

```
npm start
```

▼図 13-6　React アプリケーションの表示

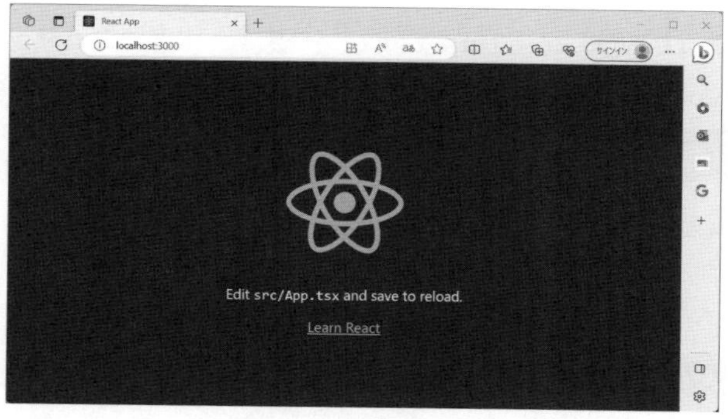

起動した React アプリケーションを終了するには、コマンドプロンプト上

で ctrl + C キーを押します。「バッチジョブを終了しますか (Y/N)?」が表示されるので「Y」+ Enter キーを押して終了します（**図 13-7**）。

▼図 13-7　React アプリケーションの終了

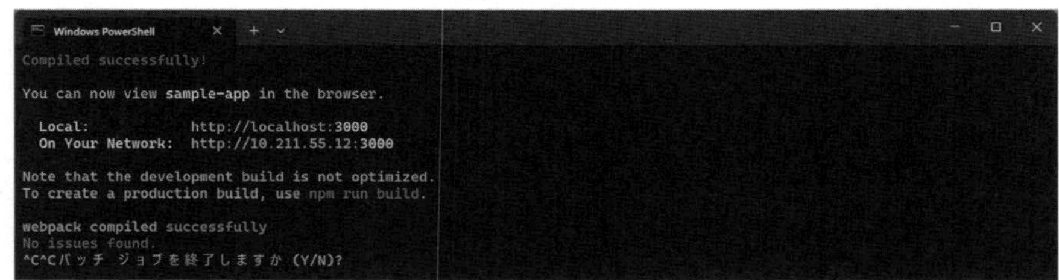

npm ERR! の解決

npm コマンドを実行する際に「npm ERR!」というエラーが発生する場合があります。いくつかの対処方法を示します。

● npm が古い場合

npm を最新のバージョンにすることでエラーが解消する場合があります。最新バージョンにするには以下のコマンドを実行します。バージョンを指定してアップデートする場合は @ の後ろに任意のバージョン番号を指定します。

```
npm install -g npm@latest
```

● キャッシュの原因

npm のキャッシュが原因でエラーが発生することがあります。キャッシュをクリアして再度試してみることで解決することがあります。

```
npm cache clean --force
```

● パッケージの依存関係の原因

パッケージの依存関係が原因の場合があります。以下のようにアンインストールとインストールをすることで解決することがあります。

```
npm uninstall パッケージ名
npm install パッケージ名
```

Reactのファイル構成を理解しよう

React用プロジェクトが作成できたので、VS Codeでプロジェクトを開いてみましょう。

VS Codeを開いたら[ファイル]－[フォルダーを開く]を選択します（**図13-8**）。フォルダー選択のダイアログが表示されますので、先ほど作成した「sample-app」を選択しましょう。

「sample-app」を選択すると、VS Codeの左側には**図13-9**に示すようにフォルダとファイルが表示されます。それぞれがどのようなものなのかを確認しておきましょう（**表13-1**）。

▼図13-8　フォルダーを開く

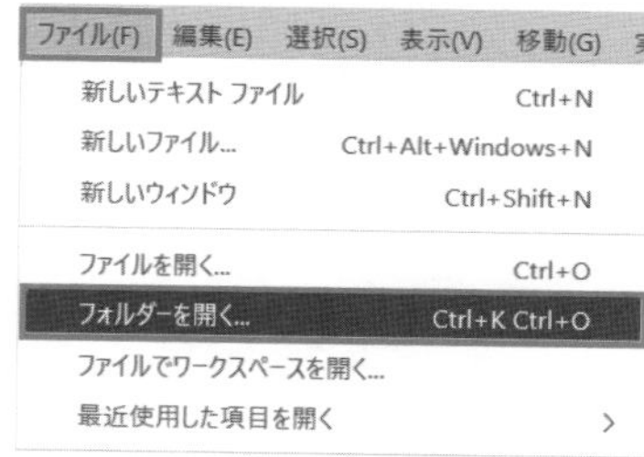

▼図13-9　プロジェクト構成

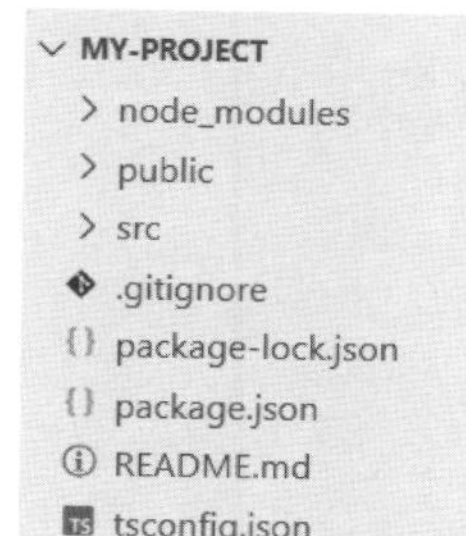

▼表13-1　プロジェクトを構成するフォルダーとファイル

構成フォルダー／ファイル	内容
node_modulesフォルダー	npmからダウンロードされた、アプリの開発に欠かせないパッケージが保存されています
pubicフォルダー	実際にオンライン上で公開する時のファイルやデータが格納されます
srcフォルダー	これから開発をするファイルを格納します。srcとはソースコードを略したものです
.gitignore	gitで使用されるファイルです。gitは、プログラムのソースコードなどの変更履歴を記録・追跡するための分散型バージョン管理システムです。.gitignoreとは、gitでコード管理したくないファイルやディレクトリを指定するためのファイルです

package.json	このアプリの情報や、パッケージ情報などが書かれているファイルです
package-lock.json	npm install 実行時に新規作成・更新されるファイルで、npm install で実際にインストールしたパッケージ情報が記載されています
README.md	このアプリの概要や起動方法が記載されています
tsconfig.json	TypeScript で開発を行う上で必須のファイルです。型チェックの厳密さなどを設定します

また、src フォルダーに配置されているファイルについても確認をしておきましょう（**図 13-10、表 13-2**）

様々なフォルダーやファイルがありますが、最低限 src と public フォルダー、src フォルダー内の index.tsx と App.tsx がどのようなファイルなのかは覚えておきましょう。

▼図 13-10　src フォルダー

▼表 13-2　src フォルダー内のファイル

ファイル	内容
App.css	App.tsx と関連付けられている CSS ファイルです。CSS ファイルはデザインを定義するためのファイルです
App.test.tsx	コンポーネントのテストコードが含まれています。テストフレームワークである Jest を使って、App.tsx コンポーネント動作をテストします
App.tsx	アプリケーションのメインコンポーネント用ファイルです。様々なコンポーネントをこのファイルに集約してアプリを作成します
index.css	index.tsx に関連付けられている CSS ファイルです

index.tsx	アプリケーションのスタートページです。React の render() メソッドを使用して、App.tsx コンポーネントの内容をブラウザ上に表示します
logo.svg	アプリケーションのロゴを表す SVG ファイルです
react-app-env.d.ts	React アプリケーションで使用される環境変数などの型を定義するファイルです
reportWebVitals.ts	WebVitals（Web のパフォーマンス指標）を報告するためのスクリプトが含まれています
setupTests.ts	テストのセットアップに関連するファイルです。Jest のグローバル設定やモックのセットアップなどを行います

VS Code 内でターミナルを開こう

先ほどまではコマンドプロンプトを起動してコマンドを実行していましたが、ここからは VS Code 内でコマンドを実行できるようにします。VS Code のメニューから [表示] ― [ターミナル] を選択します。

VS Code の下部にターミナルが表示されます（**図 13-11**）。

▼図 13-11　ターミナルの表示

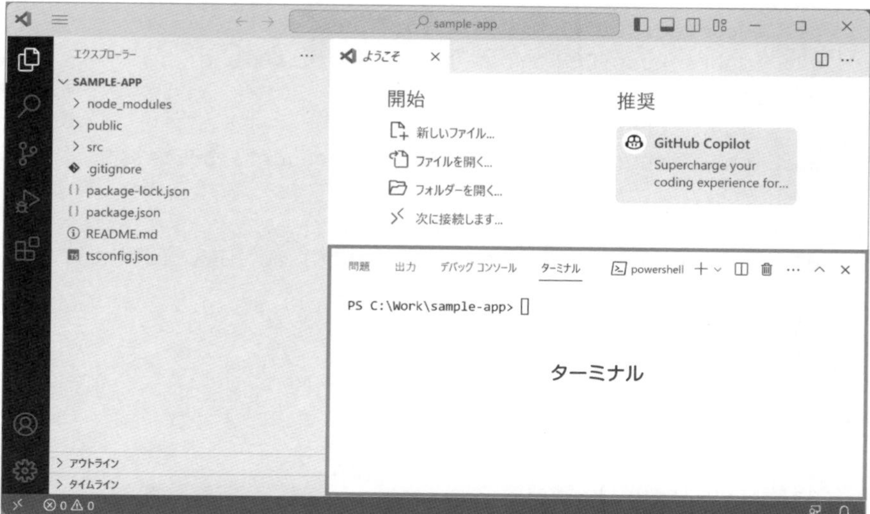

index.tsx を理解しよう

プロジェクトを実行すると、デフォルトのReactアプリケーションが表示されましたが（**図13-6**参照）、実際に表示されているのは、sample-appのsrcフォルダ内にある、index.tsxというファイルです。

VS Codeでindex.tsxをダブルクリックすると、そのコード（**リスト13-2**）が表示されますので内容を確認しましょう。

▼リスト13-2　index.tsxのコード

```
import React from 'react';
import ReactDOM from 'react-dom/client';
import './index.css';
import App from './App';
import reportWebVitals from './reportWebVitals';

const root = ReactDOM.createRoot(
  document.getElementById('root') as HTMLElement
);
root.render(
  <React.StrictMode>
    <App />
  </React.StrictMode>
);
reportWebVitals();
```

index.tsx は、React アプリケーションのエントリーポイントです。

エントリーポイント（Entry Point）とは、プログラムが実行される際に最初に実行される場所やファイルを指します。*.tsx という拡張子は TypeScript で書いた React 用のファイルを表します。

import 宣言部分を見ていきましょう。「import React...」は React コンポーネントを作成するために必要なもので、「import ReactDOM...」は React コンポーネントを実際に DOM にレンダリング（描画）するためのものです。

「import './index.css'」は、ページのデザインを定義する CSS ファイルをインポートしています。

「import App...」は、App コンポーネントをインポートしています。App コンポーネントについては次節で詳しく説明します。

「import reportWebVitals...」は、Web アプリケーションのパフォーマンスをモニタリングするためのライブラリやコードをインポートしています。

続いてメインのコードを見ていきましょう。

ReactDOM.createRoot() は、メイン部品（ルートコンポーネントといいます）を指定した部分に描画するためのオブジェクトを作成する部分です。作成したオブジェクトは root 変数に代入しています。

この root オブジェクトに含まれる render() メソッドを呼び出すことで、指定したコンポーネント（ここでは <App />）をレンダリング（ブラウザに表示）します。

まとめると、index.tsx は <App /> というコンポーネントを表示する、メインページということになります。

App.tsxを理解しよう

前述のとおり、エントリポイントであるindex.tsxは<App />というコンポーネントをレンダリングしています。ここでは、<App />コンポーネントの内容を確認しましょう。

<App />コンポーネントはApp.tsxで定義されていますので、ファイルを開いて確認しましょう（リスト13-3）。

▼リスト13-3　App.tsx

```
import React from 'react';
import logo from './logo.svg';
import './App.css';

function App() {
  return (
    <div className="App">
      <header className="App-header">
        <img src={logo} className="App-logo" alt="logo" />
        <p>
          Edit <code>src/App.tsx</code> and save to reload.
        </p>
        <a
          className="App-link"
          href="https://reactjs.org"
          target="_blank"
          rel="noopener noreferrer"
        >
          Learn React
        </a>
      </header>
    </div>
  );
```

次へ

```
}
export default App;
```

はじめに、index.tsx 同様に import 文があります。「import React...」の部分は、すでに説明したとおり、React コンポーネントを作成するためのライブラリを読み込んでいます。「import logo...」は logo.svg というファイルをインポートしています。ブラウザに表示された回転しているロゴは、このファイルを表示したものです。「import './App.css';」は App コンポーネントのデザインを定義するファイルです。

import 文が終わると、function App() が定義されていることがわかります。return 文があり、その中には HTML のタグが書かれていますね。先ほどブラウザに表示されていた内容は、ここで定義しています。例えば、「<img src={logo} ...」の部分は、import した logo.svg を <img> タグを使用してブラウザに表示するためのコードです。

ファイル内の最後の行では、App という名前でデフォルトエクスポートされています。これにより、index.tsx から App.tsx をインポートしてブラウザに表示しています（図 13-12）。

▼図 13-12　index.tsx と App.tsx の関係

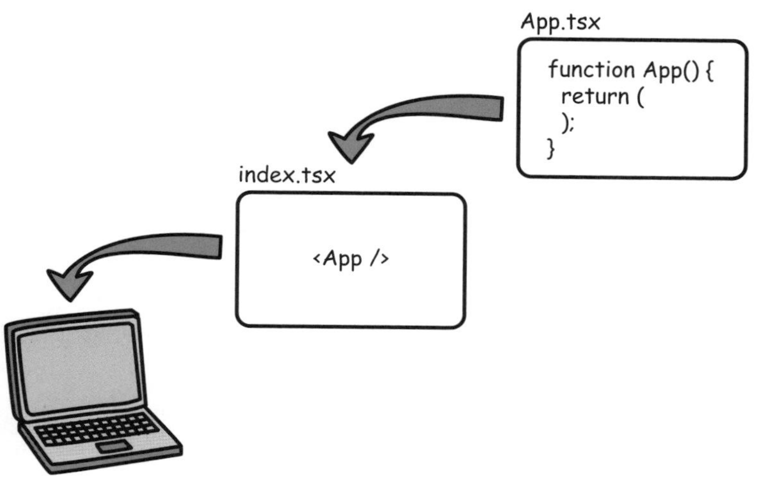

カウンターアプリの仕様

ここではボタンをクリックすることで、数字を増減できるカウンターアプリを作成します。

アプリタイトル「カウンター」を表示し、その下には現在のカウント値を表示します。また、ボタンは[-1]と[+1]の2つを表示し、[-1]がクリックされるとカウント値を-1し、[+1]がクリックされるとカウント値を+1します。

完成図を**図13-13**に示します。

▼図13-13　カウンターアプリ

アプリ開発に必要なフォルダとファイルを作成しよう

カウンターアプリに必要なフォルダとファイルを作成しましょう。フォルダとファイルの構成は図 13-14 のようにします。

▼図 13-14　アプリ開発の構成

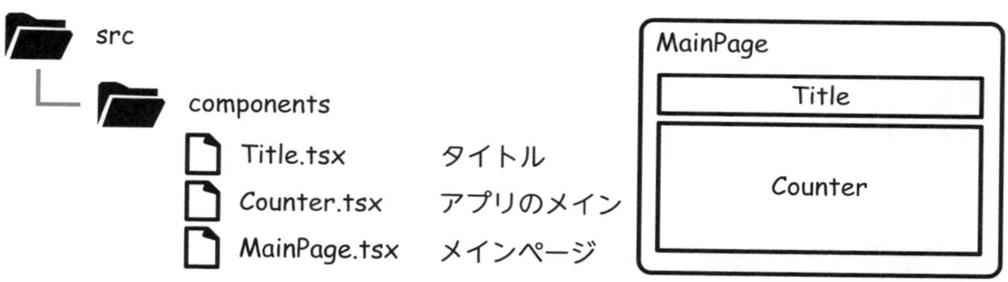

はじめに components フォルダを作成しましょう。

VS Code のサイドバーで src フォルダーを選択したら、フォルダーに + マークの付いたアイコンをクリックします。空のフォルダーが作成されるので「components」という名前を付けます（図 13-15）。

▼図 13-15　フォルダの作成

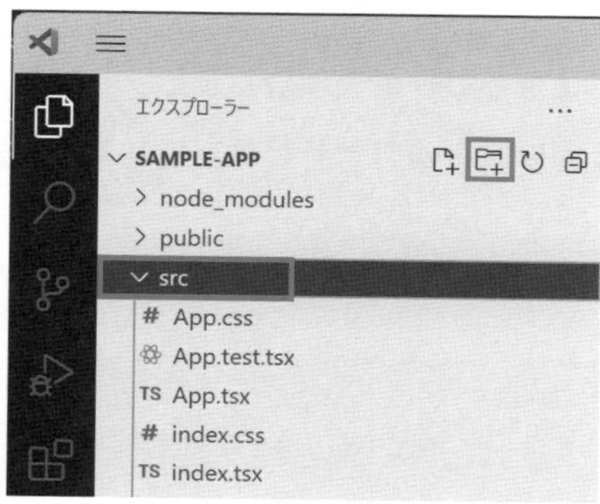

続いてカウンターアプリに必要なファイルを作成します。

VS Code のサイドバーで先ほど作成した components フォルダーを選択し

（図 13-16）、ファイルに＋マークの付いたアイコンをクリックして、Title.tsx を作成します。同様にして Counter.tsx、MainPage.tsx を作成します。

Title.tsx はアプリタイトルを表示し、Counter.tsx が実際のアプリのメインコンポーネントを表示します。また、MainPage.tsx は Title.tsx と Counter.tsx を組み合わせて表示するためのものです。

▼図 13-16　ファイルの作成

コンポーネントの雛形を理解しよう

コンポーネントを作成するときの雛形になるコードを理解しましょう（リスト 13-4）。コンポーネントを作成する際は、このコードを基本にして必要なコードを追加していきます。

▼リスト 13-4　コンポーネントの雛形コード

```
function コンポーネント名() {

    return (
        <>
        </>
    );
}
```

次へ

```

export default コンポーネント名;
```

コンポーネントを作成する手順は、以下のとおりです。

はじめに、function キーワードの後ろにある「コンポーネント名」の部分を任意の名前に変更します。

次に、function の内側にある return () の部分に、表示したい UI 要素を記述します。return 内の「<>...</>」は、React のフラグメントと呼ばれるものです。コンポーネントの return 文は 1 つの要素のみを戻り値として返すという制約があります。このため、次に示すように <h1> と <p> の 2 つのタグを戻り値として返すように記述した場合は、「2 つの要素が戻り値である」と判断されるためにエラーとなってしまいます。

```
return (
    <h1>カウンターアプリ</h1>
    <p>数値のカウントアップ/ダウンをします。</p>
)
```

そこで使用するのがフラグメント <></> です。フラグメントは、複数の要素をラップして 1 つの要素として扱うためのものです。先ほどの <h1> と <p> の 2 つのタグは、以下のようにフラグメントを使用してラップをすると、1 つの戻り値として扱われます。

```
return (
  <>
    <h1>カウンターアプリ</h1>
    <p>数値のカウントアップ/ダウンをします。</p>
  </>
)
```

最後の「export default コンポーネント ;」は、このコンポーネントを他のファイルから利用できるようにするためのものです。

タイトルを作成する

先ほどの雛形コードを使用して、アプリのタイトルを表示するコンポーネントを作成しましょう。

Title.tsx を開いて、**リスト 13-5** のようにコードを入力してください。

▼リスト 13-5　Title.tsx

```
function Title() {

    return (
        <>
            <h1>カウンター</h1>
        </>
    );
}

export default Title;
```

先ほど説明したフラグメント <></> の中に <h1> タグを記述しています。この Title.tsx のように、1 つの要素のみで構成する場合はフラグメントは不要ですが、慣習として記述しておくことで、将来のカスタマイズにも柔軟に対応することができます。

<h1> は、HTML における見出し (Heading) を表すタグです。このタグは、数字が大きいほど、より大きなサイズの見出しを示します。具体的には、<h1> が最も大きい文字サイズの見出しであり、その下に <h2>, <h3>, ... <h6> といった順に文字サイズが小さくなっていきます。

カウンターを作成する

次にアプリのメイン部分である、カウンターを作成します。

カウンターは、現在の数値を表示する部分と、値を減算するためのボタン、値を加算させるボタンの３つの部品で構成します。

Counter.tsx を開いて、**リスト 13-6** のようにコードを入力してください。

▼リスト 13-6　Counter.tsx

```
import React, { useState } from 'react';

function Counter() {
  const [currentValue, setValue] = useState(0);

  return (
    <>
      <h2>{currentValue}</h2>
      <button onClick={() => setValue(currentValue - 1)}>-1</button>
      <button onClick={() => setValue(currentValue + 1)}>+1</button>
    </>
  );
}
```

はじめに React ライブラリから useState をインポートしています。useState は、コンポーネント内で状態（state）を管理するのに使われます。通常 Web アプリケーションは、ページが更新されると、それまでの情報はクリアされてしまいます。そこで、ページが更新されても、そのときの状態を記憶しておくことができるように useState を使用します。

Counter という関数の中で、「const [currentValue, setValue] = useState(0);」という部分があります（**図 13-17**）。これは、現在の値（その時点での状態）を記憶しておく変数 currentValue と、currentValue の値を更新する関数

setValueを宣言しています。useState(0)は、初期値が0の状態を作成するという意味です。

▼図13-17　useState宣言のイメージ

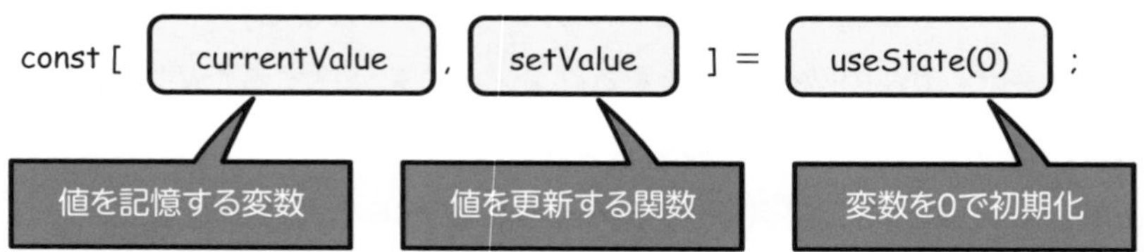

続いて、フラグメント<></>の内側にある<h2>タグと<button>タグを見ていきましょう（図13-18）。

<h2>は見出し文字列を作成するためのタグで、<h1>タグよりも少し小さい見出しを作成します。Reactでは{}の内側に変数や式を書くと、その値を出力することができます。

▼図13-18　<h2>タグと{}のイメージ

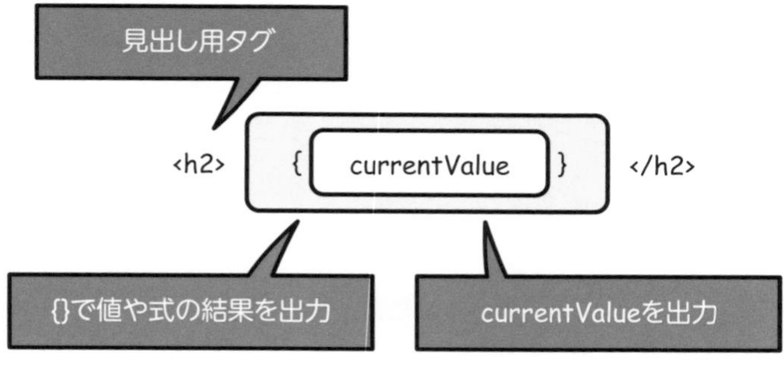

次に2つのボタンを作成しています。1つはボタンの表面に「-1」と表示しているボタン、もう1つは「+1」と表示しているボタンです。

はじめに[-1]のボタンのコードを見ていきましょう（図13-19）。

onClickは、「ボタンがクリックされたときの処理」を記述する部分です。＝の右側にある{}の内側に、ボタンがクリックされた時の処理を記述します。ここではアロー関数を用いてsetValue関数を実行しています。

currentValue - 1 と記述していますので、現在の値から 1 を引いた値を currentValue に記憶しなおしています。これにより [-1] ボタンがクリックされると、現在表示している値から 1 を引いた値が表示されます。

▼図 13-19　<button> タグのイメージ

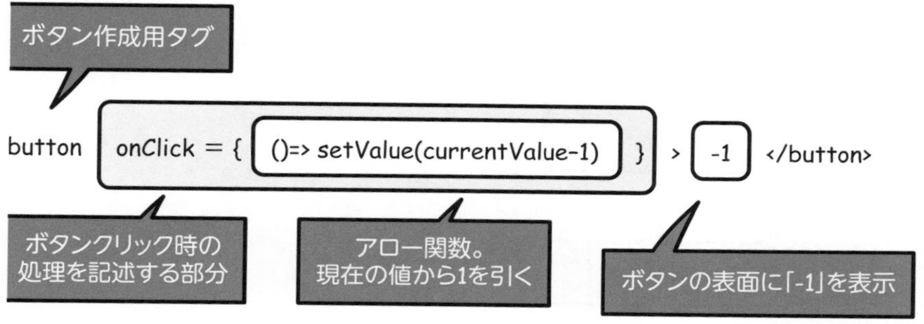

最後に [+1] のボタンのコードを確認しましょう。「-1」の部分を「+1」にしています。

ボタンがクリックされた時は、アロー関数「() => setValue(currentValue + 1)}」を呼び出して、currentValue の値を 1 増加します。

以上で、[-1] ボタンと [+1] ボタンでカウント値をアップダウンさせることができます。

アプリを仕上げよう

最後に、作成したコンポーネントを 1 つにまとめてアプリの仕上げをしましょう。

Title.tsx と Counter.tsx は、MainPage.tsx にまとめ、MainPage.tsx は App.tsx に表示されるようにします。結果として、index.tsx を表示するとカウンターアプリが表示されるようにします（図 13-20）。

▼図 13-20 コンポーネントの構成イメージ

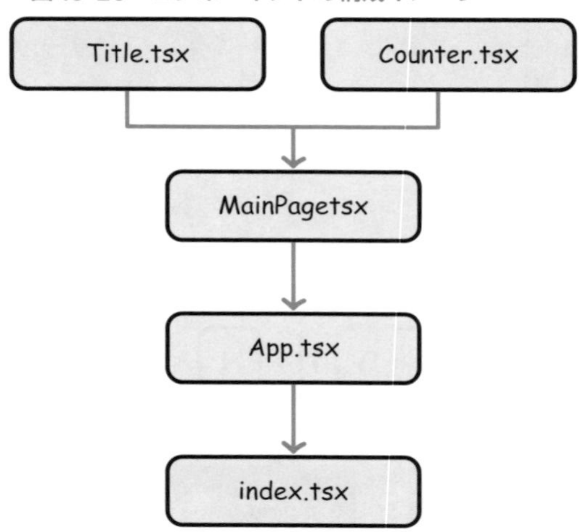

それでは MainPage.tsx を開いて**リスト 13-7** のようにコードを入力してください。

▼リスト 13-7 MainPage.tsx

```
import Title from './Title';
import Counter from './Counter';

function MainPage() {
    return (
      <>
        <Title />
        <Counter />
      </>
    );
}

export default MainPage;
```

最初の import 文では、作成した Title コンポーネントと Counter コンポーネントをインポートしています。

フラグメント <></> の内側では、<Title /> と <Counter /> を記述して、2

つのコンポーネントをまとめて出力しています。

最後にMainPageをデフォルトエクスポートして、他のファイルからインポートができるようにしています。

次にApp.tsxを開いて、**リスト13-8**のように編集をしてください。

最初のインポート文ではcomponentsフォルダ配下にあるMainPageコンポーネントをインポートしています。MainPageコンポーネントはファイルが配置されている場所がcomponentsフォルダ配下なので、相対パスで指定しています。

関数Appの中では<div className="App">の内側で、MainPageコンポーネントを出力しています。

最後にコンポーネントAppをデフォルトエクスポートして、他のファイルでも利用できるようにしています。

▼リスト13-8 App.tsx

```
import MainPage from './components/MainPage';
import './App.css';

function App() {
  return (
    <div className="App">
      <MainPage />
    </div>
  );
}

export default App;
```

以上でカウンターアプリが完成しました。VS Codeのターミナルで「npm start」を実行すると、冒頭で示した**図13-14**が表示されます。[+1]や[-1]ボタンをクリックして、カウンターが機能することを確認しましょう。

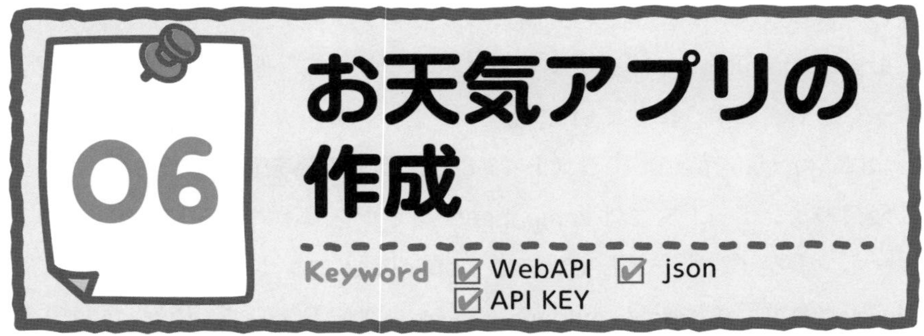

お天気アプリの仕様

ここでは、任意の都市の天気を取得して表示するアプリを作成します。

アプリタイトルとして「お天気アプリ」を表示し、その下には天気を取得したい地域を入力する欄と [天気取得] ボタン、さらにその下には天気取得先の地域、天気の状態を表すイメージと天気、気温を表示します。

完成図を**図 13-21** に示します。

▼図 13-21　お天気アプリ

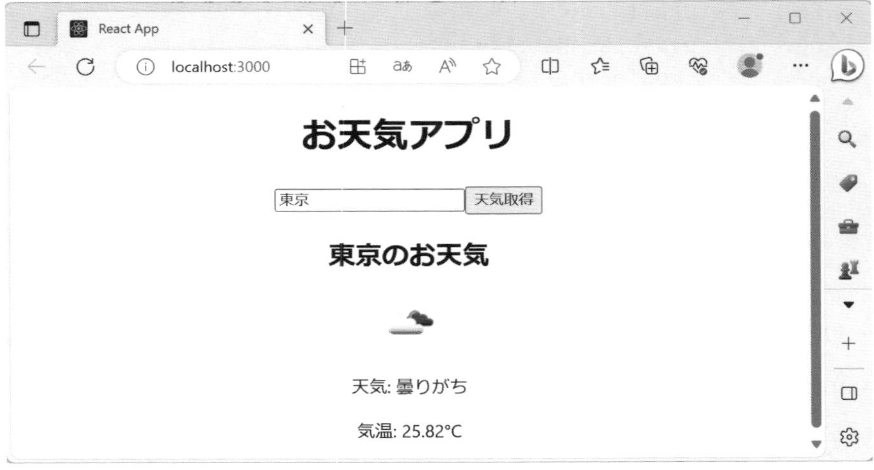

天気データの取得準備をしよう

天気データの取得は、一般的にWebAPIを使用します。

WebAPI（ウェブエーピーアイ）とは、Web上で提供されるプログラムやサービスのことを指します。簡単に言えば、Web上に存在する他の人が作成した関数のようなものです。

WebAPIを使用すると、自分でデータを用意したり、プログラムを書くことなく、誰かが作成したサービスやデータを利用することができます。

天気データを取得できるWebAPIは複数ありますが、本書ではOpenWeather（https://openweathermap.org/）が提供するWebAPIを使用します。

OpenWeatherが提供するWebAPIは、無料枠と有料枠とがありますが、本書で取り扱うアプリは無料枠の範囲内で作成することができます。

はじめにサインアップをして、OpenWeatherのWebAPIを利用する準備をしましょう。

「https://openweathermap.org/」にアクセスして、上部にある「Sign in」のリンクをクックします（図13-22）。

▼図13-22 OpenWeatherサイト

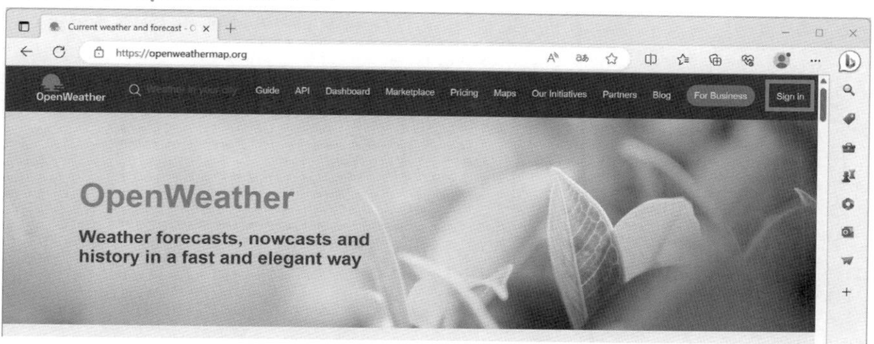

続いて「Sign In To Your Account」が表示されます。下部にある「Not

registered? Create an Account」をクリックして、アカウントを作成します(**図13-23**)。作成するアカウント情報を入力する画面が表示されますので(**図13-24**)、ユーザー名、メールアドレス、パスワードを入力して、「I am 16 years old and over」と「I agree with..」のリンク先の注意事項をよく読んだ上でチェックを付けます。最後に「私はロボットではありません」にチェックを付けて [Create Account] ボタンをクリックします。

▼図13-23　Sign In To Your Account

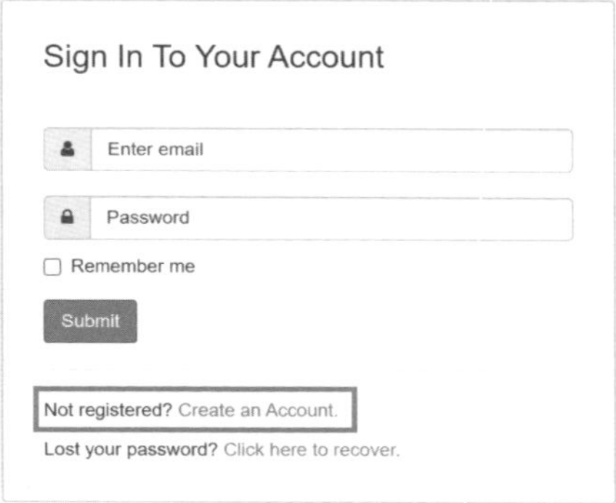

▼図13-24　Create New Account

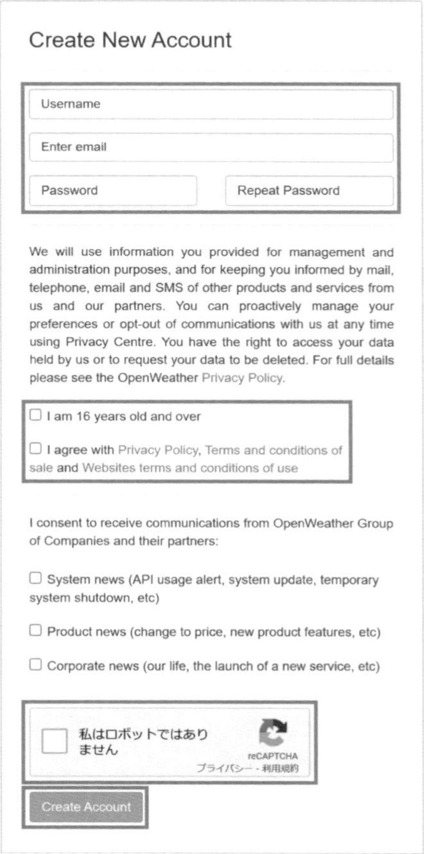

続いてWebAPIの利用目的を入力する欄が表示されます（**図13-25**）。Purpose欄で任意の目的を選択して[Save]ボタンをクリックします。以上でアカウントが作成されます。

▼図13-25　利用目的の入力

How and where will you use our API?　x

Hi! We are doing some housekeeping around thousands of our customers. Your impact will be much appreciated. All you need to do is to choose in which exact area you use our services.

Company

* Purpose　Other

Cancel　Save

WebAPIを使用する準備をしよう

WebAPIは、HTTP（Hypertext Transfer Protocol）を使用してリクエスト（要求）とレスポンス（結果）をやり取りします。

React では、axios（アクシオス）という、JavaScriptのライブラリを導入すると、HTTPリクエスト / レスポンスのやりとりを容易にすることができます。

本章で作成した「sample-app」をVS Codeで開いてください。続いてターミナルで、以下のコマンドを実行してaxiosをインストールしましょう。

```
npm install axios
```

JSONデータを理解しよう

OpenWeatherのWebAPIは、天気を取得したい地域をリクエストすると、レスポンスをJSONデータで返してきます。

JSONとはJavaScript Object Notationの略称で、テキストベースのデータフォーマットです。

以下にJSONのもっともシンプルな例を示します。

```
{"IP":"192.168.1.1"}
```

JSONデータは、{}の中に キーと値のペアを「:」で連結して記述します。キーは「変数」、値は「変数に記憶するデータ」と考えることができ、上記の例では変数が「IP」で、データが「192.168.1.1」ということになります。

OpenWeatherが返してくる天気データの例(一部抜粋)を以下に示します。

```
{
  "coord": {
    "lon": -122.08,
    "lat": 37.39
  },
  "weather": [
    {
      "id": 800,
      "main": "Clear",
      "description": "clear sky",
      "icon": "01d"
    }
  ]
}
```

coordは地理的な座標情報を示します。jsonデータのキーと値のペアは階層化することができます。coordの値の部分をさらにキーと値のペアにしており、緯度(lat)と経度(lon)のデータが含まれています。緯度は37.39度、経度は-122.08度を示しています。

weatherにある[]は配列を示します。id, main,description, iconでひとかたまりのデータを表しており、複数持つことができます。このweather部分には、天気情報が格納されます。

idは天気の状態を識別するための一意のIDです。idの800は、晴れを表しています。

mainは天気の一般的な状態を示すカテゴリです。ここでは「Clear」と表示されており、「晴れ」を示しています。

descriptionは天気の詳細な説明です。ここでは「clear sky」と表示されており、快晴を表しています。

iconは天気アイコンの識別子です。天気アイコンは、グラフィカルな表現で天候を示すために使用されます。この場合、"01d"と表示されており、晴れのアイコンを表しています。それぞれのデータの詳細は、OpenWeatherのサイトで確認してください。

API Keyを取得しよう

OpenWeatherのWebAPIを使用するにはAPI（Application Programming Interface）キーが必要です。APIキーは、提供元のAPIを使用する際に認証とセキュリティを提供するパスワードのようなものです。ユニーク（一意）なキーとして発行され、正当な利用者であることを証明し、WebAPIを利用することができます。

自分専用のAPIキーは、OpenWeatherにログインし、左側のメニューからDashboardsを選択して確認することができます（図13-26）。

▼図 13-26　API キーの取得

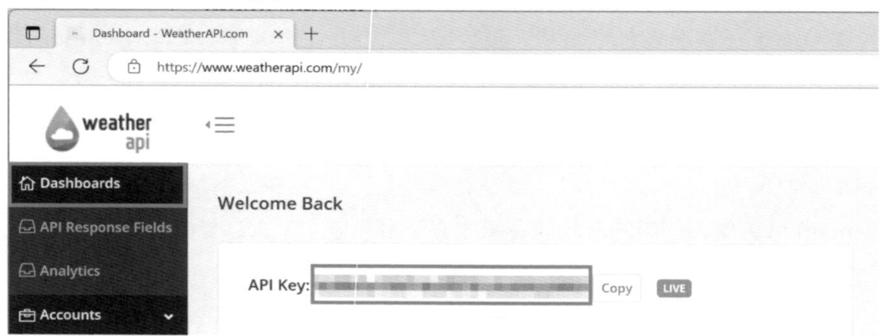

 タイトルを変更する

sample-app の src\components フォルダにある Title.tsx を開いて、**リスト 13-9** のように編集をしましょう。これでアプリケーションタイトルとして「お天気アプリ」の文字列が表示されるようになります。

▼リスト 13-9　Title.tsx

```
function Title() {

    return (
        <>
            <h1>お天気アプリ</h1>
        </>
    );
}

export default Title;
```

 お天気アプリを作成する

続いて、メインとなるお天気アプリ部分を作成しましょう。

src\componentsフォルダーの下に、新規でOpenWeather.tsxというファイルを作成して**リスト13-10**ように編集してください。コードが長いので、①～⑥の部分ごとに解説をしながら作成を進めます。

▼リスト13-10 OpenWeather.tsx

```
01: // ①import文とAPIキー
02: import { useState } from 'react';
03: import axios from 'axios';
04:
05: const API_KEY = '自分のAPIキー';
06:
07: // ②JSONデータ用インターフェース
08:
09: // ③関数 OpenWeather の定義
10: function OpenWeather() {
11:     // ④useState の宣言
12:
13:
14:     // ⑤天気データの取得部
15:
16:
17:     // ⑥取得データ表示部
18:     return (
19:         <>
20:         </>
21:     );
22: };
23:
24: export default OpenWeather;
```

「①import文とAPIキー」は、お天気アプリ作成に必要なimport文の宣言とAPIキーの定義部分です。カウンターアプリで説明したuseStateと、先ほどインストールしたaxiosのライブラリを使用するためにインポートしています。5行目のAPIキーは、本来ソースコード内に直接記述するのはセキュリティ上好ましくありません。実際にアプリを公開する際には、APIキーを外部ファイルなどに保存して必要なときに読み込むようにします。

続いて「JSON データ用インターフェース定義」を作成します。

「② JSON データ用インターフェース定義」の部分を**リスト 13-11** のように編集してください。このインターフェース定義は、WebAPI のレスポンス（結果）を格納するための定義です。OpenWeather の WebAPI は様々なデータを返してきますが、本アプリでは必要最低限のデータを受け取れるようにインターフェースの定義を作成しています。

受け取るデータは、天気の説明、アイコン番号、気温（℃）の３つです。

▼リスト 13-11　JSON データ用インターフェスの定義

```
// ②JSONデータ用インターフェース定義
interface WeatherData {
    "weather": [
        {
            "description": string;  // 天気の説明
            "icon": string;         // アイコン番号
        }
    ],
    "main": {
        "temp": number; // 気温（℃）
    };
}
```

次に「③関数 OpenWeather の定義」を作成します（**リスト 13-12**）。この部分では、実際に WebAPI を実行して、指定された地域の天気データを取得して表示できるようにします。

▼リスト 13-12　関数 OpenWeather の定義

```
// ③関数 OpenWeather の定義
function OpenWeather() {

};
```

「④ useState の宣言」では、ユーザーが入力したデータと WebAPI から取得したレスポンスを記憶する変数と関数の定義を作成します（**リスト 13-13**）。変数 city は setCity 関数を使用して、ユーザーが入力した都市を記憶します。

また weatherData は setWeatherData 関数を使用して、レスポンスデータを記憶します。<WeatherData | null> というのはデータ型を表しています。レスポンスデータが存在する場合は、定義したインターフェース WeatherData をデータ型とし、レスポンスデータが存在しない場合は null をデータ型にします。

▼リスト 13-13　useState の宣言

```
// ④useState の宣言
const [city, setCity] = useState('Tokyo');
const [weatherData, setWeatherData] =
useState<WeatherData | null>(null);
```


「⑤天気データの取得部」では、本アプリのメイン部分を作成します（**リスト 13-14**）。

fetchWeatherData 関数は、非同期で天気データを取得するための関数です。async キーワードを関数の前に付けることで、非同期処理を行うことができます。プログラムは通常、一連の命令を順番に実行します。そのため、ある処理が終わらないと次の処理を実行できません。これを**同期処理**といいます。一方、**非同期処理**では、特定の処理が終わる前に他の処理を同時に実行することができます。ここでは、WebAPI からのデータ取得を非同期処理にすることで、他の処理も同時に実行できるようにしています。

try ブロックは、エラーが発生する可能性のある処理です。ここでは、axios ライブラリを使用して、指定した都市の天気データを取得しようとしています。

4 行目の axios.get メソッドは、指定した URL からデータを取得するための非同期関数です。ここに指定している「https://api.openweathermap.org/

～」という部分がWebAPIです。文字列リテラルを使用して、APIリクエストのURLを作成しています。{city}は取得したい都市の名前が格納されています。また、{API_KEY}には、実際のAPI Keyの文字列に置き換わって、OpenWeatherから天気データを取得します。

また「units=metric」は、温度の単位を摂氏に設定するパラメータで、「lang=ja」は、データの言語を日本語に設定するパラメータです。

axios.getメソッドを実行するとOpenWeatherから天気データを取得してresponse変数に記憶されます。

次にsetWeatherData(response.data)を実行することで、取得した天気データをweatherData変数に記憶させています。

tryブロック内でエラーが発生した場合は、ctachブロックに移動してエラーメッセージをコンソールに表示します。

▼リスト13-14　天気データの取得部

```
// ⑤天気データの取得部
const fetchWeatherData = async () => {
    try {
        const response = await axios.get(
        `https://api.openweathermap.org/data/2.5/weather?
        q=${city}&appid=${API_KEY}&units=metric&lang=ja`);
        setWeatherData(response.data);
    }
    catch (error) {
        console.error('データ取得エラー:', error);
    }
};
```

最後に「⑥取得データ表示部」を作成しましょう（リスト13-15）。

<input>タグを使用してテキスト入力欄を作成し、ユーザーが地域名を入力できるようにしています。value属性にはcityという変数をバインド（連結）しています。ユーザーが入力をするごとにonChangeが実行されます。これにより、setCity関数を通じてcity変数に都市名がセットされます。

<button> タグは「天気取得」と書かれたボタンを作成します。ボタンがクリックされると、**リスト 13-14** で定義した fetchWeatherData 関数が呼ばれ、入力された地域名を使用して WebAPI が実行されます。

「{weatherData && ...}」は、weatherData が存在する場合に、以下の内容を表示します。

<h2> 部分は、「" 入力した地域名 " のお天気」という文字列を表示します。

<img> はイメージを表示するタグです。WebAPI の結果（json データ）には天気を表すイメージファイル名が格納されており、weatherData.weather[0].icon で取得することができます。<img> の src 属性にファイルが存在する場所を指定することで、天気のイメージが表示されます。

WeatherData.weather[0].description には天気の説明が、weatherData.main.temp にはそのときの気温が格納されていますので、それぞれを表示しています。

以上で、アプリのメイン部分の作成は終了です。

▼リスト 13-15　取得データ表示部

```
return (
    <>
    <input
        type="text"
        placeholder="地域名を入力"
        value={city}
        onChange={(e) => setCity(e.target.value)}
    />
    <button onClick={fetchWeatherData}>天気取得</button>

    {weatherData && (
        <div>a
            <h2>{city}のお天気</h2>
```

次へ

```
            <p><img src={"http://openweathermap.org/img/w/" + weatherData.weather[0].icon + ".png" }/></p>
            <p>天気: {weatherData.weather[0].
                description}</p>
            <p>気温: {weatherData.main.temp}° C</p>
        </div>
    )}
    </>
);
```

OpenWeather.tsxの全コードはリスト13-16のとおりです。

▼リスト13-16　OpenWeather.tsx

```
// ①import文とAPIキー
import { useState } from 'react';
import axios from 'axios';

const API_KEY = '自分のAPIキー';

// ②JSONデータ用インターフェース定義
interface WeatherData {
    "weather": [
        {
            "description": string;  // 天気の説明
            "icon": string;         // アイコン番号
        }
    ],
    "main": {
        "temp": number; // 気温 (℃)
    };
}

// ③関数 OpenWeather の定義
function OpenWeather() {
    // ④useState の宣言
    const [city, setCity] = useState('Tokyo');
```

次へ

```
    const [weatherData, setWeatherData] = useState<WeatherData | null>(null);

    // ⑤天気データの取得部
    const fetchWeatherData = async () => {
        try {
        const response = await axios.get(
        `https://api.openweathermap.org/data/2.5/weather?
        q=${city}&appid=${API_KEY}&units=metric&lang=ja`);
            );
            setWeatherData(response.data);
        }
        catch (error) {
            console.error('データ取得エラー:', error);
        }
    };

    // ⑥取得データ表示部
    return (
        <>
        <input
            type="text"
            placeholder="地域名を入力"
            value={city}
            onChange={(e) => setCity(e.target.value)}
        />
        <button onClick={fetchWeatherData}>天気取得</button>

        {weatherData && (
            <div>
                <h2>{city}のお天気</h2>
                <p><img src={"http://openweathermap.org/img/w/" + weatherData.weather[0].icon + ".png" }/></p>
```

次へ

```
                <p>天気: {weatherData.weather[0].
                        description}</p>
                <p>気温: {weatherData.main.temp}° C</
p>
            </div>
        )}
        </>
    );
};

export default OpenWeather;
```

最後にMainPage.tsxを**リスト13-17**のように編集しましょう。

編集完了後、「npm start」コマンドを実行するとお天気アプリが起動しますので、任意の地域名を入力して天気を取得してみましょう。

▼リスト13-17　MainPage.tsx

```
import Title from './Title';
import OpenWeather from './OpenWeather';

function MainPage() {
    return (
      <>
        <Title />
        <OpenWeather />
      </>
    );
  }

 export default MainPage;
```

《章末復習問題》

復習問題 13-1　コンポーネントの編集

カウンターアプリで作成したTitle.tsxを開いて、任意のタイトル名に変更してみましょう。

復習問題 13-2　カウンターアプリの改修 1

カウンターアプリのボタンに表示するテキストを「-2」と「2」に変更してください。

復習問題 13-3　カウンターアプリの改修 2

「-2」のボタンがクリックされたら現在値から2を減算し、「2」のボタンがクリックされたら現在値から2を加算してください。

復習問題 13-4　React プロジェクトの作成

新規でtext-sampleというReact用のプロジェクトを作成してください(作成場所は任意とします)。プロジェクトを作成したらReactアプリケーションを起動してください。

復習問題 13-5　テキスト入力データの保持

復習問題 13-4 で作成したプロジェクトを VS Code で開き、src フォルダ配下に InputText.tsx というファイルを作成してください。

次のコードを入力して、どのような動作をしているかを説明してみましょう。また App.tsx を開いて、この sample.tsx を組み込んで実行してみましょう。

```
import React, { useState } from "react";

const InputText = () => {
  const [value, setValue] = useState("");

  return (
    <>
      <h1>テキスト入力</h1>
      <input type="text" value={value} onChange={(event) =>
setValue(event.target.value)} />
      <p>入力された値: {value}</p>
    </>
  );
};

export default Input;
```

復習問題 13-6　アラートの表示

<input ～ > の下にある <p> ～ </p> までを削除して、次のコードを挿入して実行してみてください。ボタンをクリックしたときにメッセージがポップアップすることを確認しましょう。

```
<button onClick={() => alert(value)}>表示</button>
```

Appendix

章末復習問題解答＆チートシート

章末の復習問題の解答集と、これまでの総集編としてチートシートを準備しました。手元に置いて是非活用してください。なお、それぞれの詳細な説明は各章を参照してください。

A-1 章末復習問題解答

1章

【復習問題 1-1】

解説 はじめに PowerShell（またはターミナル）を起動して、任意のフォルダに移動して、プロジェクト用のフォルダ typeScriptSample を作成します。次に package.json ファイルを作成し、設定の編集をします。続いて、typescript と @types/node のモジュールをインストールします。最後に tsconfig.json ファイルを作成した後、オプションを変更すれば、プロジェクト作成は完了です。

ヒント

実際にどのようなコマンドを使用するのは P.38 の「TypeScript の開発準備をしよう」を参考にしてください。

【復習問題 1-2】

解説 はじめに復習問題 1-1 で作成したプロジェクトの下に src フォルダを作成します。

次に VS Code のサイドバーのエクスプローラーで src フォルダーを右クリックし、「新しいファイル」を選択した後、index.ts というファイル名にします。

ヒント

P.43 の「TypeScript のファイルを作成しよう」を参考にしてください。

【復習問題 1-3】

解説　復習問題 1-2 で作成した index.ts を VS Code で開いて、「console.log("Hello");」と入力して保存をします。次に VS Code でターミナルを開き、「npx tsc」と入力してトランスパイルをします。最後に「node ./dist/index.js」を実行すると、「Hello」と出力されます。

ヒント

P.44 の「トランスパイルをして実行してみよう」を参考にしてください。

2 章

【復習問題 2-1】

解説　解答例では、age という変数を数値型で宣言し、自分の年齢（この例では 30 歳）で初期化しています。そして、name という変数を文字列型で宣言し、自分の名前（この例では "John"）で初期化しています。宣言と初期化が行われたので、これらの変数にはそれぞれ指定した値が記憶されます。

解答

```
// number型の変数ageを宣言し、年齢で初期化
const age: number = 30; // 例として30歳で初期化

// string型の変数nameを宣言し、名前で初期化
const name: string = "John"; // 例として"John"で初期化
```

【復習問題 2-2】

解説　解答例では、バッククォーテーション内に ${} で変数を埋め込む方法を使用して、「こんにちは○○さん。」という挨拶を出力しています。変数 name の値が自動的に展開され、挨拶文に埋め込まれます。

解答

```
// 変数の値使用して挨拶を出力
console.log(`こんにちは${name}さん。`);
```

【復習問題 2-3】

解説 解答例では、userdata という変数を string 型と number 型の 2 つの値を持つタプル型で宣言し、名前（この例では "John"）と年齢（この例では 30）で初期化しています。次に、userdata から名前と年齢を取り出し、それぞれの変数 name と age に代入しています。最後に、それぞれの変数の値を出力しています。

解答

```
// string型とnumber型を持つタプル型の変数userdataを宣言し、名前と年齢で初期化
let userdata: [string, number] = ["John", 30]; // 例として"John"と30で初期化

// タプルから名前と年齢を取り出して出力
const name: string = userdata[0];
const age: number = userdata[1];

console.log(`名前: ${name}`);
console.log(`年齢: ${age}`);
```

【復習問題 2-4】

解説 解答例では、列挙型 Gengo を定義し、その中に Meiji、Taisho、Showa、Heisei、Reiwa の値を持たせています。次に、列挙型の変数 currentGengo を宣言し、初期値として Gengo.Reiwa を設定しています。最後に、currentGengo の値を出力しています。

解答

```
// 列挙型Gengoの定義
enum Gengo {
    Meiji = "Meiji",
    Taisho = "Taisho",
    Showa = "Showa",
    Heisei = "Heisei",
    Reiwa = "Reiwa"
}

// 列挙型の変数currentGengoを宣言し、値Reiwaで初期化
let currentGengo: Gengo = Gengo.Reiwa;
```

```

// currentGengoの値を出力
console.log(`現在の元号: ${currentGengo}`);
```

3 章

【復習問題 3-1】

解説 解答例では、numbers という名前の配列を作成し、要素として 1 から 5 までの数値を持たせています。その後、console.log() を使用して配列をコンソールに出力しています。

解答

```
// 配列の作成
const numbers: number[] = [1, 2, 3, 4, 5];

// 配列のコンソール出力
console.log(numbers);
```

【復習問題 3-2】

解説 解答例では、配列 fruits から apple の値を取得して出力します。apple のインデックスは 2 ですので、fruits[2] として取り出すことができます。

解答

```
// 配列の定義
const fruits: string[] = ['banana', 'orange', 'apple',
  'grape'];

// appleの取得と出力
console.log(fruits[2]);
```

【復習問題 3-3】

解説 解答例では、matrix という名前の 2 次元配列を定義し、2 つの行を持つ配列を作成しています。その後、console.log で 2 次元配列をコンソールに出力しています。

解答

```
// 2次元配列の定義
const matrix: number[][] = [
    [1, 2, 3],
    [4, 5, 6]
];

console.log(matrix);    // [ [ 1, 2, 3 ], [ 4, 5, 6 ] ]
```

4章

【復習問題 4-1】

解説 解答例では変数 x に 10 を代入し、変数 y に 2 を代入しています。それぞれ「+」「-」「*」「/」「%」の演算子を使用した計算結果を変数に代入し、結果をコンソールに出力しています。

解答

```
// 変数xに10を代入
const x: number = 10;
// 変数yに2を代入
const y: number = 2;

// 加算
const addition: number = x + y;
// 減算
const subtraction: number = x - y;
// 乗算
const multiplication: number = x * y;
// 除算
const division: number = x / y;
// 剰余
const remainder: number = x % y;

// 結果をコンソールに出力
console.log(`加算: ${addition}`);         // 12
console.log(`減算: ${subtraction}`);      // 8
console.log(`乗算: ${multiplication}`); // 20
console.log(`除算: ${division}`);         // 5
console.log(`剰余: ${remainder}`);        // 0
```

【復習問題 4-2】

解説 解答例では、複合代入演算子 += を使用して変数 x に 1 を加え、変数

yから2を減じて再代入しています。結果をコンソールに出力しています。

解答

```
// 変数xに1を加えて、結果を再びxに代入する複合代入演算子の式
let x: number = 10; // 例として初期値を10に設定
x += 1; // 1を加える
console.log(`xの値: ${x}`); // 結果を出力

// 変数yから2を減じて、その結果をyに再代入する複合代入演算子の式
let y: number = 5; // 例として初期値を5に設定
y -= 2; // 2を減じる
console.log(`yの値: ${y}`); // 結果を出力
```

【復習問題 4-3】

解説 解答例では、比較演算子 <, >, <=, >=, ===, !== を使用して age1 と age2 の比較結果を出力しています。

解答

```
const age1: number = 25;
const age2: number = 30;

// 比較演算子 <, >, <=, >=, ===, !== を使用して比較
console.log(`age1 < age2: ${age1 < age2}`);      // true
console.log(`age1 > age2: ${age1 > age2}`);      // false
console.log(`age1 <= age2: ${age1 <= age2}`);    // true
console.log(`age1 >= age2: ${age1 >= age2}`);    // false
console.log(`age1 === age2: ${age1 === age2}`); // false
console.log(`age1 !== age2: ${age1 !== age2}`); // true
```

【復習問題 4-4】

解説 解答例では、"Hello"、" "（空白文字）、"World" を + 演算子で連結していますので、"Hello World" という文字列がコンソールに出力されます。

解答

```
const greeting: string = "Hello" + " " + "World";
console.log(greeting);
```

5 章

【復習問題 5-1】

解説 解答例では const キーワードを使用して、num に初期値として 8 を代入しています。

「if (num >= 10)」の if 文を使用して、num が 10 以上であるかどうかを判断しています。もし 10 以上であれば、「console.log("OK");」が実行され、そうでなければ「console.log("NG");」が実行されます。

三項演算子も条件式「num>= 10」を使用して、num が 10 以上であるかどうかを判断します。条件式「num >= 10」が真である場合、式の値は "OK" になります。条件式が偽である場合、式の値は "NG" になります。

解答

```
// if文
const num = 8;
if (num >= 10) {
  console.log("OK");
} else {
  console.log("NG");
}

// 三項演算子
const num = 8;
console.log(num >= 10 ? "OK" : "NG");
```

【復習問題 5-2】

解説 解答例では、変数 color の値によって、異なる出力を返す if 文を示しています。

はじめに変数 color に値 "green" を代入します。

次に、if 文で、変数 color の値が "red" かどうかを判断し、値が "red" であれば、console.log() 関数を使用して " 赤 " を出力します。

if 文の判定が false の場合、else if 文で、変数 color の値が "blue" かどうかを判断します。もし値が "blue" であれば、console.log() 関数

を使用して " 青 " を出力します。
if 文と else if 文の判定が false の場合、else 文で、" その他 " を出力します。
変数 color の値は "green" であるため、console.log() 関数を使用して " その他 " を出力します。

switch 文の解答例を以下に示します。if 文同様に、変数 color の値によって、異なる出力を返します。
はじめに変数 color に値 "green" を代入します。
次に、switch 文で、変数 color の値と一致するケースを判定します。
変数 color の値が "red" の場合、「case "red":」の処理が実行されます。console.log() 関数を使用して " 赤 " を出力し、「break;」で switch 文を抜けます。
同様にして、"blue" かどうかを比較しますが、一致しないので default に到達して " その他 " を出力します。

解答

```
// if文
let color = "green";
if (color === "red") {
  console.log("赤");
} else if (color === "blue") {
  console.log("青");
} else {
  console.log("その他");
}
```

```
// switch文
color = "green";
switch (color) {
  case "red":
    console.log("赤");
    break;
  case "blue":
    console.log("青");
    break;
  default:
    console.log("その他");
}
```

【復習問題 5-3】

解説 解答例は、変数 score の値によって、異なる出力を返す if 文です。
まず、変数 score に値 75 を代入します。次に、if 文で、変数 score の値が 80 以上かどうかを判定します。もし値が 80 以上であれば、console.log() 関数を使用して " 優 " を出力します。
if 文の判定が false の場合、else if 文で、変数 score の値が 60 以上かどうかを判定します。もし値が 60 以上であれば、" 良 " を出力します。60 未満の場合は次の else if 文で、変数 score の値が 40 以上かどうかを判定します。もし値が 40 以上であれば " 可 " を出力します。else if 文の判定が全て false の場合、else 文で、" 不可 " を出力します。
変数 score の値は 75 であるため、console.log() 関数を使用して " 良 " を出力します。

解答

```
// if文
const score = 75;
if (score >= 80) {
  console.log("優");
} else if (score >= 60) {
  console.log("良");
} else if (score >= 40) {
  console.log("可");
} else {
  console.log("不可");
}
```

【復習問題 5-4】

解説 解答例は、変数 animal の値によって、異なる出力を返す switch 文です。
はじめに変数 animal に値 "bird" を代入して初期化しています。
変数 animal の値が "dog" の場合、「case "dog":」の処理が実行されます。console.log() 関数を使用して " 犬 " を出力し、「break;」で switch 文を抜けます。
同様にして、変数 animal の値が "cat" の場合、「case "cat":」の処理が、変数 animal の値が "bird" の場合、「case "bird":」の処理が実行され " 猫 " または " 鳥 " を出力して switch 文を抜けます。
変数 animal の値が "dog"、"cat"、"bird" のいずれでもない場合は、「default:」の処理が実行されて " 該当なし " を出力します。
このコードの場合、変数 animal の値は "bird" であるため、「case "bird":」の処理が実行され、" 鳥 " を出力します。

解答

```
// switch文
const animal = "bird";
switch (animal) {
  case "dog":
    console.log("犬");
    break;
  case "cat":
    console.log("猫");
    break;
  case "bird":
    console.log("鳥");
    break;
  default:
    console.log("該当なし");
}
```

6 章

【復習問題 6-1】

解説 while 文は条件が真の間、ブロック内の処理を繰り返します。解答例では、0 から 10 までの整数を表示するために、変数 i に初期値 0 を代入し、条件式「i <= 10」が true の間、console.log(i) で i の値を表示した後、i をインクリメント（1 ずつ増加）させます。

解答

```
let i = 0;
while (i <= 10) {
  console.log(i);
  i++;
}
```

【復習問題 6-2】

解説 do-while 文は、はじめにブロック内の処理を実行し、その後に条件式を評価します。解答例では、まず変数 i に初期値 1 を代入し、console.log(i) で i の値を表示します。その後、条件式「i <= 5」が真の場合は繰り返し処理を行います。i が 5 になるまで、i をインクリメント（1 ずつ増加）させ、条件式が false になると処理が終了します。

解答

```
let i = 1;
do {
  console.log(i);
  i++;
} while (i <= 5);
```

【復習問題 6-3】

解説 for 文は、初期化式、条件式、更新式の 3 つの部分から構成されています。この場合、変数 i に初期値 0 を代入し、条件式「i < 5」が true の間、console.log(i) で i の値を表示します。

解答

```
for (let i = 0; i < 5; i++) {
  console.log(i);
}
```

【復習問題 6-4】

解説 for-of 文は、配列などの反復可能なオブジェクトの各要素を繰り返し処理するための構文です。for-of 文は for 文と異なり、繰り返しの回数を指定する必要がなく、配列の各要素に対して直接アクセスできるため、コードが簡潔になります。解答例では、配列 array の各要素を順番に取り出し、console.log で表示しています。

解答

```
const array = ['a', 'b', 'c', 'd', 'e'];

for (const element of array) {
  console.log(element);
}
```

【復習問題 6-5】

解説　解答例では、変数 i の値を 1 から 10 まで順番にインクリメントし、その値を出力する for 文です。変数 i の値は 1 から 10 まで順番にインクリメントされます。変数 i の値が 5 になった時点で、break 文でループ処理が抜け、以降の処理は実行されません。break 文を適切に使用することで、ループを強制的に終了することができ、コードの効率化に役立ちます。

解答

```
for (let i = 1; i <= 10; i++) {
  console.log(i);
  if (i === 5) {
    break;
  }
}
```

【復習問題 6-6】

解説　解答例は、変数 i の値を 1 から 10 まで順番にインクリメントし、3 の倍数以外の値を出力する for 文です。変数 i の値は 1 から 10 まで順番にインクリメントされます。変数 i の値が 3 の倍数の場合は、continue 文でループ処理の先頭に戻って処理を再開します。つまり、3 と 6 と 9 は出力されずに 1 から 10 までの数値の中で、1, 2, 4, 5, 7, 8, 10 が出力されます。

解答

```
for (let i = 1; i <= 10; i++) {
  if (i % 3 === 0) {
    continue; // 3の倍数の場合は処理をスキップする
  }
  console.log(i);
}
```

7章

【復習問題 7-1】

解説 解答例の関数は引数も戻り値も必要ないシンプルなものです。関数名の後ろのカッコに何も書かれていないことからも、引数が必要ないことがわかります。関数の中身は、for ループを使って 1 から 5 までの整数を順に表示しています。

解答

```
function printNumbers(){
  for (let i = 1; i <= 5; i++) {
    console.log(i);
  }
}
```

【復習問題 7-2】

解説 解答例は doubleNumber という関数を作成し、引数で受け取った数値を 2 倍にした値を返すようにしています。また、作成した関数をそれぞれの値に対して呼び出して、コンソールに出力しています。

解答

```
function doubleNumber(num: number): number {
  return num * 2;
}

console.log(doubleNumber(3)); // 出力結果：6
console.log(doubleNumber(5)); // 出力結果：10
console.log(doubleNumber(10)); // 出力結果：20
```

【復習問題 7-3】

解説 解答例のこの関数式では、const キーワードを使用して、sumN という変数を定義し、function キーワードを使用して作成した関数式を代入しています。引数として、number 型の n を受け取り、1 から n までの整数の和を計算して number 型の値として返します。

関数内では、let キーワードを使用して、sum という変数を定義し、for ループを使用して 1 から n までの整数の和を計算しています。最後に return キーワードを使用して、計算結果である sum を返しています。

解答

```
const sumN = function(n: number): number {
  let sum = 0;
  for(let i = 1; i <= n; i++) {
    sum += i;
  }
  return sum;
};

const result = sumN(10); // 1から10までの和を計算
console.log(result); // 結果は55
```

【復習問題 7-4】

解説 アロー関数は「=>」を使用して関数を定義します。解答例では const greeting = の後に (と) で囲まれた引数のリストを記述し、その後に => と {} で囲まれた関数の本体を定義しています。また、文字列テンプレートを用いて引数を含む文字列を返すようにしています。

解答

```
const greeting = (name: string): string => {
  return `Hello, ${name}!`;
}
```

8 章

【復習問題 8-1】

解説 下記のように「プロパティ名 : データ型」という書式で、address プロパティを追加します。

解答

```
class House {
    address: string = ""; // 追加されたプロパティ
}
```

【復習問題 8-2】

解説 解答例は openDoor メソッドが呼び出されたときは、console.log を使用して、「ドアを開けました」のメッセージを出力します。なお、戻り値は必要ありませんので void にします。

解答

```
class House {
    openDoor(): void { // 追加されたメソッド
        console.log("ドアを開けました!");
    }
}
```

【復習問題 8-3】

解説 解答例では color という名前のゲッターとセッターを定義しています。_color はプライベートプロパティで、セッター color の引数で受け取った値を記憶し、ゲッター color を使用して値を取得します。

解答

```
class House {
    private _ color: number = "";

    get color(): string { // ゲッターメソッドの追加
        return this._color;
    }
    set color(value: string) { // セッターメソッドの追加
        this._color = value;
    }

    // ...
}
```

【復習問題 8-4】

解説 インスタンス作成時に初期値を設定できるようにするために、引数を受け取るコンストラクタを追加します。引数の値を this._color と this._rooms に代入して、プロパティの初期化を行います。

解答

```
class House {
    _color: string;
    _rooms: number;
```

```

    constructor(color: string, rooms: number) { // 引数のあるコンストラクタの追加
        this._color = color;
        this._rooms = rooms;
    }
}
```

9章

【復習問題 9-1】

解説 派生クラスを作成するには、extends キーワードを使用して「class FlyingHouse extends House」とします。

Fly メソッドは「空を飛びます」というメッセージを表示するだけですので、引数も戻り値もないメソッドとして定義します。

FlyingHouse クラスは House クラスを継承しているため、FlyingHouse のインスタンスは House クラスのプロパティやメソッドの他に、FlyingHouse の「Fly」メソッドも呼び出すことができます。

解答

```
class House {
    public color: string = "白";    // 家の色
    public rooms: number = 1;    // 部屋数

    activateSecurity(isOn: boolean) {
        if (isOn) {
            console.log("セキュリティを作動しました");
        } else {
            console.log("セキュリティを停止しました");
        }
    }
}

class FlyingHouse extends House {
    public Fly():void {
        console.log("空を飛びます");
    }
}

const fh = new FlyingHouse();
fh.Fly();
```

【復習問題 9-2】

解説 オーバーロードとは、シグネチャ（引数リスト）が異なる同じ名前のメソッドを複数定義する手法です。

解答例は、Calculator というクラスを定義しています。add メソッドには 2 つのオーバーロードがあります。最初のオーバーロードは 2 つの引数 x と y を受け取り、それらを加算してその結果を返します。2 番目のオーバーロードは 3 つの引数 x、y、z を受け取り、それらを加算してその結果を返します。

4 行目は、2 行目と 3 行目で定義した add メソッドの共通定義です。2 つのメソッドに共通しているのは、引数 x と y なので、そのまま記述しています。3 つ目の z は 3 行目の add メソッドにしかない引数なので、「z?」と記述して引数 z が省略可能であることを示しています。

12 行目は、Calculator クラスのインスタンス calc を作成しています。12 目では引数が 2 つの add メソッドを実行し。13 行目では引数が 3 つの add メソッドを実行しています。

解答

```
01: class Calculator {
02:     add(x: number, y:number):number;
03:     add(x: number, y:number, z:number):number;
04:     add(x: number, y:number, z?:number):number {
05:         if (z !== undefined) {
06:             return x + y + z;
07:         }
08:         return x + y;
09:     }
10: }
11:
12: const calc = new Calculator();
13: console.log(calc.add(2,3));
14: console.log(calc.add(2,3,4));
```

10 章

【復習問題 10-1】

解説 抽象クラスを作成するには、abstract キーワードを使用して、解答例のように「abstract class Zukei」とします。

抽象メソッドも同様に abstract キーワードを使用して「abstract Draw(): void;」とします。

抽象クラスはインスタンス化できないので、他のクラスに継承させて使用するということを覚えておきましょう。

```
abstract class Zukei {
    abstract Draw(): void;
}
```

【復習問題 10-2】

解説 解答例に示すように Ellipse クラスでは、Draw メソッドをオーバーライドしています。オーバーライドとは、親クラスで定義されたメソッドを子クラスで再定義することでしたね。ここでは、Draw メソッドに「楕円を描画します。」を出力する機能を実装しています。

解答

```
abstract class Zukei {
    abstract Draw(): void;
}

class Ellipse extends Zukei {
    Draw(): void {
        console.log("楕円を描画します。");
    }
}

const ep = new Ellipse();
ep.Draw(); // 出力結果: "楕円を描画します。"
```

【復習問題 10-3】

解説 インターフェースは、クラスが実装しなければならないメソッドやプロパティの集合です。解答例では、call メソッドを定義しています。インターフェースのメソッドは、実体を持ちません。インターフェースを実装するクラスで、そのメソッドを実装する必要があります。インターフェースを使用することで、異なるクラスに同じメソッドを持たせることができます。例えば、Telephone インターフェースを実装するクラスは、必ず電話をかけることができる Call メソッドを持つ必要があります。

解答

```
interface Telephone {
    call(): void;
}
```

11 章

【復習問題 11-1】

解説 例外を発生させるには throw new 構文を使用します。() の中には、例外発生時のメッセージ「未知のエラーが発生しました。」を記述します。

解答

```
try {
  throw new Error("未知のエラーが発生しました。");
}
```

【復習問題 11-2】

解説 例外の詳細情報は、catch ブロックの後ろに記述した変数に受け取ることができます。解答例では、変数 err で受け取って、その内容を consolo.log で出力しています。

解答

```
try {
    throw new Error("未知のエラーが発生しました。");
} catch (err) {
    console.log("エラーが発生しました:", err);
```

```
}
```

【復習問題 11-3】

解説 解答では、finally ブロック内で「処理が正常に終了しました。」というメッセージをコンソールに出力しています。

finally ブロックは、try ブロックの正常終了後または catch ブロック終了後に必ず実行されます。よってこの部分には、try ブロックの成功の有無にかかわらず、実施したい後処理を記述します。

解答

```
try {
    throw new Error("未知のエラーが発生しました。");
} catch (err) {
    console.log("エラーが発生しました:", err);
} finally {
    console.log("処理が正常に終了しました。");
}
```

【復習問題 11-4】

解説 MyException クラスは、Error クラスを継承しています。Error クラスは、標準的な例外クラスです。

MyException クラスのコンストラクタでは、親クラスのコンストラクタを呼び出し、例外メッセージの値を渡します。また「this.name」に "MyException" を代入して、例外の名前を設定しています。

8 行目は作成した MyException クラスを作成している部分です。throw 文を使用して、MyException クラスのインスタンスを生成して例外を発生させます。例外メッセージは「" カスタム例外が発生しました。"」になります。

解答

```
01: class MyException extends Error {
02:   constructor(message: string) {
03:     super(message);
04:     this.name = "MyException";
05:   }
06: }
07:
08: throw new MyException("カスタム例外が発生しました。");
```

【復習問題 11-5】

解説 FileNotFoundException クラスは Error クラスを継承しており、コンストラクタで受け取ったメッセージを基本クラスのコンストラクタに渡しています。

その後、FileNotFoundException クラスのインスタンスを作成し、例外をスローしています。これにより、カスタム例外が発生し、例外処理の対象となります。

解答

```
class FileNotFoundException extends Error {
  constructor(message: string) {
    super(message);
    this.name = "FileNotFoundException";
  }
}

throw new FileNotFoundException("ファイルが存在しません");
```

12 章

【復習問題 12-1】

解説 messageModule.ts は、message 変数に export キーワードを使うことで、外部のファイルからアクセスできるようにしています。また、message 変数は、値として「Hello, World!」という文字列を持っています。

mainMsg.ts は message 変数をインポートするモジュールです。import キーワードを使って、message 変数を読み込んでいます。import 時の ./messageModule.js' は、TypeScript がトランスパイルされた後の JavaScript ファイルを指定します。

解答 messageModule.ts

```
export const message: string = "Hello, World!";

```

mainMsg.ts

```
import { message } from './messageModule.js';

console.log(message);
```

【復習問題 12-2】

解説 calculator.ts 内にある「export default」キーワードは、このモジュールがデフォルトエクスポートを行うことを意味しています。このようにデフォルトエクスポートをしたい関数や変数の前に「export default」を付けると、デフォルトエクスポートすることができます。

解答 calculator.ts

```
export default function tashizan(x: number, y: number) {
    return x + y;
}
```

【復習問題 12-3】

解説 mainCalc.ts では、import add from './ calculator.js'; のようにして tashizan 関数を add 関数として使用することを明示しています。次に、add(2, 3) を実行して、2 と 3 を足し算した結果を console.log() で表示しています。
そのため、モジュールファイル内では add として tashizan 関数を使うことができます。

解答 mainCalc.ts

```
import add from './calculator.js';

// add関数を使用して、2+3を計算して結果を表示
const result = add(2, 3);
console.log(result);
```

13章

【復習問題 13-1】

解説 カウンターアプリで作成したタイトルは Title.tsx で定義しています。Title.tsx ファイルを開いて <h1> タグの内側を編集することでタイトルが変わります。

解答は、タイトルを「マイカウンター」に変更する例となります。

解答 Title.tsx

```
function Title() {

    return (
        <>
            <h1>マイカウンター</h1>
        </>
    );
}

export default Title;
```

【復習問題 13-2】

解説 ボタン表面のテキストを変更するには、<button> 〜 </button> の間の文字列を修正します。Counter.tsx を開いて 2 つのボタンのテキストを「-2」と「2」に変更しましょう。

解答 Counter.tsx

```
<button onClick={() => setValue(currentValue - 1)}>-2</button>
<button onClick={() => setValue(currentValue + 1)}>+2</button>
```

【復習問題 13-3】

解説 「-2」のボタンと「2」のボタンがクリックされたときの挙動を変更するには setValue 関数の中身を変更します。currentValue に現在の値が格納されていますので「setValue(currentValue - 2)」とすると現在値から 2 を減算し、「setValue(currentValue + 2)」とすると現在値に 2 を加算します。

解答 Counter.tsx

```
<button onClick={() => setValue(currentValue - 2)}>-2</button>
:<button onClick={() => setValue(currentValue + 2)}>+2</button>
```

【復習問題 13-4】

解説 以下にコマンド例を示します。

はじめにプロジェクトを作成したいディレクトリに変更します。

次に、「npx create-react-app」コマンドを実行してプロジェクトを作成します。このとき、実際に作成するプロジェクト名の後ろに--template typescriptを記述することで、typescript用のプロジェクトが作成されます。--template typescriptを記述し忘れると、JavaScript用のプロジェクトになってしまうので注意してください。

プロジェクトの作成が完了したら、text-sampleフォルダに移動して、npm startコマンドを実行します。ブラウザが起動してReactの画面が表示されたら、プロジェクトの作成は成功です。

解答

```
c:/> cd c:/work
c:/work> npx create-react-app text-sample --template
  typescript
c:/work> cd text-sample
c:/Work/text-sample>npm start
```

ヒント

Reactプロジェクトを作成する手順の詳細はP.366～P.367を確認してください。

【復習問題 13-5】

解説 VS Codeを開いたら、サイドバーのエクスプローラーで「TEXT-SAMPLE」を展開します。その下にsrcフォルダーがありますので、右クリックしてInputText.tsxというファイルを作成しましょう。

このアプリは、テキスト入力欄にテキストを入力すると、リアルタイムにそのテキストが表示されるというものです。

コンポーネント内で状態を管理するには useState を使用します。よって 1 行目で useState をインポートしています。

続いて InputText 関数を定義しています。

関数内部の 4 行目は変数 value と関数 setValue を準備し、useState を使用して空文字をセットしています。よって value 変数には、初期値として空文字が記憶されます。

次に return 文の中を見ていきましょう。

return は要素を 1 つしか返せないので、フラグメント <></> を使用して複数の要素を返せるようにしています。ここでは、<h1>、<input>、<p> を返しています。

<h1> はアプリのタイトルとして「テキスト入力」を設定しています。

<input> というのは、テキスト入力欄を作成するタグです。「type=”text”」にするとテキスト入力欄になります。ちなみに「type=”radio”」にするとラジオボタンになります。onChange は、入力欄の内容が変化するたびに発動するイベントです。ここでは、テキストが変更されるたびにアロー関数が実行されて、setValue が呼び出されます。event.target.value を使用すると、そのテキスト欄に入力されている現在のテキストを取得できますので、変数 value にユーザーが入力した内容が記憶されるというわけです。

<p> は段落を表すタグです。ここでは「入力された値 : {value}」と記述していますが、この例のように、ブロック {} の中に変数を書くと、ブラウザ上には、そのとき記憶されている変数の値が出力されます。

App.tsx は解答例のように修正してください。

解答

```
import InputText from './InputText';  // 追加
function App() {
  return (
    <div className="App">
      <InputText />
    </div>
  );
}
```

【復習問題 13-6】

解説 問題の通りに入力した解答例を以下に示します。

このコードの通り修正をすると、入力したテキストはリアルタイムにブラウザ上に出力されるのではなく、[表示]というボタンがクリックされたときに、ポップアップメッセージとして表示されるようになります。

ボタンを作成するには <button> というタグを使用します。ボタンの表面に表示するテキストは <button> から </button> の間に記述します。

<button> は、ユーザーがクリックをして初めて機能する部品です。よって「クリックされた」というイベントを検知して、そのタイミングで処理を行います。onClick というイベントを使用することで「クリックされた」ということを検知できるようになります。「alert(メッセージ)」は、かっこの中に書かれたメッセージをアラート（ポップアップメッセージを）表示するという関数です。

ここでは、テキスト欄に入力された値が記憶されている value を引数に渡していますので、その内容がアラートとして表示されるようになります。

解答

```
import React, { useState } from "react";

const InputText = () => {
  const [value, setValue] = useState("");

  return (
    <>
      <h1>テキスト入力</h1>
      <input type="text" value={value} onChange=
        {(event) => setValue(event.target.value)} />
      <button onClick={() => alert(value)}>表示</button>
    </>
  );
};

export default Input;
```

A-2 チートシート

変数とデータ型

変数の宣言

```
// データ型を指定した宣言
let age: number = 7;

// 型推論による宣言
let name = "HIRO"; // 文字列"Hello"で初期化することでstring型変数を作成

// 定数の宣言 (値の変更不可)
const PI: number = 3.14159;
```

データ型

```
// 数値型 (number, bigint)
const age: number = 37;
const height: number = 162.3;
const num: bigint = 10n; nを付けてbigint型であることを明示
```

```
// 文字列型(string)
const name: string = "HIRO";
const message: string = "Hello, TypeScript!";
// 真偽値型(boolean)
const isOn: boolean = true;
const isOff: boolean = false;
```

```
// nullとundefine型
const nullValue: null = null;
const undefinedValue: undefined = undefined;
```

```
// 列挙型の定義
enum Color {
  Red,
  Green,
  Blue,
}

// 列挙型を使用した変数宣言
let chosenColor: Color = Color.Blue;
```

```
// タプル型変数の宣言
const userdata:[string, number] = ["HIRO", 35];
// タプル型データの参照
console.log(userdata[0]);    // HIRO を出力
console.log(userdata[1]);    // 35 を出力
```

配列

配列の宣言とデータの参照

```
// 型注釈を使った配列の宣言
const numbers: number[] = [1, 2, 3, 4, 5];

// 型推論による宣言
const colors = ["red", "green", "blue"];

// 値の参照
const firstColor: string = colors[0]; // "red"
const secondColor: string = colors[1]; // "green"
```

配列要素の変更

```
// 要素の変更
const colors = ["red", "green", "blue"];
colors[1] = "yellow";   // greenをyellowに変更

// 配列要素の追加と削除
const userName:string[] = ["ビル","スティーブ","イーロン"];

userName.push("ヒロ");   // 配列の末尾に「ヒロ」を追加
let removedCity: string = cities.pop(); // 配列の末尾から要素を削除してremoveCityに代入
```

多次元配列

```
// データ型を指定した二次元配列の宣言
// 型推論で宣言する場合は「: number[][]」を削除
const table: number[][] = [
    [1, 2, 3],
    [4, 5, 6],
    [7, 8, 9],
];
// 値の参照
console.log(table[1]);          // [ 4, 5, 6 ]
console.log(table[1][2]);       // 6
```

```
// データ型を指定した三次元配列の宣言
// 型推論で宣言する場合は「: number[][][]」を削除
const cube: number[][][] = [
    [
        [1, 2, 3],
        [4, 5, 6],
    ],
    [
        [7, 8, 9],
        [10, 11, 12],
    ],
];
// 値の参照
console.log(cube[1]);          // [ [ 7, 8, 9 ], [ 10, 11, 12 ] ]
console.log(cube[1][0]);       // [ 7, 8, 9 ]
console.log(cube[0][1][2]); // 6
```

演算子

算術演算子

```
let sum: number = 5 + 3;                // 8 加算
let difference: number = 10 - 4;        // 6 減算
let product: number = 3 * 7;            // 21 積
let quotient: number = 20 / 5;          // 4 商
let remainder: number = 15 % 4;         // 3 余り
let x: number = 5;
x++; // xは6に増加
let y:number = 7;
y--; // yは6に減少
```

代入演算子

```
let x: number = 1;
x = 1;  // 1 代入
x += 8; // 9 加算代入
x -= 2; // 7 減算代入
x *= 2; // 14 乗算代入
x /= 2; // 7 除算代入
x %= 3; // 1 剰余代入
```

ビットシフト演算子

```
const x: number = 5; // 00000101 (5の2進数表現)
let xVal: number = x << 2; // 00010100 (20)
console.log(xVal); // 20

```

```
const y: number = 20; // 00010100 (20の2進数表現)
let yVal: number = y >> 2; // 00000101 (5)
console.log(yVal); // 5
```

比較演算子

```
const x: number = 5;
const y: number = 7;
console.log(x === y);   // false 厳密等価演算子
console.log(x !== y);   // true 厳密不等価演算子
console.log(x < y);     // true 小なり演算子
console.log(x > y);     // false 大なり演算子
console.log(x <= y);    // true 小なりイコール演算子
console.log(x >= y);    // false 大なりイコール演算子
```

論理演算子

```
const x: boolean = true;
const y: boolean = false;
console.log(x && y);    // false 論理積
console.log(x || y);    // true 論理和
console.log(!x);        // false 否定
```

条件分岐

if文

```
// BMI値を計算
const w: number = 70;   // 体重(kg)
const h: number = 1.75; // 身長(m)
const bmi: number = w/(h*h);     // BMIの計算

// BMI値に基づいてメッセージを表示するif-else文
if (bmi < 18.5) {
    console.log("痩せている");
} else if (bmi >= 18.5 && bmi < 24.9) {
    console.log("普通");
} else if (bmi >= 25 && bmi < 29.9) {
    console.log("肥満");
} else {
    console.log("重度肥満");
}
```

三項演算子

```
const x: boolean = true;
const result: string = x ? "真" : "偽";
console.log(result);    //真
```

switch 文

```
// weekNumに合致する曜日名を判断
let weekName = "";
let weekNum = 3;

switch (weekNum)
{
    case 0:
        weekName = "Sunday";
        break;
    case 1:
        weekName = "Monday";
        break;
    case 2:
        weekName = "Tueseday";
        break;
    case 3:
        weekName = "Wednesday";
        break;
    case 4:
        weekName = "Thursday";
        break;
    case 5:
        weekName = "Friday";
        break;
    case 6:
        weekName = "Saturday";
        break;
    default:
        weekName = "unknown";
        break;
}
console.log(weekName);    // Wednesday
```

繰り返し処理

while 文

```
let count: number = 0;

// countが5未満の間繰り返し処理を行う
```

```
while (count < 5) {
  console.log(count);   // 0, 1, 2, 3, 4
  count++;
}
```

do while 文

```
let count: number = 0;

// 最低1回の繰り返し処理を実行
do {
  console.log(count);   // 0, 1, 2, 3, 4
  count++;
} while (count < 5);
```

for 文

```
// iが0～4までの5回繰り返し処理をする
for (let i = 0; i < 5; i++) {
  console.log(i); // 0, 1, 2, 3, 4
}
```

for of 文

```
const scores = [80, 65, 90, 75, 85];

// 配列要素を順番に取得し、最後の要素になるまで繰り返し処理をする
for (const num of scores) {
    console.log(num);   // 80, 65, 90, 75, 85
}
```

continue 文と break 文

```
for (let i = 0; i < 10; i++) {
  if (i === 2) {
    continue; // 2の場合、スキップして次の繰り返し処理を実行
  }
  if (i === 4) {
    break; // 4の場合、繰り返し処理を終了する
  }
  console.log(i);
}
```

関数

関数

```
// 関数定義の基本型（引数name、戻り値string型）
function sayHello(name: string): string {
    return `Hello, ${name}!`;
}

console.log(sayHello("Steve")); // Hello, Steve!
```

```
// デフォルト引数のある関数
function sayHello(name: string = "No Name"): string {
    return `Hello, ${name}!`;
}

console.log(sayHello());         // Hello, No Name!
console.log(sayHello("Steve")); // Hello, Steve!
```

関数式（無名関数／匿名関数）

```
// 変数multilplyに無名関数を代入
let multiply = function (x: number, y: number): number {
    return x * y;
};
console.log(multiply(4, 6)); // 24
```

アロー関数

```
// functionキーワードが不要で、「=>」（アロー）を用いて関数を定義
let divide = (x: number, y: number): number => {
    return x / y;
};

console.log(divide(20, 4)); // 5
```

ジェネリック関数

```
// ジェネリック関数の定義（Tは任意のデータ型に置換される）
// 以下は配列の先頭要素を返すジェネリック関数の定義例
function getFirstElement<T>(arr: T[]): T {
    return arr[0];
}

// number型の配列
const numbers: number[] = [1, 2, 3, 4, 5];
```

```
console.log(getFirstElement(numbers));

// string型の配列
const strings: string[] = ["リンゴ", "ミカン", "バナナ"];
console.log(getFirstElement(strings));    // "リンゴ"
```

クラス

クラスの基本型

```
// クラス定義の基本型（プロパティ、コンストラクタ、メソッドを定義）
class Person {
    // プロパティ
    firstName: string;
    lastName: string;

    // コンストラクタ（クラスの初期化を実行）
    constructor(firstName: string, lastName: string) {
      this.firstName = firstName;
      this.lastName = lastName;
    }

    // メソッド（クラス内に定義する関数のこと）
    getFullName(): string {
      return `${this.firstName} ${this.lastName}`;
    }
}

let person1 = new Person("Steve", "Jobs");
console.log(person1.getFullName()); // Steve Jobs
```

アクセス修飾子

```
class House {
  public color: string;          // どこからでもアクセス可能
  private rooms: number;         // 同じクラス内からのみアクセス可能
  protected address: string;     // 同じクラスおよび継承クラス内からのみア
   クセス可能
}
```

クラスの継承

```
// 基本クラス
class ParentClass {
    parentProperty: string = "";

    constructor() {
```

```
    }

    parentMethod(): void {

    }
}
// 派生クラス（extendsキーワードの後ろに継承するクラス名を記述）
class ChildClass extends ParentClass {

}
```

メソッドのオーバーロード

```
class House {
    // 2つのオーバーロードメソッドを作成
    activateSecurity(isOn: boolean): void;
    activateSecurity(isOn: boolean, hasGarage: boolean): void;

    activateSecurity(isOn: boolean, hasGarage?: boolean): void {
        if (isOn) {
            console.log("セキュリティを作動しました");
            if (hasGarage) {
                console.log("ガレージのセキュリティも作動します");
            }
        } else {
            console.log("セキュリティを停止しました");
            if (hasGarage) {
                console.log("ガレージのセキュリティも停止します");
            }
        }
    }
}
```

メソッドのオーバーライド

```
// 基本クラス
class ParentClass {
    parentProperty: string = "";

    constructor() {

    }

    parentMethod(): void {
        console.log("これは基本クラスのメソッドです");
    }
}

```

```
// 派生クラス
class ChildClass extends ParentClass {
    // 基本クラスで定義したメソッドを再定義
    parentMethod(): void {
        console.log("これはオーバーライドされたメソッドです");
    }
}
```

ジェネリッククラス

```
// T が任意のデータ型になる
class GenericClass<T> {
    value: T;

    constructor(value: T) {
        this.value = value;
    }
}

let gc1 = new GenericClass<number>(31);
let gc2 = new GenericClass<string>("TypeScript");

console.log(gc1.value); // 31
console.log(gc2.value); // "TypeScript"
```

ジェネリックメソッド

```
class MyUtility {
    // Tが任意のデータ型になる
    printArray<T>(arr: T[]): void {
        for (const val of arr) {
            console.log(val);
        }
    }
}

const nums = [1,2,3,4,5];
const names = ["Steve","Bill","Mark"];
const util = new MyUtility();
util.printArray<number>(nums);
util.printArray<string>(names);
```

抽象クラス

```
// abstractキーワードを使用して抽象クラス Zukei を定義
abstract class Zukei {
    // 抽象メソッド Draw を定義
    abstract Draw(): void;
```

```
}
// 抽象クラスを継承してクラスを定義
class Triangle extends Zukei {
    Draw(): void {
        console.log("三角形を描画します。");
    }
}

const tri = new Triangle();
tri.Draw(); // 三角形を描画します
```

インターフェース

```
// interfaceキーワードを使用してインターフェースを定義
interface PlaySound {
    name: string;
    play():void;
}

// インターフェースを実装したクラスを定義（implementsキーワードを使用）
class MusicPlayer implements PlaySound {
    name : string = "sample";

    play() {
        console.log(`${this.name}を再生しました。`);
    }
}
const mp = new MusicPlayer();
mp.name = "MySong.mp3";
mp.play();
```

例外処理

try ～ catch ～ finally

```
try {
    // 例外が発生する可能性のあるコードをここに記述
} catch (error) {
    // 例外発生時の処理をここに記述
} finally {
    // 最後に必ず実行したい処理をここに記述
}
```

thorw

```
function divide(a: number, b: number): number {
  if (b === 0) {
    // 例外をスローする
    throw new Error("0で割ることはできません");
  }
  return a / b;
}
```

モジュール

export と import

```
// MyModule.ts
export const msg = "Hello, TypeScript";

export function showMsg() {
    console.log("関数をインポートしました。");
}
```

```
import {msg, showMsg} from "./MyModule";

console.log(msg);
showMsg();
```

```
// MyDefaultModule.ts
export default function greeting(name: string): string {
  return `Hello, ${name}`;
}
```

```
import greet from "./MyDefaultModule";

let message = greet("Bill");
console.log(message); // "Hello, Bill"
```

索引 Standard Textbook of Programming Language

記号・数字

A

B

C

D

E

F

G・H

I

J・L

N

P

R

S

さ行

た行

な行

は行

ま行

や行

ら行

おわりに

本書を読んでいただき、ありがとうございます。TypeScriptの基礎について学ぶこの旅が、楽しみながらプログラミングスキルを向上させる第一歩であったことを願っています。

TypeScriptは、すでに学んだ通り、堅牢な型システムと多彩な機能を備えていますが、これはスタート地点に過ぎません。この言語を習得し、実務で活用するためには、さらなる学びと実践が必要です。

本書で学んだ基礎からステップアップする方法をいくつか紹介します。

● フレームワークの学習

13章ではReactによるアプリ開発を学習しましたが、駆け足での説明であったこと、理解するには様々な基礎知識が必要であったことがあり、難しく感じられたかも知れません。

React以外にも人気のあるフレームワークとしてAngularやVue.jsなどもあります。自分が取り組みやすいフレームワークを探求し、実際のアプリケーションを構築してみてください。

● 型安全性の向上

より堅牢なコードを書くために、TypeScriptの型システムについてさらに深く理解しましょう。本書で説明した以外にも数多くのデータ型があり、効率的に使用することで、エラーを未然に防ぎ、バグを減らすことができます。

● テストとデバッグ

アプリケーションを実際に運用するためには、テストが欠かせません。また、バグの発見と修正を行うデバッグテクニックも習得しておきましょう。ユニットテスト、統合テスト、デバッグテクニックを通じて、信頼性の高いアプリケーションを構築できるようになりましょう。

最後に、TypeScriptの世界を楽しんでいただけたことを願って、本書を閉じたいと思います。

2023年9月 HIRO

【著者略歴】
HIRO（ひろ）
1995年頃からプログラミングの世界に足を踏み入れ、未知の技術や新しいプログラミング言語の習得を趣味としている。専門は.NETで、特にC#におけるアプリ開発を楽しみ、初心者向けの情報を数多く配信している

かんたん TypeScript（タイプスクリプト）

2023年11月9日　初版　第1刷発行

著　者　HIRO（ヒロ）
発行者　片岡　巌

発行所　株式会社技術評論社
東京都新宿区市谷左内町21-13
電話　03-3513-6150 販売促進部
03-3513-6160 書籍編集部
印刷／製本　株式会社加藤文明社

定価はカバーに表示してあります。

ISBN978-4-297-13739-7 C3055
Printed in Japan

装丁 ● 田邉恵里香
本文デザイン ● イラスト工房（株式会社アット）
朝日メディアインターナショナル株式会社
和田奈加子
編集 ● 原田崇靖
DTP ● 朝日メディアインターナショナル株式会社

本書に関するご質問については、下記の宛先までFAXまたは書面でお送りください。お電話によるご質問、および本書に記載されている内容以外のご質問については、一切お答えできません。あらかじめご了承ください。

宛先：〒162-0846
東京都新宿区市谷左内町21-13
株式会社技術評論社 書籍編集部
「かんたん TypeScript」質問係
FAX：03-3513-6167
URL：https://book.gihyo.jp/116

なお、ご質問の際にいただいた個人情報は、質問の返答以外の目的には使用いたしません。また、質問の返答後はすみやかに破棄させて頂きます。